U0176125

自 然 文 库
N a t u r e
S e r i e s

A Garden of Marvels

The Discovery that Flowers Have Sex, Leaves Eat Air,
and Other Secrets of the Ways Plants Work

A GARDEN OF MARVELS:

The Discovery that Flowers Have Sex, Leaves Eat Air,

and Other Secrets of the Ways Plants Work

神奇的花园

探寻植物的食色及其他

〔美〕露丝·卡辛格 著

陈阳 侯畅 译

商务印书馆
The Commercial Press
创于1897

献给我终生的导师

肯尼思·格雷夫（Kenneth Grief）

目 录

前言 1

第一部分　走进植物内部

1　　想要"百果树"吗？ 11

2　　植物羊的出生和漫长生命 23

3　　透过镜片，依然晦暗 37

4　　遭到迫害的教授 54

5　　植物内部 64

第二部分　根

6　　永不休息的根 77

7　　巨大的瓜类 83

8　所有水的通道 90

9　杀死一棵山胡桃 103

10　我们小小的真菌朋友 110

11　幼小的蕨类与砷 116

12　过去与未来的小麦 129

13　比赛开始 144

第三部分　叶子

14　新的开始 157

15　意义重大的薄荷 162

16　吃空气的叶子 174

17　植物蛞蝓 182

18　千万年难得一遇 191

19　树的韧性 203

20　神奇的草 211

第四部分　花

21　花园里的激情 225

22　谁需要"罗密欧"？ 237

23　黑色矮牵牛 248

24　令人憎恶的谜 257

神奇的花园

25　卑鄙的性 ……… 264

26　香味和性 ……… 276

第五部分　前进、向上和后来

27　天堂里的麻烦 ……… 287

28　步步高升 ……… 295

29　之后 ……… 304

致谢 ……… 309

注释与来源 ……… 311

译名对照表 ……… 329

参考文献 ……… 336

前言

这本书源自一次谋杀，而凶手就是我。

这对我来说不是第一次，但我希望是最后一次。我不是故意谋杀，恰恰相反，我想我只是犯了疏忽杀人罪，或者可能只是过失犯罪。不过，我仍然深深地感到内疚。我只能推说自己不是故意的，并表示这次死亡对我来说是一件改变人生的大事（当然，对受害者也一样）。很可能，当你拿到这本书之后，可能会以此悲剧为鉴，拯救一些我永远不会认识的生命。

在这起命案中，死者是我家里一个 12 岁的客人，实际上也常住在我家里。她身高约 150 厘米，可爱优雅，我家里人都特别喜欢她。她的故乡在广东，广东人称她为金橘（Kam Kwat）。不过我们住在华盛顿郊外，在这里她叫作 Kumquat。夏天我们让她在院子里的一个钴蓝色花盆里露天生长，从深秋经寒冬到次年春天，她寄住在我家旁边附属的小温室里。我在温室里用剪子实施了这次谋杀（我忍不住觉得她的死称得上是谋杀）。

具体的情节如下：金橘树 3 岁时，我把她从附近的一家苗圃带回家。她体态苗条，纤细的枝上覆盖着深绿色的椭圆形叶子，枝条上举，微微向外弯曲，就好像她稚嫩的身躯有点承受不起枝叶的重量。

第二年春天，她开出了满树繁花，小而洁白芬芳。一星期左右后，花落了，花托上长出深绿色的小珠子。小绿珠逐渐膨胀、成熟，最后长成葡萄那么大的小金橘。从树上摘下一颗，咬一口，果实微有点苦，但被嫩嫩的果皮上的甜味掩盖了。连我们的狻犬都喜欢金橘，果实只要掉在地上就会被它吃掉。

有5年时间，金橘树每年都会长高几厘米，并且不断萌发新枝，直到长出繁茂而闪亮的树冠。然而到第9年，她停止了生长。实际上我松了口气，因为在我带回橙子树、柠檬树、无花果树、咖啡树、月桂树、枇杷树、芭蕉树和一大堆盆栽草本植物后，冬天温室变得异常拥挤。谁知道第二年，她开始凋零了，下面的叶子开始变黄，一片接一片掉落在石头地板上，发出细微的声响。等到早春时节我把她重新移到室外的时候，她裸露光秃的枝条指向天空，只有末端有叶子，就像光着身子戴着绿手套。是浇水的问题吗？我是一个懒惰的园丁，所以我打算更好地使用喷壶。是营养不良吗？我给土壤施了肥，又把她移栽到更大的花盆里。

这些都无济于事。我从我丈夫泰德那里找到了启发。他是一个更有经验的园丁。我们家有严格的劳动分工：我照看室内植物，而他照看室外的。几年前，泰德在起居室窗外种了一丛紫薇，每年春天在紫薇的嫩叶萌发之前，他都会把繁茂的枝干修剪到窗台那么高。与此同时，他把我们车道两侧的玫瑰树篱全部剪掉，只剩下60厘米高的残茬。不出几个星期，这些植物就会奇迹般地（在我看来是如此）长出叶子。到5月中旬，玫瑰有了红色的花蕾。7月，洋红色的紫薇繁花累累，缀满了窗框，正好坐在家里就能欣赏。这种置之死地而后生的方法似乎有用。我用剪子给金橘做了彻底的修剪，然后把她放在室外的阳光下，静静等待。

她的枝条变枯变硬了。我把她害死了。

为什么？为什么紫薇能活下来而金橘死了？我意识到紫薇和金橘在生物学上存在根本的差异，但我不知道差异在哪里。

这次失败的经历让我想起其他关于本土植物的神秘事件。离我家不远的朋友家有棵漂亮的山核桃树，一次施工时，他们在院子里堆了一层厚厚的土壤，尽管他们特意在那棵山核桃树周围留了一圈空地，但树还是死了。这是为什么？为什么我们草坪上充满活力的绿色牛毛草不可避免会被散乱、坚硬的杂草挤到一边？为什么从园艺中心买到的漂亮又有活力的植物，带回家之后没几周就凋零了，即使我像老母鸡护雏一样对它们呵护备至？就拿最近来说吧，我有两棵像树一样高的龙血树——就是那种商场和办公室无处不在的很好养的观叶植物——它们的根从花盆的排水孔里伸展出来，盘在花盆的托盘里。我能安全地修剪掉这些丑丑的根吗？我知道养护室内植物的基本原则——排干托盘里的水分，等花盆里上层土壤变干再浇水，春季施肥——但是我对根、茎、叶和花的功能知之甚少，也不清楚背后的物理和化学过程。换言之，我对植物生理学几乎一无所知。

我怎么懂得那么少？有一个理由：我住在郊区，家里的院子只有地毯的边边角角那么大。确实，我住的地方橡树果实累累，水仙盛开，杂草疯长。但是，这里的植被只是大地上极其微小的一个组成成分，占据主流的是房屋、街道和汽车等人工景观。在我打理室内园艺之前，我以为植物就是可以吃的东西。

另一个理由：我是一名文科生，在大学本科和研究生阶段没有上过一门自然科学课。高中的科学课上我不认真听讲——你看，我本来想要当诗人的——连修基本的大学生物课的水平也不具备。后来我开始为当初的偏科而后悔，这些年来为了给年轻人写关于科学和发明与材料史的图书，我也自学了物理和化学，但对于植物学，我几乎一无所知。此外还有一个理由，高中生物课本（不管以前还是现在）关于植物的章节通常只有一两章，而且很大程度上是为了替后面可能更有趣的动物生物学的内容做准备。

一些植物学知识确实会在我脑海中产生微弱的回响，就像那个时代我听过的大略记得一些旋律的流行歌曲一样。我能想起木质部（xylem）和韧皮部（phloem），因为这两个词经常出现在填字游戏中。我甚至知道这两者都是植物中的导管，用来运输水分以及……呃，以及别的东西。雌蕊（pistils）和雄蕊（stamens）是花中的雌性和雄性器官，但是哪个词对应哪个我也忘了。我知道光合作用从空气中吸收二氧化碳，同时释放出氧气，但这个过程是如何发生的，我解释不了。米勒夫人讲九年级的生物课时，我一定都在神游。

步入中年后，我开始热衷于收集室内植物，于是我翻阅园艺图书，用便利贴贴出我所需要的实用建议。通过这种方法，我在园艺上取得了一定的成功，但是坦白说，金橘事件远非我的第一次失败经历。现在我明白，盲目遵循手册，或是像我那样依照错误的类比来打理植物，而不了解植物科学，大概是我的症结所在。如果我知道金橘和紫薇在生理上的不同，也许我就能再避免一场谋杀。我开始自学植

神奇的花园

物学，希望成为一名更好，或者起码是不那么致命的园丁。

＊　＊　＊

我开始去马里兰大学图书馆查阅植物学和植物生理学教科书，从中摸索自己的方法。但令我懊恼的是，收效甚微。教科书里有着太多的信息和细节，有些对于园丁来说是必需的，有些令人着迷但与园艺无关，更多的则是高深晦涩的。植物学就像一个陡峭的悬崖，而我之前一直在试图从正面垂直地攀爬上去。我需要做的是绕到更远处，找到一条更平缓的通向山顶的小路。沿途或许有一些奇妙的植物，不时还有一些历史遗迹，偶然远眺，视角也十分开阔。当我向前跋涉时，也许还会碰到一些徒步旅行者，一起聊聊天。

我决定，在这条歧路上，我将弄清最初发现植物生命基本事实的历史。我会回到一开始，一步一步地回溯，了解人们理解植物生理的进程。我查阅了植物生理学历史方面的材料，然而与植物分类学相反，我发现资料极少。唯一的当代编年史是《植物科学史》(*History of Botanical History,* Academic Press, 1981)，这本书是伦敦大学的莫顿教授为研究植物学的学生写的。书写得很好，但是没有我脑海中那种漫步的感觉。"植物学 101"课程绝对是必须有的，不过教授对故事里的人类没有什么兴趣。如果他是一名园丁，从中也很难看出他的兴趣。不过，他的书仍然让我觉得应该走历史路线。

事实证明，植物界的早期探险家是个多元、古怪、遭受不公正对待并被忽视的群体。这些人——都是男性，因为我们谈论的是 17 世纪末期和 18 世纪的事情——包括一个忧郁的意大利解剖学家、一个叛变的法国外科医生、一个口吃的英国牧师、一个偏执的德国教师，还有查尔斯·达尔文，一个在生命的最后 20 年里将大部分智力和精力投入到植物学中的人。

尽管这些人勇敢无畏，但是与其他科学相比，他们相当晚才发现了植物学的基本事实。直到 1670 年，还没有人知道植物的茎里面是什么，更不用说水是如何顺着树干向上传输的，或是植物靠吃什么成长。而在同一时期，解剖学家维萨留斯（Andreas Vesalius）已经公布了对人体骨骼、肌肉组织和许多内脏器官的准确描述。哈维（William Harvey）揭示了人体血液循环的基本知识，托马斯·巴托林（Thomas Bartholin）也已发现了人类的淋巴系统。物理学更是走在前沿，开普勒（Johannes Kepler）定义了行星轨道的数学规律；伽利略（Galileo）解释了地球是如何围绕太阳旋转并观测到了木星的卫星；牛顿（Isaac Newton）发明了微积分，发现了万有引力定律，还揭示了太阳光是由光谱上所有的颜色组合而成的。托里拆利（Evangelista Torricelli）发明了水银气压计，并且人工制造出真空状态，惠更斯（Christiaan Huygens）则制造出了摆钟。然而，还没人知道花的作用。

植物学发展滞后是有原因的。如果你去观察一只青蛙，你能看到它将舌头飞速伸出来吞食一只苍蝇，然后闭上嘴巴。解剖这只青蛙，你能看到它的喉咙和食道，以及胃是如何连接到肠道的。用大头针刺激青蛙的四头肌，肌肉收缩，蛙腿会活动。青蛙的心脏、肺、静脉和动脉都很明显，即使它们的运作方式一时还不清楚。但是如果你去观察一棵树、一株矮牵牛或一株草，你根本不知道它们是如何运作的。

它们没有嘴，如果它们吃东西，那它们的食物似乎也是隐形的。它们也不会排泄。把它们剖开，你也不会有任何发现：里面没有心脏，没有胃，没有消化系统，也没有肌肉。里面大部分是或硬或软的组织，还有清澈或乳白色的液体从切口流出来。至于繁殖，看起来似乎一株植物纯靠自身就能产生种子。蕨类植物的孢子要用显微镜才能看到，你可以合理地假设这类植物是凭空出现的。当然，没人能仅通过观察就猜到植物把阳光、空气、水转化成茎、叶和花。

通过测量并用公式揭示真理，就能发现天球运行规律，这看起来比理解洋葱更容易。没人会以为彗星是某种高空飞行的鸟，而植物学家却还在为植物的基本定义争论不已。有人认为植物更像石头而非生物。对此，他们的说法是：从盐晶体上敲下来一块，碎片会继续生长；从植物上剪下来一根茎，能扦插成一株新的植物。相反，把人的腿砍下来，这条腿不会长成一个新的人，与晶体和植物不同，被砍掉腿的人往往也会死掉。在 17 世纪末到 18 世纪，也就是欧洲启蒙运动时期，一些人开始以新的视角来看待植物界，不是看哪种能吃，哪种能治病，而去回答最基本的问题：植物是怎么运作的？他们一点点揭示了植物解剖学和植物生理学的奇迹。

这些奇迹展示在每个人的花园里——地球就是个大花园——但是对于狂热的自然爱好者来说有些植物尤其有趣。能净化受砷污染的土壤的蕨类、能长到 450 厘米长的生物燃料草、纯黑色的矮牵牛、1 吨重的南瓜、能进行光合作用的海蛞蝓，这些固然奇特，但对了解根、茎、叶、花的运作也很有启发。陆生植物已经演化了 4 亿多年，时间比哺乳动物长 1 倍还不止，植物的生存策略也惊人地多样。尽管它们不会移动，缺乏肌肉组织，但它们演化出了优雅的解决方案来采集食物、将水和营养运送到身体各处，以及繁殖。这对我们来说是好事：人类完全依靠植物作为食物来源，不管是直接吃植物，还是吃以植物为食的动物。我们呼吸的氧气是由植物和具有光合作用的藻类与细菌制造出来的。

植物和它们生活在海洋中的祖先一直在影响着全球气候，在未来几百年的气候变化中，它们将起到关键作用。在本书中我研究的一些不同寻常的植物，给了我希望。巨芒草（*Miscanthus*）是一种碳中和生物燃料，不需要施肥就能快速生长，而且没有入侵性，能在不适合农业生产的贫瘠土地上生长。现代植物的祖先，即光合作用蓝细菌，我们能够通过基因改造来诱导其分泌乙醇作为燃料。美国堪萨斯州土地研究所的科学家正在开发一年生作物的多年生品种，这类植物每年春天会从地下根系中重新萌发出来，这样每年可以少耕耘几平方公里的土地，从而减缓表层土壤的侵蚀，恢复土壤的肥力，由此就能解决美国乃至全球面临的土壤侵蚀问题。美国加利福尼亚大学河滨分校的研究人员正在努力破解一种可能有助于作物在干旱压力下生存的植物激素的秘密。国际水稻研究所正在尝试开发将不同的光合作用模式融合进来的水稻品种——正是那些光合作用模式使得我后院的马唐草如此繁茂。

欢迎来到过去、现在和未来的奇迹花园。

第一部分

走进植物内部

1

想要"百果树"吗？

7月中旬的佛罗里达中部，整个天空像一块闪闪发亮的巨大铝片，仅仅在头顶上，天上的焊工切割出了一个巨大而火热的洞。幸运的是，当我把租来的车停好，穿过满是车辙的院子时，我感觉到了一阵微风，微弱但来得恰到好处。

我来这儿见这片柑橘苗圃的主人查尔斯。入口不远处煤渣堆旁的房车是我目之所及的唯一建筑，我以为这就是办公室，但是敲门没人应。我担心他可能忘了我们今天的约定，但随后我听到身后什么地方传来了收音机的声音。向左绕开昨夜大雨形成的一片沼泽，我循着声响来到一间大温室，从外面的门挤进来，把门关好再去开里屋的门。

温室里一丝风也没有。空气完全凝固了，日光穿过半透明屋顶将温室里照得明亮而温暖。有两个人正在温室的尽头劳作，齐腰高的长椅上摆满了两英尺*高的树苗盆栽。我挥挥手，从几排长椅中间朝他们走去。汗水从我嘴唇上方冒了出来。当我走近跟他们打招呼的时候，我已经满脸泛光了。

---

* 1 英尺 =0.3048 米。——*后为译者注，余同。

不过没事儿。我终于快接近探索的尽头了，这间温室里有我渴望的东西，我多年来一直在想着的一棵树。这个屋子里有一棵"百果柑橘树"，一棵树上的枝头能结出不同种类的柑橘果。

我曾在康涅狄格州丹尼尔森的罗吉温室公司一间陈旧的温室中见过这种神奇的植物，我当时为了写之前的一本书而去采访了那家温室的主人。那棵树非常雄壮，繁茂的枝叶直达温室屋顶，枝条上不仅长着橘子、柑子、柠檬、青柠、葡萄柚和金橘，还有柠檬与金橘的杂交种、青柠与金橘的杂交种等。它就像童话里的树，树上没准藏着一只露齿笑的柴郡猫，或者抽着水烟袋的蓝色毛虫。它可能有魔法呢——吃了树上结出的果实，你就会永远过上幸福生活。

我想要一棵。

我想要一棵，不仅是因为我偏爱那种让人着迷的不确定性，有科学上的好奇心，更因为它对我有实用价值。我收藏了一些柑橘盆栽，冬天搁在我们的小温室里。温室是朝北的，朝向不太理想，所以我不得不挂上生物灯来保证它们冬季存活。多年来，我将所有的树集中在五架长长的生物灯下。在那里，它们枝繁叶茂，绿意盎然，甚至还挂着夏天长出的果实，陪我度过冬天里那些灰暗的日子。不过，我痴迷于尝试不寻常的柑橘品种，所以现在我不得不把三棵最大的树放在车库里过冬。在那儿，它们落叶休眠，看起来像死了一样，直到3月份我把它们放归乡野，让光照和温度使它们复活。有一棵"百果柑橘树"，我就能在我需要靠植物的美丽来振作精神时，在室内拥有更多品种的花和果实了。

我准备买一棵，然后很快发现马里兰和弗吉尼亚的苗圃与园艺中心都没有。根本没人听说过这东西，虽然大家都觉得这东西听起来不错。罗吉温室当时也没有，所以我只好进一步去联系佛罗里达的果苗零售商，指望有谁能给我运过来一棵。有些零售商听说过这种树，但是没有哪家有出售的。最后，直到1月份，我打电话给佛罗里达州立大学柑橘研究与教育中心，一位教授建议我问问查尔斯，他是奥本代尔——位于坦帕和奥兰多之间的一个小镇——一家柑橘苗圃的主人。这位教授说，如果谁能拥有这种"百果树"，那就非查尔斯莫属了。

但连查尔斯都没有。

"以前有人询问过，"在电话里，他那种慢吞吞的语调，听起来就像金馥力娇酒中慷慨地添加了一整个青柠的汁，他说，"家得宝1992年订了一千棵，但是后来取消了订单。不过没问题，我给你'造'一棵吧。"

我发现这事儿没问题，因为查尔斯一直在做"制造"柑橘树的生意，一年成百上千棵。我故意用了"制造"这个词，因为大多数商业品种的柑橘树不是用种子种出来的。举个例子，你从橘子里找到一颗种子，然后种下去，即使小树苗没有一开始就被细菌、病毒、线虫、真菌等打败，你还得等待数年，等它长到足够大才能结果。而即使树长得足够大了，枝头的果实也很可能稀稀拉拉，并且比你在食品店买到的橘子小得多。

商业栽培不是用种子种植，而是靠嫁接，不管是新建一个果园，还是以前的果树死了需要补种新株。像查尔斯他们嫁接橘树，通常会选用根系发达而强壮的种类——通常是酸橙——作为砧木，然后嫁接上更受市场欢迎的品种，像无核小蜜橘或者血橙。砧木赋予结果枝生长状硕、抗病性好或者抗寒性好的品质。同时，砧木还可以提高接穗的产量或者改良果实的口感。当然，无性繁殖的柑橘品种必须通过嫁接来繁殖。

查尔斯向我保证他能轻而易举地给我运来一棵百果树。我很激动。他会连花盆给我运来吗？那样会不会太重？我跟他说，我希望他不至于裸根运来，我担心换盆的时候会把它弄死。

他大笑。运输完全不用担心，因为他打算寄给我一个"套管"。所谓"套管"是一根 24 英寸*高的嫁接好的树苗，树干像一根铅笔，根部种植在直径 4 英寸、深 8 英寸的花盆里。

我尽力不显得太失望，因为这看起来是最好的法子了。但是这么小的植株，尤其是我住在北方高纬度地区，冬天需要搁在室内，可能很多年才能结果。我能不能弄到一棵大点儿的树呢？

"没问题，"他说，"只要你愿意自己开车过来把它弄回去。我有一棵很棒的 6 英尺高的哈姆林甜橙，种在一个 35 加仑**的花盆里，我可以用这棵给你嫁接。后年春天就能好。对你来说够快么？"

事实上，这不够快。还要等 15 个月。我想象查尔斯往哈姆林甜橙粗壮的主干上嫁接纤细的树枝，就像外科医生往手掌上移植断指一样。我脑子浮现出新旧木质层连接处裹了一层厚厚的绷带的画面，并且马上猜想在切口愈合之前他是否用电线将枝条固定在正确的位置。当然，大约几周的时间，最多一两个月，组织就会紧密结合，创口也

---

* 1 英寸 =2.54 厘米。

** 1 美制加仑 =3.79 升，1 英制加仑 =4.55 升。

会愈合，就像表皮的情况一样。在我看来，似乎不应该要一年多的时间才能连接起来。我试探性地问，我不能更快点儿拿到吗？

查尔斯开始解释，但我没有听懂他在说什么。然后，我突然明白了：我的类比是错误的。他往哈姆林甜橙砧木上嫁接的是芽而不是树枝。嫁接芽只需要"花费"几周，但在佛罗里达的气候下，它们需要花一年甚至更长的时间从芽长成枝干。春天是嫁接的最好时节，这时植物开始活跃生长，树液涌动。因此，一共得 15 个月。

查尔斯补充说，他的大部分生意都是生产"套管"，在他的温室，每年生产 65,000 棵左右。然而有时候，也有人请他和他的妻子兼生意伙伴苏姗去给一片果园里的成年果树做高接，把它们从一个品种变成另一个。例如最近，当市场上的脐橙价格下跌而且看起来不太可能好转时，附近的一个农民便雇用他去将 15 英亩*脐橙全部嫁接成了巴伦西亚橘。做高接很贵，这是可以预料到的，因为这就像一项了不起的魔法。但是，查尔斯说："这就跟用推土机推平，然后从零开始一样。"他正打算给我用哈姆林甜橙做高接。唯一的问题是，我希望我的树上有哪些品种。我说，我不挑剔，只要有许多种颜色的果子就行。我没打算吃它们——我可以在水果店买水果——我只是想观赏。他呵呵笑着说好的。我敢肯定以前从来没有人让他嫁接一棵只用来观赏的果树。

我向我的朋友伊迪——本地花卉市场的一位买家——宣布（好吧，也许我太兴奋了），我找到人给我做一棵百果柑橘树啦。她看起来满脸怀疑，表示我最好小心点儿；把柑橘树运出佛罗里达可是受限

---

* 1 英亩 =0.004047 平方千米。

制的。这似乎令人难以置信——佛罗里达不能运输柑橘？但我调查了一下，发现美国农业部确实禁止佛罗里达州向外运输柑橘树。这项规定是为了防止一种叫作"青果病"的细菌性疾病从佛罗里达传播到其他柑橘种植州。青果病也被称为黄龙病，由细菌感染引起，并通过一种蚜虫传播。这种病会使果树叶子变黄脱落，果实变酸，最后使整棵植株死去。违反规定运输将罚款 500 到 10,000 美元。还是有一点希望的。就在我发现这条令人沮丧的规定前不久，美国农业部的试行条例表示，有资质的种植者，凭借额外的防范措施和附加检验，可以取得向州外运输的资格。

当我打电话给查尔斯告诉他这件麻烦事的时候，他向我抱怨了一大通。他已经是有资质的种植者了，为了证明他的树没有疾病，他花了大价钱做了所有的常规检验。他不想再填更多的表，花更多的钱，让更多的检查人员来他园子里逛悠。这整件事都极其可笑，因为我会直接开车把它运回马里兰，那里别说柑橘种植业，连自家后院里都没人种柑橘树。他坚持说，这项规定在我这里毫无意义。我告诉他我会联系美国农业部，看看他们是否颁布过豁免条例。我打了电话，但农业部动植物卫生检查局的人明确告诉我，没有例外，哪怕一个马里兰人承诺车窗紧闭开回家，不论是在佐治亚州和南卡罗来纳州这些种植柑橘的地方，还是北卡罗来纳州或弗吉尼亚州这些根本不种柑橘的地方，都不停车——甚至不吃饭，也不在外过夜。

当我第三次打电话给查尔斯时，他真的咆哮了起来。他回忆，在20 世纪 80 年代中期，因为溃疡病暴发，芽接的规定很严格。"他们就是些北方佬，跑到南方来，根本不懂柑橘，还假装专业。我们不得

神奇的花园

不弄一张'芽接卡'，每次有检查员来的时候出示一下。检查员把车停在路上，每次他们一过来，我们就不得不从做芽接的地方走过去，穿过炙热的沙地。"

我想我运气真是不好，他肯定不会同意再去申请一个附加证书了，但我误会了他的性格。在发了一通牢骚之后，他和蔼可亲地答应帮我这个素未谋面的北方人解决问题。他愿意提交申请，不管那些规章制度啥时候能搞定。在此之前，他和苏姗会替我照顾我的树。我定期飞到佛罗里达拜访我母亲，她住在迈尔斯堡，就在柑橘农场以南两小时车程的地方。因此我问他，下次我再去佛罗里达的时候能否驱车去看看他为我嫁接的树。

就这样，现在我出现在温室里，像自动洒水机一样挥汗如雨。我同查尔斯和苏姗握手。两个人看起来都是五十岁左右，精瘦而且晒得很黑。查尔斯长着方下巴，颧骨突出（我得知这是因为他有印第安奥塞奇人的血统），头发一剃看起来更明显了。他穿着宽松的及膝短裤和一件褪色的夏威夷花衬衫，满脸笑容。苏姗穿着短裤和白色吊带背心，头发被太阳晒得深浅不一，上面戴了露顶的遮阳帽。他们两人都拿着看起来像削皮刀的东西，拇指上套着防滑橡皮套。苏姗的好几个手指上还包着破破烂烂的绷带。

我们相互认识了一下，苏姗表示她要去办公室的冰箱里拿芽条，于是我跟着查尔斯朝温室的尽头走去。我浑身滴汗，一路小跑才能跟上。我们的目的地是种在黑色塑料盆里的一排枝繁叶茂的六七英尺高的树。

"这些是我们拿来做芽接的哈姆林甜橙树，"查尔斯说道，"它们被州里检测过是没有生病的。我们拿到哈姆林甜橙的订单时，就把这些树上的芽取下来，嫁接到施文格枳柚砧木上。"施文格枳柚是特别健壮的一种枳柚，它本身是一种不能食用的葡萄柚和一种不能食用的橘子的杂交后代。如果施文格枳柚长大成熟，它结出来的果又小又酸，还全是籽。

查尔斯朝那排树中的一棵走去。看起来就像唯独这棵树刚遭过飓风，枝叶都被刮走了。像一个骨瘦如柴衣衫褴褛的人。这棵，原来就是我的树。

我很失望，但查尔斯一脸满足地告诉我，这是他特意为我选的，因为它有五个很好的"大主枝"。（大主枝就像铁路的干线，所有的支线都从干线上延伸出去。）我的树没有掉叶子，查尔斯为了准备嫁接而剪除了一部分叶子。他打算在每根主枝上接两个芽，这些芽来自五个不同的柑橘品种。哈姆林甜橙树上剩余的枝叶将在嫁接芽生长期间为植株供应养料。等嫁接芽长大，他会把哈姆林甜橙除树干之外的枝条都去掉。

苏姗带着芽条过来了，这些芽条分装在独立包装的塑料袋里，也都有无病证明。她和查尔斯选择了中国柠檬、尤力克杂交柠檬、比尔斯柠檬、红肉脐橙和明尼奥拉橘柚。这些芽条是长一英尺、粗四分之一英寸的茎，叶和小枝被剥除了。

查尔斯解释了一下。"瞧这儿。"他说着便把一根哈姆林甜橙的枝条压低，指着枝条和叶柄间的夹角——你可以说是腋。

他问道："看见没？"我看到一个尖尖的突起。"那是一个腋生的叶芽，我们也叫它芽眼。这棵树现在不需要芽眼生长，它正在休眠。

但如果需要，这些芽眼都具备长成新枝的潜能。那些芽条同样有芽眼，我们要做的就是把芽眼挖下来，接到哈姆林甜橙的枝条上。"

查尔斯向哈姆林甜橙举起刀，首先切开树皮和木质部，开了个一英寸长的纵槽，然后横向划开，形成一个倒"T"字。然后他拿起芽条，让我看了他打算切下的芽眼。他将芽条上面一端指向外面，然后用刀朝里削出一英寸长的浅浅的斜面，切面正好在芽周围的树皮下面。最后，他将削好的芽（顶端向上）插在哈姆林甜橙树皮间削出的空隙里，从兜里掏出一卷绿色的塑料胶带，用一段胶带将其捆好。

他说，关键是使嫁接芽和砧木的形成层，也就是紧贴在树皮下面的那层组织互相贴近。形成层非常薄，但它的细胞就像动物的干细胞一样可以发育成不同类型的细胞。（形成层太薄了，不用显微镜是观察不到的。但在春天，如果你剥掉小树枝梢上的树皮，那个潮湿的表面就是形成层。）在一次成功的嫁接中，形成层细胞将砧木的组织与导管同嫁接芽的组织与导管连接起来，让它们永远结合在一起。两周后，砧木与嫁接芽就会长在一起，而他会将胶带去掉。沐浴着佛罗里达中部灿烂的阳光，这些芽用不了太长时间就能长成细长而繁茂的幼嫩枝条。

十分钟后（为了让我看清楚，他特意放慢了速度），查尔斯就把我的树处理完了。他一辈子做这个，几秒钟就能完成一次嫁接。更重要的是，他和苏姗嫁接的树成活率为 99%——他估计他们已经嫁接过上百万株。

走之前，我们在一棵巨大的橡树底下的野餐桌旁坐下，这个园子里只有这片树荫下能坐着聊聊天。苏姗说要给我们拿一些"ostee"。

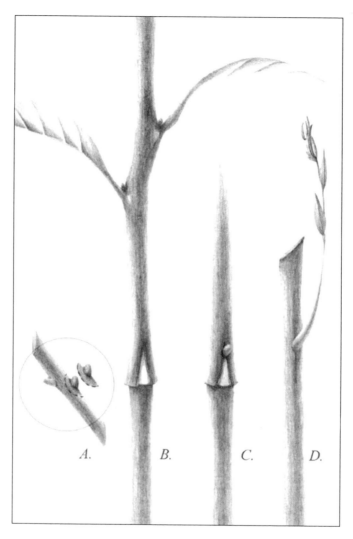

A.将芽从芽条上取下；B.嫁接者在砧木上切割出一个倒"T"；C.将嫁接芽插入皮下，这是用胶带捆绑固定前的样子；D.形成层愈合，芽完全长好。

神奇的花园

我不知道那是什么，但是接受了，心想这可能是糖渍橘皮一类的东西。其实我想喝点东西，因此我很高兴地发现"ostee"原来是南方人说的冰茶（iced tea），清甜可口。我们笑着讨论南北方在口音和文化上的差异，但查尔斯告诉我，事实上，他出生在北方。

"我爸妈当时正在从密歇根捡苹果回来的路上。他们四处游荡着干农活，因此他们先从南方棉花田开始，然后是烟草、樱桃、苹果，从南到北跑个遍。好吧，捡完苹果就算是结束了，他们打算启程返回佛罗里达开始做芽接，结果我妈在辛辛那提分娩了。三四天之后，他们就让她自由走动，于是我们一路南下，到了这里，"他一脸满足地说，"从那时候直到现在。"他更正说，他在俄亥俄州肯特州立大学读过一年书，然后他意识到那不是他要走的路。

查尔斯和苏姗从事柑橘贸易已经有三十多年了，他们先是给别人的果园做芽接，然后拥有了自己的资产和温室。这可不是轻松的生活。这个工作又热又单调，外头尽是凶狠的蚊虫，他们还时不时被树枝和刺扎伤。很少有美国人愿意来做帮工，甚至移民劳工都觉得太苦了。柑橘疾病和检疫隔离时果园不止一次停止过运营，霜冻也造成损害。有很多年，查尔斯曾不得不靠跑到巴哈马群岛去给人做芽接来维持资金周转。

"这个冬天，"苏姗说，"我们的柠檬和青柠落了一地。20世纪90年代遭到霜冻的时候出过这个问题。柠檬树还没休眠，冰冻气候到来时，树液还在流动。"（树液冻结形成的冰晶使细胞壁破裂，会使植物受到伤害。随后冰晶融化，树液流出，植物便会失水干死。）他们不得不砍掉了四英亩的树。最近，他们补种了一些蓝莓灌丛，试图使果园里品种丰富一点。

随后，他俩送我去开车的时候，我问苏姗，她怎么知道何时该给树浇水。她告诉我这很简单：她每天踢一下每个花盆，就能听出声音。没等我继续问土壤干了听起来是什么声音，她就提醒我柠檬的枝条要修剪得狠一点。查尔斯为了让其他品种有先一步生长的机会，把柠檬芽嫁接在最细弱的枝上，但柠檬生命力旺盛，如果我不小心修剪的话，它们就会挡住其他品种的光线。接着，查尔斯打开了大门上的链条锁，我小心地沿着车辙把车开出泥泞的院子。很快，我开上了主路，沿着4号公路返回迈尔斯堡。我将空调开到了最大，因为多种多样的柑橘——黄的、粉的、橘色的、红色的还有彩条的——正在我脑海里翩翩起舞呢。

神奇的花园

2

植物羊的出生和漫长生命

　　我的"百果树"是人造的，但理论上也可以自然产生。在野生状态下，遗传特征上相似的树——例如柠檬和青柠，或者苹果的两个不同品种，又或者两种核果，比如油桃和桃子——相互持续接触，就会产生嫁接。枝条在风中摩擦，接触点的树皮被慢慢磨掉，最后形成层便露出来。切断其中某根枝条与其母株的联系，它就得依赖邻居的根系获得养分了。从中世纪开始，园丁们就利用这一现象来制造活的篱笆。"编树篱"需要将一列幼树或者灌木的枝条交织起来，在交叉的地方划破树皮露出形成层，然后将交叉处绑牢，确保嫁接成功。

　　因此，一棵"百果"柑橘树，虽然听起来不大可能，但也不是魔法。我问过马里兰园艺中心的人，他们从来没听说过这种树，但凭直觉能想明白。这个想法让他们觉得好奇有趣，但似乎并没有超出可能性的领域之外。这不像一棵能生出小猫、小熊或者小羊羔的树那样让人一秒钟内就觉得不能接受。如今，无论你接受的正统植物学教育有多少，你都不会怀疑植物生不出小羊羔来。

　　但在 17 世纪早期可不是这样。受过教育的欧洲人相信，在亚洲中部的大草原上，有一种植物可以长出完整的、活的小羊羔。这种"植物羊"，又称 borametz 或 barometz（西徐亚语的绵羊一词），据说能从植物主茎的顶部冒出来，羊羔的脐带与之相连。羊羔四蹄下垂，但是还不能接触地面。幸运的是，这种羊羔草的茎很有弹性，小羊羔伸长脖子，可以取食茎的基部周围一定范围内的草叶。不幸的是，一旦吃完了这个范围内的草，羊羔草的茎就会枯萎，小羊羔就没命了。一旦羊羔死去——不管是饿死还是死于猎人之手——人们便可以剪下柔软而优质的白色羊毛，织成精美雪白的布料，这在当地十分有名。

还有更多关于羊羔草的细节。1549 年，马克西米兰一世和查理五世期间的驻俄大使赫伯斯坦男爵西吉斯蒙德曾写到，他通过一些可靠的渠道得知，这种生物"味道不错，对于狼和其他食肉动物来说是很好的食物"。备受尊敬的瑞士博物学家约翰·鲍欣在他的著作《世界植物志》(Historia Plantarum Universalis，出版于 1600 年左右）中提到，它的血"像蜜一样甜，尝起来像新鲜的鱼肉"。其他的观点则认为它尝起来像小龙虾，除了狼没有别的食肉动物会袭击它。《令人惊叹的植物史》(Histoire Admirable des Plantes, 1605）一书的作者克劳德·迪雷将羊羔草归为几种"会动的植物"之一，这类生物还包括刺水母、海绵、海肺。詹姆斯一世的药剂师约翰·帕金森，也是那个时代最伟大的英国园艺家，他曾在 1629 年出版过一本综合性的园艺学著作。那本书卷首的图片是一幅伊甸园的木版画，当时人们普遍认为伊甸园是真实的，并且可能依旧存在。在帕金森的伊甸园里种有很多常见的物种，如百合和紫菀。其他则是旧世界引进的椰枣树、

神奇的花园

传说中的羊羔草

仙人掌和柑橘。至少有一种菠萝是来自美洲的。在画面的中间偏左，有一只植物羊，在草茎的顶上摇晃着脑袋和四肢。

植物上长出羊羔，藤壶长在树上并且能孵出小鹅，公羊角春天长出芦笋，或是曼陀罗的根被从土里拔出来的时候会像人一样尖叫，相信这类事物，现在看起来似乎很可笑。但是在17世纪，没人知道植物到底是什么，或者不是什么。直观上对植物的定义——活的、绿色的、不会动、没有感觉的生物——对界定范畴毫无帮助。菟丝子为橙色而且没有叶子（寄生在别的植物上），内科医生和巫医将其用作治疗忧郁症的药方。不能移动是一个不确切的概念：花瓣会开合，叶片会向光生长，卷须甚至会以看得见的速度攀缘缠绕。植物并不都是没感觉的：碰触含羞草（*Mimosa pudica*），对生的小叶片会逐一闭合。

那么迪雷曾提到的那些奇特的海洋生物呢？它们似乎横跨植物界和动物界。在浅海中可以看到，它们仿佛把根扎在岩石或者珊瑚上，许多还有着根状或者叶状的附属物，随着洋流摇摆，就像陆生植物的枝条随风摆动一样。它们大多是泥土色的。另一方面，它们中有些可能对触摸有反应，还有一些则被观察到能捕食小虾甚至小鱼，这明显是动物的特征。如果说这些海洋生物兼具植物和动物的特征，倒也并不是不合逻辑的。植物羊只不过是一种陆生的版本。

事实上，当时人们并不清楚生物与非生物的界限，这比动植物之间的界限还要模糊。一座被采尽的矿可能在若干年后又挖出新矿石来，这似乎证明石头会生长。据亚里士多德说，米利都*伟大的泰

---

*　古代爱奥尼亚的城市。

勒斯*将磁力归功于磁石的灵魂，而大家都认同，只有有生命的物体才有灵魂。中世纪炼金术背后的理念是，基本金属会在地下缓慢生长，分阶段成熟，从铅变成锡，锡变成铜，铜再变成银，最后达到成熟，变成金。这听起来是个合理的理论：毕竟，无生命的鸡蛋会变成小鸡，无生命的种子会成长为小小的植物。炼金术士依照用星相符号阐述的深奥理论来精心设计程序，但他们在炼金过程中经常采用加热的方法，比如将铅或锡埋在温暖的粪堆里、放在烤箱中烤，或者在烧瓶中小火熬煮。热量和生长似乎是一致的。鸡蛋需要靠母鸡的体温而发育，种子需要太阳的温度而发芽。同样，金属在冰冷的土壤里发育太慢，不得不通过加热使它们成熟。

我们很容易看到盐和糖生成结晶，有些人认为这象征着另一种生命形式。岩石上像植物化石一般的树枝状结构（事实上是晶体结构）是另一个巨大混乱的来源：这些植物是从石头中生长出来的，还是石头形成的植物？矿工发现铜和银上有弯曲的脉络，就好像植物的茎蔓：那么，金属像植物一样生长，还是它们原本就是金属性的植物？毫无疑问，人们注意到，苔藓会因干旱而休眠数月，甚至数年——时间长到任何人都会认为它们死了——可一旦在潮湿的环境下，它们又变绿了。它们是死了又复活的吗？或者，也许它们根本就不是以动植物那样的方式存活？农夫们观察到，植物变化多端：黑麦种子播种到田野里，有可能长成大麦，甚至更糟的是，长成没用的杂草，特别是在大雨过后。植物与植物之间，植物与动物之间，甚至生命体与非生命体之间，界限都不明确。如同天边的彩虹从红色以不可察觉的细

---

* 古希腊哲学家。

微程度渐变为橙色，从蓝色渐变为紫色，大地上也是一样。大黄是一种植物，绵羊是一种动物，而植物羊则是它们之间渐变的产物。如同21世纪的百果柑橘树，植物羊的特别之处令人好奇，但说它存在则不足为怪。[①]

1689年，伦敦英国皇家学会的秘书长汉斯·斯隆爵士"杀死"了植物羊。学会当时收到了一些来自中国的自然珍奇和医学器具，斯隆爵士对其中一件物品特别着迷：

> 有一英尺多长，像手腕一样粗……被深黄色绒毛，有些绒毛有四分之一英寸厚……看起来像一件模仿羊羔的形态制作的工艺品，根部或者攀缘器官弄成躯干的样子，还留下了叶柄，就像羊羔的腿。

他在发表于皇家学会的《哲学会刊》上的一篇文章中断定，这件物品事实上是树蕨的块根，也就是传说中的植物羊的由来。

斯隆爵士正确地指出了，那件状似羊羔的物品其实是树蕨（tree fern，也叫桫椤）的根。他于1688年在牙买加给当地总督阿尔巴马尔公爵做私人医生的时候，曾见过类似的蕨类植物。然而，关于植物羊传说的由来，他还是错了。树蕨是热带植物，不大可能长在寒冷干

---

① 生物与非生物目前依旧没有非常明晰的界限，现代科学认为，有些不同寻常的有机体可能跨越两个范畴。我们知道，在宿主细胞外，病毒只是一颗病毒粒子，也就是内部没有生物活性的有机（即碳基的）粒子。当病毒粒子接触宿主细胞时，它变成有活力的病毒，对环境起反应并试图增殖。目前已知某些种类的藻类是混合营养体。它们像植物一样通过光合作用自身合成食物，但有时候也会通过吞噬和消化别的植物，乃至之前捕食它们的生物来获得能量，因此被归为动物。——序号后为原注，余同

旱的草原上，而传说中植物羊生长在草原上。（这种蕨类植物现在因为斯隆的错误而名垂千古：它的学名为 *Dicksonia barometz**，属名是为了纪念苏格兰植物学家詹姆斯·迪克森［James Dickson］。）羊羔草的传说事实上源自古希腊哲学家塞奥弗拉斯特（Theophrastus）的著作。他当时是亚里士多德在雅典创办的哲学和自然科学学校吕克昂学园的教师。

塞奥弗拉斯特于公元前 371 年出生在希腊的莱斯博斯岛，青年时期前往雅典求学，大概是师从柏拉图。他遇到了年长他 15 岁的亚里士多德，跟随亚里士多德学习哲学和博物学。据说是亚里士多德给他这位天赋异禀能言善辩的学生取的名字：*Theo* 的意思是神性的，而 *phrastos* 的意思则是表达。此人在思想上成了吕克昂学园的协办者，亚里士多德还任命他继任学园的"园长"，并担任自己子女的监护人。约公元前 343 年，这两位学者着手做一项综合评估自然界的工作。亚里士多德负责动物，塞奥弗拉斯特负责植物。

在两卷本的《论植物》（*De Plantis*）中，塞奥弗拉斯特谈到了植物病害、植物药用价值、播种和修剪方法，以及当时的研究者关心的其他实用话题。在那个年代，农业地产是财富的基础。古希腊的无花果和橄榄种植者都很熟悉嫁接，对此他认为最好是使用"类似的树木"，他还指出，两种树的树皮、果实、生境、种植周期相似度越高，嫁接越有可能成功。他尝试进行早期的分类，将植物划分为不同的范畴以弄清其多样性。然而，最重要的是，他细致、精确而且冷静地阐述了植物到底是什么。

---

* 现被认为是金狗毛蕨（*Cibotium barometz*）的异名。

他的书开篇就宣称："我们必须从植物的形式和结构及其在环境中的行为、繁殖方式和普遍的生命过程的视角来考虑植物的特性和普遍属性。"他讨论的主题非常现代；事实上，这些话题与我手上的一本植物学教材的章节标题正好对应。在植物只被当作药材和食物，枯木发芽被视为预兆，月桂树和风信子可能是被神变为植物的一个漂亮迷人姑娘或英俊少年的年代，塞奥弗拉斯特的研究方式非常不同寻常。

他最早用解析的方法来描述植物，区分出了根、茎、枝、嫩枝、叶、叶柄、树皮、木质部、髓质、树液、果和其他部分。他注意到叶片以不同的排列方式着生在茎上，芽按照一定的顺序从特定位置萌发出来，植物顶端或侧面可能生长出新的生长枝。种子萌芽时可能有一片或者两片叶子，藻类没有根，蕨类没有种子。他描述了多种树木，而且能说出树皮是否容易剥去，木头是否容易腐烂，以及具体什么时候结果，什么时候落叶。他测量了根的深度、枝条的长度、树干的高度，而且指出了野生种与驯化种的不同、植物在沼泽或草原能否繁茂生长、温度如何影响它们的生长，以及几十种其他生态学资料。据他记载，椰枣树的种植者会将雄株上生长的花朵的"粉尘"撒到雌株的花朵上。如果不这么做，椰枣结出的果实会少得多。最重要的是，他观察植物是出于对植物本身的兴趣。

塞奥弗拉斯特拒斥那些以"超出我们感知范围"的证据为基本观念。一块木头发芽长出嫩枝并不是什么预兆或者"不合理的事情"。悬铃木枝杈间长出月桂枝条并不表明有神灵现身：必定是鸟将一粒种子扔在枝杈间腐烂的叶子上。他的目标是依靠"公认且显著的证据"来寻求理解。古希腊哲学家阿拉克萨哥拉的理论认为，空气中有种

雄花

雌花

北非椰枣树

子，下雨时降落到地上；第欧根尼则认为，当雨水分解并与泥土混合时就会长出植物。塞奥弗拉斯特拒斥这两种观点，尽管他并不怀疑种子会在土壤里改变种类，但他所认可的是他能见到的过程——洪水将种子带到新的地方。

塞奥弗拉斯特写到了一种低矮的"结羊毛"的树，这种植物产自印度和阿拉伯，"没有种子，但是大小像春天的苹果一样的荚果里含有羊毛……荚果成熟时裂开，就可以把里面的羊毛采集下来织布。"希腊语的苹果一词（μᾶλον，发音为"mal-on"，是英文中的甜瓜"melon"一词的由来）有三个意思：苹果，水果的通称，绵羊。在某些情况下，"春天的苹果"——指幼嫩的小苹果——会被理解为"春天的羊"，也就是小羊羔。欧洲人从未见过棉花树，他们经验中唯一能织成精细布料的毛茸茸的白色物质就是羊羔毛，于是，植物羊诞生了。这是一种历史的反讽，古代最具有科学头脑的那位哲学家，无比重视对植物界的精确观察，竟然是植物羊传说的肇始者。

如果是亚里士多德来写这些植物学著作，他开篇可能会说"首先，我们需要考虑植物存在的目的"。谈到大麦，他可能会写第一推动者创造它，目的是生产可食用的谷物，这就是为什么大麦有麦穗，成熟后非常便于收割。（目的论学说认为万物之所以是现在这个样子，是因为神性力量出于一种明确的目标将其创造成这样。）亚里士多德偶尔确实写到了植物界，他对动植物的器官进行了类比：根就像嘴，树枝就像手臂和腿，而叶子则像头发。并不单是他一个人认为植物是一种不完善的动物，与动物的组成成分一样，只是掺了杂质，也没有动物的温度。

对塞奥弗拉斯特来说，试图从动植物的差异来理解植物是没有价值的。他写道："煞费苦心去做那些不可能的比较只是在浪费时间，而且这样做会让我们忽略本应探寻的问题。"的确，如果光看植物的整体形式和结构（也就是形态学），动植物之间的确有相似之处，但看看生长习性，相似性便到头了。他意识到，动物的身体各部分——头部、胳膊、腿等——长成一定的尺寸就会停止生长。相反，植物的茎和枝干达到特定的尺寸时虽然会停止生长，但植物会继续生长。（植物的生长方式被植物学家称为无限生长，意思是尽管每株植物的生长依据基因决定的模式，但是只要植物还活着，新的根和嫩枝就会不断长出来。）他写道，植物不像动物，它可以被修剪，被分成两株，或者通过它身体的一部分，比如一根树枝或者一片叶子来繁殖。便利起见，我们可以用动物的解剖学名称来称呼植物的各个部分，但不要被误导了：它们从根本上跟动物不一样。

要是《论植物》留存下来该多好。但在公元头几个世纪中，拉丁语取代希腊语成为受教育的欧洲人通用的语言，很多写在精致的莎草纸上的希腊作品都朽坏了。塞奥弗拉斯特的《论植物》，如同古希腊大部分作品一样，消失了。在近一千五百年中，欧洲人转而求助两位罗马学者的植物学著作：希律法庭的历史学家——大马士革的尼古劳斯（Nicolaus of Damascus），以及历史学家和百科全书撰写者老普林尼。如果你打算抑制植物学的发展，你不可能比尼古劳斯做得更好。尼古劳斯于约公元前 30 年将一大堆错误的信息胡乱拼凑在一起，书名也叫《论植物》，这本书被误传为亚里士多德的著作，因此获得极大的权威性。普林尼的作品《博物志》，则更为繁杂。

普林尼是历史上最勤奋、最具强迫性人格也最高产的作者。他生于公元 23 年。他前半生的职业生涯，先是在罗马军队里作为参谋官度过，然后又在德国做指挥官。在德国前线，他利用晚上和冬天歇战的时间撰写了一部罗马－德国战争史，这可不是简单的任务。公元 54 年，尼禄掌权，罗马帝国的秘密警察开始迫害莫须有的皇家敌人。政府官员，尤其是军队官员，因疑似反对党人而遭遇街头谋杀或审讯，或被迫自杀。普林尼在返回罗马的途中，决定在这个时刻抽身引退，专心致志去写一部拉丁语语法书，这个主题连尼禄也找不出什么冒犯之处来。

公元 68 年尼禄去世后，普林尼因早期支持过新皇帝维斯帕先，而且与新皇帝的长子有交情，故而被任命为北非和西欧好几个省份的行政长官。在这第二轮公共事务生涯中，训练有素的他撰写了一部长达三十一卷的《罗马史》，然后是一部三十七卷的《博物志》——这个大部头被称为世界上第一部百科全书。他阅读了两千多本古希腊和罗马的作品，请教了数不胜数的农民、工匠、商人以及他在周游列国时偶遇的其他权威人士。据他的侄子兼传记作者小普林尼说，他几乎不睡觉，并且全天请人给他读书，连吃饭时也不例外。不仅如此，他还有一个秘书，在身边随时记录他说的话。在罗马，有专人为他抬轿，以便他随时能读书写作，一分钟都不浪费。

普林尼是个有收集癖的研究者，《博物志》中罗列了宇宙中的林林总总，从天文学到动物学，从葡萄酒酿造到木雕，从魔药学到冶金术。到底哪些构成事实——普林尼声称他的著作中包含两万个条目——就见仁见智了。打开他的大部头，翻到任何一页，你都能遇上被添油加醋、半真半假的事实，基于观察的言论和道听途说，以及在那个时候被认为是自然界中真实情况的神话和错误。

拿植物来说，你不用多翻，从前几页写树的内容你就能看出普林尼是如何写作的。他快速地向读者介绍了大树崇拜的历史、关于悬铃木性质的叙述、四棵著名的悬铃木的外形尺寸，还有一则故事：肥胖的卡里古拉*在一棵悬铃木中空的树干中举办宴会招待 15 位宾客和他们的侍者，接着是一篇关于用红酒浇灌悬铃木会使树木生长更快的报告。他准确地描述了印度榕树和它的气生根如何长成新的树干，接着却补充说它"宽阔的叶片像古希腊时代亚马逊族女战士的盾一样盖住了果实，因此妨碍了其生长"。提到嫁接，普林尼记录了他那个时代的技术，那些技术与查尔斯和苏姗的农场所用的技术没有太大区别。但他也写到，他曾见过一棵树上"长满了各种各样的果实，一根枝上挂满坚果，另一根枝上挂满浆果，而其他地方则悬挂着葡萄、梨、无花果、石榴以及其他多种水果"。虽然植物界中确实有一些令人惊讶的亲缘关系——比如番茄可以嫁接到土豆上，因为它们都是茄科植物——但是没有砧木能和那些完全没有亲缘关系的物种兼容。他指出，这棵"百果树"没有存活太久，但他并不怀疑那是骗子用利刃将各种水果枝条砍下并用松胶拼凑在一起的——实情无疑就是这样。

阻碍植物学发展进程的不单是《博物志》或亚里士多德的《论植物》中的错误，也是中世纪学者们对这些著作的顶礼膜拜。任何人只要有兴趣了解植物就会去翻阅古代文献，人们认定，古人的书里已经提供了确定无疑的信息。还没有人想过用实验方法去发现事实或

---

* Caligula，罗马帝国第三位皇帝。

者验证假说的合理性。炼金术士、内科医生和农民做实验，但只是在试图用另一种方式达到目的的意义上。此外，中世纪学者浸润于柏拉图理念，相信在神性的心灵里存在万事万物的理想形式，即"普遍形式"。我们在地球上见到的羊羔也好，橘子树也好，都只不过是一个影子，一个理想动物和理想树木的摹本。如果有研究者想了解一棵橘子树，人们不会建议他去审视一棵真正的，因此也是有缺陷的橘子树，而是通过推理来获得认知。这套学说经过中世纪天主教会和中世纪晚期大学的吸纳和阐释，形成了心理上的束缚，使人们不愿意去做近距离观察。因此，对植物机能的理解从公元前 3 世纪到 17 世纪完全没有进展，羊羔草继续在大地上遍地开花。①

---

① 植物分类学，或者说科学的分类法又是另一回事。在文艺复兴时期，尤其是随着欧洲探险者从亚洲、非洲和美洲带回新的物种，人们变得专注于收集、描述、展现、命名、干燥、描绘植物，并且对它们进行分类。卡罗尔·尤（Carol Kaesuk Yoon）在《命名自然：直觉与科学的冲突》（Naming Nature: The Clash between Instinct and Science, New York: Norton, 2009）一书中探究了分类学的历史，安娜·帕福德（Anna Pavord）在《植物的故事》（The Naming of Names: The Search for Order in the World of Plants, New York: Bloomsbury, 2005）一书中重述了植物分类学的早期历史。

神奇的花园

3

透过镜片，依然晦暗

即便巴尔的摩的皮姆利科中学（Pimlico Junior High School）的七年级曾经有科学课，我也完全没有印象了。当然，我那一年的记忆很少是关于学习的。我当时是一个安静而不起眼、刚刚步入青春期的12岁小孩，从一个白人社区规模很小的小学毕业，然后被扑通一声扔进了这所中学。学校大楼曾经是红砖砌成的一座厂房，原本设计的能容纳1500人，如今却熙熙攘攘地塞进了3000个学生，而且大部分来自穷苦的有色人种社区。那时我年幼无知，对这一切毫不知情。但是到了第二年，也就是1968年4月，种族冲突引发的怒火爆发并蔓延到整个城市的大部分地方，校园内也渐渐阴云密布。我当时确实明白，学校其实是实行了种族隔离的，人数较少的白人学生都单独分在几乎全是白人的班级里。虽然听上去非常荒诞，不太像是真的，但是在我的记忆中，白人学生都在 A 班，而大部分有色人种学生则要么在 B 班，要么在"基础班"。

人群中时不时爆发骚乱，去餐厅吃午饭的30分钟都是冒险。我在午餐时尽量什么也不喝，免得之后要去上厕所——经常有翘课的高年级女生待在厕所里，一边高谈阔论，一边抽着烟。我也害怕课间的铃声，因为一打铃就意味着我又要冒险踏入那些在走廊里追跑喧哗的孩子们组成的洪流了。在走廊的每个主要交叉口都会有成年人来引导人潮的流向，他们会暂时拦住某边的"怒涛"，好让另一边通过。不然的话，谁知道这个交叉口会乱成什么样？不过，没有窗户的楼梯那里是没有大人监管的，人流就淤积在那里。大家堵在一起的时候，女孩可能会被身后的某个男孩用带有弹簧的安全别针戳到（这是那所学校为数不多的几件与种族无关的事）。这种事发生在我身上的时候，我会转过身来，与欺负我的人对峙。不过，男生们一下子都装得若无其事，脸上全无邪恶或是幸灾乐祸的表情，你根本无法知道是身边哪个人干的。唯一能做的就是在拥堵缓解之前尽量在人群中扭来扭去，让对方很难刺中你。后来我学会了，最好的策略是在上楼的时候紧紧地贴着墙。

在上学的最后一年，从低年级开始，一半的学生被整班整班地叫到礼堂集合。我们聚集在没有上锁，或是忘了锁上的一道道门之外宽敞的门厅中，人数越来越多。最初，我们又说又笑——因为那是在一天快结束的时候，而且也快到初夏了——但是，门厅里很快就人满为患，空气变得闷热又浑浊，大家的声音也越来越大，越来越不耐烦了。正在这个时候，一群到得很迟，年龄更大、个头也更高的男孩子，为了取乐，开始有节奏地推搡起前面的人。我们周围三面都是墙，实在无处可去。每个人都踉踉跄跄地往前扑去，然后挣扎着退回来，再一遍一遍地被压过去。到处都是抗议的叫喊声，女孩们尖叫起来。我的脸挤在了前边的男孩背上，我除了他衣服上的格子之外什么也看不见。不知是谁的笔记本的尖角戳到了我的肩膀。一股人潮涌来，我感觉自己的双脚离了地。我扔下了手中的书，好去扶旁边人的胳膊；当时我特别害怕自己会绊倒，然后被踩踏。我已经记不得这场闹剧、这次小小的骚乱最终是如何收场的了，不过我确实记得自己的鞋和书都丢了，我的父母本来是公立学校的坚定拥趸，这回也没了胆子，第二年就在祖父母赞助了学费的情况下把我转到了一家私立学校。

我在帕克学校（Park School）适应了学习的氛围。这所开明的学府位于巴尔的摩郡，占地 80 英亩，其主要的教育目标是"个人的发展"，并且支持"创造性的表达"。当时，每个年级约有 50 个学生，不过，已经足够每年表演一场完整的歌剧（作者就是音乐老师）和几出话剧了。美术老师会指导学生在校园里的谷仓中搞创作。学校里有两份报纸——其中有一份另类报纸——还有一份文学杂志办得很火，戏剧和电影俱乐部也是一样。我爱上了英美文学，特别是诗歌。我找了一位辅导老师，并满心相信自己是当代的华兹华斯。（我这段时期的一篇作品名叫"对不道德的模仿"，因为当时我天真地以为班上一些同学讲的他们周末调皮捣蛋的事不过是在吹牛。）我把业余时间全都用在读诗和写诗上了，也占用了一些在家长和老师看来并非"业余"的时间。

在这段自己支配的学生生涯中，我渐渐认为学习科学和数学违背我的文学理想，甚至可能是不利的。再说理科知识学起来很难，我也不像班上一些同学那样有天赋。与其奋力拼搏才能达到平庸的水平，我选择尽量投身于人文科学，彻底避开数学和科学。我学了 5 年的法语，4 年的俄语，5 年的历史学，开设的每门文学课我都上了，上完这些课再去修辅导课程。学校要求必须修一年的几何学，两年的代数，我也想方设法通过了——我坐在前排，频频点头，一副有所心得的样子，就好像我认为黑板上粉笔写下的证明是显而易见的。对我来说十分幸运的是，在帕克，理解数学概念（唯一能证明这一点的就是我上课点头），与在考试中推算出正确的答案一样重要。高年级只需要学两年的科学课，所以，我在八年级上了地球科学之后，又相继上了生物和化学，然后就浅尝辄止，在被人发现底细之前赶紧离开了这个领域。

　　我在学习科学方面的困难并不仅是对概念而言。我们的科学老师们可不是柏拉图主义者，他们认为学生要想获得这方面的知识，光是听讲和看书是不够的；学生们需要做实验。在实验室里需要足够心灵手巧才行，可我当时（现在也一样）令人绝望地笨手笨脚。按普通人的标准我算不上呆。我走路的时候脚下不会拌蒜，也不会被门槛绊倒，上下车时不会撞到车门的门框，小腿也不会撞在咖啡桌上。但是，要说到精细的运动能力，我却处在钟形曲线那扁平而孤寂的长尾巴上。我只能羡慕地仰望着处在曲线斜坡上的普通人给窗沿刷漆、往费罗饼（phyllo dough）上涂黄油、给自己的小女儿顺顺当当地编辫子。至于那些处在曲线另一端的音乐家、手艺人还有视觉艺术家，我就只有惊叹的份儿了。对手、眼和心的这种程度的控制与协调是我根本无法想象的，就好比我无法想象鱼在用鳃呼吸时是什么体验一样。我的问题已经不是手指头不太灵活，我的十个手指好像根本是长在别人身上的一样。就好比我是管着十个学生的代课老师：我让学生去做一件事，他们可能会去做，不过是以一种三心二意、令人抓狂的方式。他们会从命，但只要不被送去校长办公室就好。

我第一次意识到自己在这方面有所欠缺是在十岁的时候。当时我上四年级，老师是索斯纳小姐（Miss Sosner）。她经常穿着有花朵装饰的裙子和搭配适当的色彩柔和的开襟毛衣，看起来像白雪公主一样。我特别喜欢她，不仅因为她这个人很完美，而且也是因为当她发现我在座位上偷偷地看从图书馆里借来的书的时候，很少让我把书收起来。（我三年级的老师经常会没收我的书。不过还好图书馆里书多得是。）在索斯纳小姐的指导下，我们班上的同学把幼稚的一板一眼的字体放到了一边，开始学着写成熟的连笔字了，而我也特别热衷于这种改变。那时，每周都会有几个下午，索斯纳小姐给我们发一种用小圆点印出一行行格子的纸。她先在黑板上示范当天要学的字母的写法，以及它该如何与其他字母串起来，然后我们就学着她的样子练习，写下一行又一行的单词。在我记忆中，我在这件事上进展缓慢，而且已经隐约发现我在这方面毫无闪光点。不过，某天下午，我还是遭受了挫折：我的偶像在我的课桌前弯下腰来，轻声告诉我，如果我这学年一直那样一笔一画地写字，其实也没有什么关系。班上没有别的孩子得到这样的赦免，所以我明白了，我这个情况是一点希望都没有的。

我从来就没写好过连笔字。（虽然我不止一次做过一个可爱的梦，在梦里，我毫不费力地书写着一份精美的、装饰着金银线和垂下的花边的18世纪手稿。）我很快就意识到，我的无能还带来了其他方面的后果。我编一根戴在脖子上的带子总难免要扭结或打结；给蛋糕撒糖霜，我没办法不把蛋糕渣混到糖霜里；洗牌的时候，我也学不会花式洗牌。拉链在我手里一定会钩住大衣的衬里，我只好总是因为拉链被卡住而钻进钻出地穿脱衣服。后来，我发现我给自己涂指甲油总会把整个手指头染上，而一画眼线，两边就无法对称。我只能用透明的唇彩。到高中上化学课要用到滴管的时候，我就倒了霉。在应该滴一滴的地方，我会漏出两三滴来，然后就过量了。其他人到底是怎样毫不失手地把水精确地加到烧瓶里，凹面恰好擦着毫升刻度线的呢？我的不是多了就是少了。在实验中，用一杆看起来仿佛牙签一般的精细天平来称量粉末，我会比班上别的同学落后两个步骤。对我而言，哪怕把出气口用胶皮管子连到本生灯的底部都是一种挑战。

在生物方面，实验要求把洋葱切到能在显微镜下观察的薄厚，结果我的手指罢工了。其实，对我来说，就连显微镜本身也是一种刑具。老师很早留下来的一份作业，是调查池塘的水中生活的单细胞生物。我为此费了半天劲。准备载玻片，就需要用镊子把一片盖玻片（就是一块方形的玻璃片，它像耳畔的低语那样缥缈）放到水珠上，而且底下不能有气泡，这实在是一桩了不得的壮举了。然后我要通过显微镜的目镜来寻找是否有活着的东西。于是，我小心翼翼地用左手前后移动载玻片，同时用右手调节准焦螺旋——理论上应该是这么操作的。对于一个无法同时拍脑袋和揉肚子的人来说，这绝对是一种折磨。结果，显微镜下的每样东西都是颠倒反向的，而我又无法顺利地移动载玻片，方向怎么都不对。当我的视野中真的出现一个微小生物的时候，我那难以驾驭的手却无法及时让载玻片停下来，于是

神奇的花园

我刚好错过了目标，又得重新努力去找它。更悲惨的是，我发现对于一只草履虫而言，盖玻片底下那薄薄的一层水就是汪洋大海。当它上下游动的时候，它的身影很快就模糊不清，然后从我的视野里消失了。在急迫的搜寻中，我把准焦螺旋调得太过了，结果物镜压到载玻片，把盖玻片给压裂了——一起重大的实验事故。在我终于上完这门课的时候，我如释重负，心想这辈子绝对不会再把手放到这种仪器上了。

不过最近，为了尝试体验早期植物学家的世界，我与显微镜又见面了。圣母大学收藏了一批 17 世纪到 18 世纪早期的古董显微镜和古董显微镜复制品，荣休教授菲利普·斯隆（Phillip Sloan）为人和善，允许我使用它们（当然要在他的密切监管之下）。我试用的最古老的仪器之一是一台英国三脚显微镜。它的筒管由两根用硬纸板做的管子拼成，一根上边蒙着红色的羊皮纸，另一根蒙着绿色的羊皮纸，上面有繁复的金箔装饰。绿色的管子比较细，能够在红色筒管中进出，使焦距调节范围更大。大一些的红色筒管上有木制的目镜，可以往里看。这台显微镜并没有光源，所以我就像用望远镜一样把它探出窗外，对着明亮的天空——当初的用法也是差不多的。显微镜的底座上有木制的台子，里边有一个像 10 美分硬币那么大的孔，就在较细的镜筒底端的物镜附近。于是，我把自

一台早期的
英国三脚显微镜

己在过来的路上摘的一片叶子放在木台上。在较细的镜筒上还有一个大木头螺旋，拧动它就可以比较精细地对焦。我看到的大部分都是绿色的阴影，不过斯隆博士向我保证，这是受器材的时代所限，不是我的手的错。

因此，当我得知伽利略的望远镜在 1609 年立刻风靡起来并被人争相复制，但他同一年做出来的显微镜——与我刚才试用的那个差不多——却没有引起什么热潮时，我一点也没觉得奇怪。早期的显微镜使用者们看到的图像一开始"又黑又暗"，而且天上每飘过一片云彩，图像就会暗一次，不只如此，他们还必须忍受因为镜片质量不佳而扭曲的视野。即便他们终于把要观察的样本放到了焦点位置，图像也会因为透镜的色差和球面像差而产生红色和蓝色的外沿，而且边缘模糊不清。

除此之外，望远镜有实用价值，特别是用于航海的小型望远镜。水手可以及时看到沙洲边上卷起的浪花并改变航向避免搁浅，也能及时辨认对面来的船只是商船还是海盗船。当时在受过良好教育的人的圈子里，天文学已经很快变成了热门的学问。1665 年，英国皇家海军官员、自然哲学爱好者塞缪尔·佩皮斯（Samuel Pepys，读音为 Peeps。就是那位因为他的日记而享有盛名的佩皮斯）买了一台 12 英尺长的望远镜，在自己家里观察月亮和木星。他之前已经拥有一架"袖珍镜"，也就是双筒望远镜的雏形。他把这个东西带到了教堂里，用来偷偷摸摸地"注视和观赏一大群极为美丽的女性并从中获得快乐"。但是显微镜既不能拯救你的生命，也不能帮你挣钱，更不能满足你那点猥琐的爱好。

再者，当你通过望远镜看去时，未知之物会变得不再那么难解，甚至不再那么陌生。地平线上的一个小黑点会变成一艘轮船，月球那斑驳的表面会变得像地球表面那样满是山峦与沟壑。但是，当你通过显微镜看去时，事情却是相反的——熟悉之物也变得陌生了。红色的鲜血看起来发灰，一片绿叶变成了一塘浮渣。透镜的威力越大，眼前的画面就越神秘。只要放大足够的倍数，所观察的样本最终都会失去和已知世界的联系，变成直线、圆圈、蜿蜒的折线和空白的区域。如果用两个不同的显微镜观察同一份样本，或是在烛光和窗口的自然光这两种不同的光下观察，物体也会产生变化。就像罗伯特·胡克（Robert Hook）沮丧地发现的那样，"要想辨认清楚是凸起还是凹陷，是阴影还是黑渍，是反射光还是一块白色……无比困难。"一只苍蝇的眼睛看起来可能会如同钻满了孔的格栅或是覆盖着金色甲片的坚实表面。所以，在显微镜里什么是真实的，又到底有没有真实可言？

渐渐地，显微镜的镜片得到了改进。欧洲磨制透镜的匠人凭借数学知识，而不是依赖自己的经验来设计透镜的形状。制造玻璃的工艺提高了，透镜变得越来越薄，这就使得更多光线得以穿过镜筒，到达观察者的眼睛，让视野更加清晰。人们又往显微镜中加了第三块透镜，叫作场镜（field lens），它位于镜筒底端的物镜和顶上的目镜之间，让狭窄的视域变得宽敞。佩皮斯于1664年在伦敦购买了一套昂贵的显微镜——他把它叫作"一个有意思的玩意儿"，从这个称呼也能看出它在当时依然很稀罕——不过，这个新玩意儿佩皮斯却不太玩得转了。极为微小之物的神奇之处依然隐而不见，只有极少数专业人士才能窥见一二。

　　这个领域最早的大师可能是科学天才罗伯特·胡克。在胡克 13 岁的时候，如果要赌这个少年是否能成为启蒙时代的科学巨星的话，谁都不会把宝押在他身上的。胡克的父亲是怀特岛郡一名英国圣公会的助理牧师，在 1642 年开始的英国内战中，他是一位保皇派的支持者。胡克的父亲于 1648 年，也就是查理一世被砍头、清教徒政府宣布成立的头一年去世。而他能留给自己年仅 13 岁的儿子的，只有区区 40 英镑，一个大箱子，还有一套书籍。我们并不清楚这个孩子到底是如何从怀特岛郡的家中一路来到伦敦负有盛名的威斯敏斯特学校，并受到德高望重的校长理查德·巴斯比（Dr. Richard Busby）照顾的。也许是家族的某位友人与同为保皇派的巴斯比取得了联系（巴斯比是如何在新政权下保住了自己的职位，又是另一个小小的谜团）。无论如何，胡克心里明白，不论是哪一阵风把他送到了威斯敏斯特的彼岸，他都必须使出全身的力气工作才能维持自己的衣食住行。这个长着一对有点凸的灰眼睛和棕色卷发的纤瘦、苍白的男孩立刻给巴斯比留下了深刻的印象——罗伯特竟然在一个星期之内就能背诵欧几里得著作的前六卷。让巴斯比校长惊讶的不仅是这个孩子的数学天赋，还有他的艺术才能和动手能力。巴斯比知道，这个孩子一度期待着的教士生涯其实已经对他关上了大门，他必须自谋出路才行，因此，校长让他转向学习机械学。他觉得也许这个孩子能通过制造科学仪器来糊口。也许他能成为某个正好在捣鼓私家实验室的有钱的英国人的技术助理兼秘书和孩子的家庭教师。

　　1653 年，胡克 18 岁的时候，巴斯比设法为他在自己的母校牛津大学的基督堂学院谋得了一份奖学金。胡克踏入了一个由拥有数学和科学头脑的年轻人组成的小圈子，这个圈子的核心是沃德姆学院的院长，魅力非凡的约翰·威尔金斯博士（Dr. John Wilkins）。在那个极其不宽容的年代，威尔金斯却是个宽容的人，他最大的兴趣就是寻找和支持那些在他眼里能够推动新的"实验性哲学"的人，这种新的哲学在当时让某些英国人大受鼓舞。胡克就像他所有的新朋友一样，深深地相信必须给自然"一点苦头尝尝"，她才会吐露自己的秘密，因此，他很快就开始帮助威尔金斯圈子里的其他成员来进行研究了。

　　胡克从基督堂学院毕业之后，就在威尔金斯的帮助下谋得了一份全职工作，担任罗伯特·玻意耳（Robert Boyle）的"操作员"。玻意耳是一位年轻富有的爱尔兰贵族，一心扑在了科学探索上。他当时正在着手钻研空气的物理性质，特别是"弹性"，也就是空气被压缩后反弹的趋向性。他计划使用的研究工具是一台空气泵，我们现在也称之为"真空泵"。奥托·冯·格里克（Otto von Guericke）在 17 世纪 50 年代就发明了一种原始版本的空气泵，但是玻意耳需要的空气泵必须更优良才行。制造出一台拥有活塞、圆筒、阀门，并用"沙拉油"作为密封剂的装置的人，正是胡克，他也是唯一能让这台喜怒无常的机器持续工作的人。同样是他，通过数学方法把产生的数据归纳为"玻意耳定律"，也就是气体的体积与压强成反比。简而言之，胡克成了玻意耳不可或缺的助手和朋友。

　　在 1660 年，一群富于科学素养的绅士，包括玻意耳及其密友克里斯托弗·雷恩（Christopher Wren），还有牛津大学的其他学者，在伦敦齐聚一堂，成立了一个旨在促进"物理—数学实验学习"的组织。这个组织所探讨的东西是"物理、解剖、几何、天文、航海、统计、机械和自然实验",目标则是探索支配物质世界的法则。学会的成员不盲从权威,只相信自己的经验、实验和观察。不论是上帝还是政治都必须放在一边(在学会的成员中,确实兼有英国圣公会信徒与不信国教者,以及保皇派与议会党)。它耀眼的进取精神刻在学会盾形徽记的纹章上:*Nullius in Verba*,意思就是"不盲从他人之言"。

1660 年 5 月,英国君主复辟,同年 11 月查理二世批准这一学会成立,于是它成了"伦敦皇家实验自然知识促进学会",或是更简练一点,"皇家学会"。王室并没有为学会提供资金上的帮助,但是这份皇家许可证却赋予了它威信以及最可贵的能力,也就是无需政府正式批准即可出版书籍。这就意味着,这个团体可以迅速传播信息,而不用担心遭到审查。当时的政府并不认可自由出版的权利,因此这是一项少有的特权。数学家威廉·布龙克尔子爵(Viscount William Brouncker)当选为会长;威尔金斯和亨利·奥尔登伯格(Henry Oldenburg)被提名为联合秘书长,后者曾经是一位德国外交官,并受玻意耳雇用,担任他的书记员。所有成员都是拥有独立收入的绅士,他们每周聚会一次。1662 年 11 月,多亏了玻意耳,胡克受雇为学会的实验管理员,在学会成员每周演示的 4 次实验中协助他们。

皇家学会的早期历史反映了科学探索在中世纪世界观和现代性之间摇摆的不稳定状态。学会成员多达 100 余位,他们自己审阅论文,接收来自大约 30 位外国通信者的信件,不停地做出假设,并提出研究课题,有些是合理的,有些则很古怪。学会创始人之一罗伯特·莫雷爵士(Sir Robert Moray)提交了一份论文,讨论他在苏格

神奇的花园

兰见过的一种附着在树上的贝类，他说这些贝类里边藏着小鸟。还有人报告说研磨成粉状的蝰蛇肝肺中爬出了小蝰蛇，也有人说磁力能够治疗疾病。第二代白金汉公爵乔治·维利尔斯（George Villiers）提交了一种奇怪的东西，他声称是独角兽的角。不过，玻意耳、雷恩、数学家艾萨克·巴罗（Isaac Barrow）与约翰·瓦利斯（John Wallis，提出了无限大的概念）、鱼类学家弗朗西斯·威洛比（Francis Willoughby）、化学家托马斯·威利斯（Thomas Willis）、博物学家约翰·雷（John Ray），还有许多其他成员都是成果颇丰的科学家①。内科专家理查德·洛厄（Richard Lower）与艾德蒙·金（Edmund King）在灵缇犬、马斯提夫犬和绵羊之间做了输血的实验，最后又把绵羊的血输给一个常在酒馆里喝得烂醉如泥的年轻人*。他们作为伙伴见证了玻意耳的气体实验、惠更斯的钟摆实验，还有马略特对眼睛中的盲点的研究。因为这些科学家也希望自己的研究成果能有一些实际应用和报酬丰厚的成果——这也是国王给学会发放许可证的初衷——所以他们也会试验新的酿酒方法，比较各种泥土和黏土，确定哪一种最适合制砖，并调查往地里加石灰是否可以提高土壤肥力。胡克参与了其中很多实验，以及其他关于马车、喷泉、钟表、透镜、化学品、气压计、湿度表以及磁铁的实验。这份工作需要旺盛的精力、强大的

---

① 实际上，"科学家"这个词是 1834 年才提出来的。在那之前，所用的词是"自然哲学家"。

* 根据查到的资料，这个接受了输血的小伙子名叫亚瑟·科加，曾就读于剑桥大学。两位科学家认为把羊的血输给人能使人变得安详，从而治愈一些精神疾病。于是，患有轻微癫痫的亚瑟·科加自愿加入实验，得到了 20 先令的报酬，并且用拉丁语记下了自己的感受。当有人问起他为什么接受羔羊的血时，他同样用拉丁语回答道："羔羊的血有象征的意义，就像基督的血一样，因为基督就是上帝的羔羊。"很幸运，他在第一次输血后并没有大碍，然后他就用 20 先令买了酒。之后他又接受了第二次输血，同样要了 20 先令，但第三次他拒绝了，理由是自己要变成羊了。

组织力、深刻的理论知识、熟练的机械技巧，还要有非常得体的举止，所有的科学大师，尤其是胡克的雇主玻意耳，都认为胡克的工作极为重要。值得表扬的是，每个人都认同胡克对皇家学会的成功贡献甚大，并在 1663 年 6 月把他选为正式会员，工资照发。

不过，胡克还是设法抽时间做自己的研究。从 17 世纪 50 年代中期开始，他和雷恩对显微镜以及镜筒下的图像产生了兴趣。到 1661年，胡克显著地改进了显微镜的设计，装上了由一盏油灯、一个装满水的玻璃球体和一个把灯光汇聚到一起并导到标本上的凸透镜组成的"增辉镜（scotoscope）"。

他把自己所观察到的东西画了下来。1633 年 3 月，学会请他继续进行显微观察，并在每周的会议上展示显微图像。一年之后，学会批准出版胡克的《显微图谱，或以放大镜观察及探寻下微小物体的生理描述》（*Micrographia, or Some Physiological Descriptions of Minute Bodies Made by Magnifying Glasses with Observations and Inquires Thereupon*，简称《显微图谱》）。

这本大尺寸的图书因其呈现的细致而精美的图画风靡一时，被放大的东西包括剃刀的边缘、雪花和虱子。胡克第一次向世界展示出蜗牛也有牙齿，蜜蜂的螯针尖端有倒钩，苍蝇的脸部中间也有"羽毛"。在软木塞的薄片上，他发现其中包含许多"小盒子或小房间 *"（就像修道院里修士的小房间一样），相互之间并没有通道。如果说

---

* 这里的"小房间"原文是"cell"，这个词原本指的就是修道院里的修士或修女所住的一格一格的小房间，后来又有了监狱里一间一间牢房的含义。软木塞中的植物细胞早已死亡，胡克观察到的不过是细胞壁，也就是细胞的外部结构而非活细胞本身。日本翻译家宇多川榕庵在他翻译的《植学起源》中首先把这种构造翻译为"细胞"，我国翻译家李善兰也使用了这个词。

伽利略让他的读者们上升到了群星之间的话，胡克则让他们缩到了针尖大小，于是苍蝇变成了怪物，荨麻叶变成了噩梦般的景观。

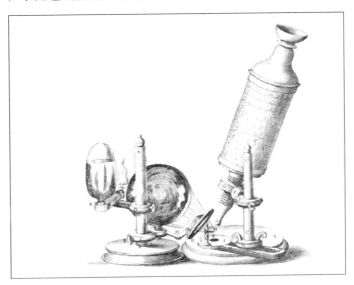

出自《显微图谱》，胡克所使用的显微镜。这个装置旁边是胡克的增辉镜。油灯的光线（K）通过一个装满水的玻璃球（G）、一个透镜（I）进而把光汇聚到标本上。

《显微图谱》的插图并不是胡克在他的显微镜底下真正看到的东西——聚焦的区域并没有那么大——而是用艺术手法整合到一起的许多局部图景。《显微图谱》完全是史无前例的，它向人们揭示了大自然的一个新领域，这个领域可能像正常的世界一样广阔和丰富。这个视角极其引人入胜，但同样令人深感不安：从来没有哪个年代久远或地位尊崇的权威提到过这个领域的存在。今天，我们早已习惯了这样的图像，以及其他被放得更大的图像，以至于我们很难完全理解这

出自《显微图谱》，荨麻蜇人的针底部有小液体泡。

些图画在第一次出版时引起的惊讶与痴狂。当时人们惊异的程度，大概只有有朝一日我们听说火星探测器传回细菌图片时的情形才能比拟。

这本书大获成功，不断加印又不断销售一空，让开支紧张的皇家学会赚了一大笔。佩皮斯在发售当天就买了一本，然后熬夜到凌晨两点把它读完了，并且宣称这是"我有生以来读过的最富于创见的书"。佩皮斯还在日记中说，他注意到伦敦其他的绅士们都争相跑出去买显微镜，这样他们就能在自己家"用镜显微"，目睹那些奇景了。[1]

大体上来说，胡克在显微世界的旅程还是愉快的，他往家里寄了许多令人惊叹的图画明信片，还生动详细地描述了自己见到的东西。虽然他对于机器那精细的构造有非常深刻的理解，但是，他从没有想过要分解他所观察的昆虫和植物。他自称"机械哲学家"，最大的爱好是研究无生命世界的运转方式。吸引他的是化学和燃烧学，他还发明了一种钟表、推拉窗、万用接头；另外，他还撰写了一本关于彗星的书；他当过勘测员和建筑师，与此同时，还四十一年如一日地在皇

---

[1] 对大部分读者而言，这个微小的国度是一种奇观。但是，当时的桂冠诗人托马斯·沙德威尔（Thomas Shadwell）却说胡克是"一个醉鬼，在显微镜上花了 2000 英镑，只为搞清泡在醋中的鳗鱼、奶酪中的螨虫，还有李子上的蓝色"。

神奇的花园

家学会演示实验。在 1666 年伦敦大火之后，他和雷恩一起设计了大部分主要的皇家与城市建筑。然而，他没有想到要用显微镜去探寻有生命的标本的内部构成，他也没有去观察虱子、苍蝇和荨麻体内到底有什么东西，又是如何运转的。相反，他提到植物里边有一种灵魂（*anima*），一种让它们"堪以大用或展现出其功能"的精神。亚里士多德应该也是这样说的。

如果说胡克没有想过探索植物的内部，其他人却这么做了。

4

遭到迫害的教授

　　那是 1672 年 1 月的下旬，43 岁的医学教授马尔切洛·马尔比基（Marcello Malpighi）正坐在博洛尼亚大学半圆形礼堂的前排，参加当时所谓的解剖学公开课。在他下方，屋子正中央厚厚的白色大理石板上，有一具人类的尸体。这具尸体带着红色的光泽并被摘除了部分内脏。一个男人身穿满是血污的外套，站在石板旁边。他就是解剖员，每切除一个脏器，他就会把它举起来，并转身向观众展示。讲师身穿镶着皮草领子的黑色长袍，站在大厅里半圆形礼堂尽头处那高耸而带有顶篷的讲台上，朗读着盖伦的著作，并向观众解释他们看到的是什么东西。屋里还有许多其他教授，他们有时会向讲师提出问题或反驳。但是马尔比基，这位当时最有学问的解剖学家，却从解剖流程开始就什么都没说。他黑色的眼睛无动于衷，苍白的面颊笼罩在齐肩的黑色头发之下，仿佛被细细的黑色唇髭和下巴上垂直的一线胡子分成了不同的区域。他时不时记下笔记，但内容并不是关于解剖员举起的血淋淋的器官，而是关于其他教授的评论。

　　今年的解剖比往年吸引的观众还要多，因为解剖的尸体来自一个刚分娩不久的妇女，这是相当少见的。这个半圆形礼堂是博洛尼亚市以及大学的骄傲，最初是为戏剧表演设计的。木制的天花板上深深地嵌着雕工精美的镶板，并且装饰着木雕的挂饰、玫瑰花饰，还有镂刻着拉丁语格言的涡卷形装饰。在凹陷下去的中心位置上方有一尊意态闲适的阿波罗像，它悬在那里，注视着下方正在进行的一切。四周的墙面上镶嵌着壁龛，壁龛里边是真人大小的古典哲人的雕像，一共十二尊，还有著名的博洛尼亚医学教授们的半身像。每逢重大场合，墙上就会悬挂起红色的锦缎。墙壁上烛台中蜡烛的微光照着整个房间，而尸体头部和脚下的蜡制火炬则投下了更为明亮的光线。

医学生们分为三层，挤在解剖台四周环绕的栏杆外。在他们后边，是一排排摆成阶梯状的长凳，看上去就像唱诗班的席位一样。全身裹在猩红色斗篷里的政府官员坐在半圆形礼堂里最偏远的位置。教廷使节——博洛尼亚是教皇的领地——身穿带有蕾丝的衣物，头戴红色的无檐帽，并披着红色的圣带，大学的官员们则穿着黑色的长袍，坐在离讲师最近的位置上。学生、教授、教士，身穿带有宽大袖子和宽蕾丝领子的华丽绿色、黄色和玫瑰红色丝绸服饰的绅士淑女，还有吵吵嚷嚷的普通民众——很多人戴着假面，用繁复的狂欢节服饰掩藏着自己——全都挤在较长的两边剩下的座位上。公开解剖一般特意安排在公共节假日，这样就会有尽可能多的人，包括那些为了目睹盛事远道而来的外国人，来惊叹这栋建筑的宏伟、瞻仰大学的智慧，也许他们会从中受到教育，但肯定能获得娱乐。

解剖课所需的尸体往往很难弄到。当时法规禁止使用城市附近

30 英里 * 以内的尸体。有的时候，为了提供新鲜的材料，公开的死刑也会被推迟。有的时候，难逃一死的罪犯会因此受益，他的死法会从残酷漫长的大卸八块变成迅速得多的绞刑，否则尸体就不能用于解剖教学了。但也至少有一个倒霉的罪犯由终身监禁改判成死刑，好给这一年一度的盛事提供材料。（为了不让读者误认为博洛尼亚人是毫无心肝的残忍之徒，在此我要说明，解剖学教授会花钱请人来为死者的灵魂做弥撒。）尸体的紧缺意味着，在每一次公开解剖课中，尸体都要公开展示两个星期之久。幸运的是，博洛尼亚在隆冬季节是非常寒冷的。那些最容易产生异味的器官——肠子和胃，也总是最先被摘除和解剖。即便如此，在每一环节结束的时候，闻到的气味都会和看到的场景一样鲜明，令人难忘。

马尔比基教授并没有受到异味的困扰。实际上，这具尸体还有它的一些器官很快就会被送到他位于城内的房子里，在那里，他和他挑选的学生们会继续仔细查看。他们会检查卵巢的血管、动脉和神经的复杂结构，还有子宫与残留的胎盘之间的联系。马尔比基已经兢兢业业地私下里从事了十年的显微解剖工作。他把教学和治疗病人之余所有的时间都花在了自家的实验室中。虽然他一直出席公开的解剖课——不去的话是极其不合适的——但是，他觉得这些课愚蠢可笑，这也是个公开的秘密了。一个讲师朗读着盖伦书中关于屠夫或解剖员从尸体上拽下来的器官的描写，这种课程能传授什么有价值的信息呢？有的时候，解剖员举起的是一个器官，而在半个礼堂以外的讲师朗读的盖伦著作中描写的却是另一种器官，这种事也不少见。对于马

---

* 1 英里约为 1.609 千米。

尔比基而言，公开的解剖课，就像他的行医事业一样，都是令人不快却不得不做的，耗费了他真正从事研究的精力。

而这一次的解剖对他来说比单纯浪费时间还糟糕。那个在大礼堂里受苦受难的讲师乔万尼·卡罗·兰齐·帕尔特洛尼（Giovanni Carlo Lanzi Paltroni）是他的好友，也是他曾经的学生，现在也是大学的教员了。之前，帕尔特洛尼一直设法避免参加所谓的"rotuli"，也就是解剖学教授一年一度轮班担任公开讲师的任务。这个工作花费不菲，能吓退不少人——讲师不仅要负担为死者做弥撒的费用，第一次做这项工作的讲师还要给官员和学生们买昂贵的礼物。不过，更加要命的却是"辩论（disputatio）"环节，也就是讲师与听众中其他教授和学生们的言语交锋，这是整件事中最引人入胜的环节。讲师的工资是由在场的政府官员决定的，讲师在这一环节的表现好坏将在他们的心中占很大比重。帕尔特洛尼很担心学校里地位最显赫的医学教授，包括乔万尼·斯巴拉格利亚（Giovanni Sbaraglia）教授与保罗·米尼（Paolo Mini）教授所组成的一个实力强大的团体会冲他全力开火，而他的担心也不无道理。

帕尔特洛尼的问题在于他和马尔比基的友情。马尔比基是一个作风温和，举止有礼貌，同时又很阴郁的人；对于学生他是个一丝不苟的导师，同时还是意大利绘画的鉴赏家与艺术家。但是，他却受到大部分同事的鄙夷。博洛尼亚大学医学部的大多数教师在医学界都是极端保守的，他们严格地信奉天主教教廷所支持的古希腊与阿拉伯医学。最近，他们制定了一项新规矩：所有新来的医学教授都必须宣誓效忠于亚里士多德、希波克拉底还有盖伦的教条，并且"不能允许他们的理论和结论遭到任何人的颠覆或破坏"。一个显然不会进入这套教育体系的学者是维萨里（Andreas Vesalius），这位 16 世纪的比利时内科医师和解剖学家在盖伦的文章中找出了 200 多处错误[1]。对于"蒙昧主义者（Obscurantists）"而言，解剖尸体的目的不在于发现新的信息，而在于展示古代的知识是何等正确。如果盖伦对人类器官的描述和人们在火炬明亮的光芒照耀之下真正看到的东西之间有任何分歧，那么，差异一定只是表面上的，讲师必须按照盖伦的学说来解释这里的不同。

马尔比基对解剖学的热情引起了他的很多教授同行的猜疑。对于他的反对者而言，对人体器官的细致探索是对古人著作的否定。希波克拉底说过，盖伦也再次确认过，疾病是因为四种体液——血液、黏液、黄胆汁与黑胆汁中的一种或几种过剩或不足而引起的。为了让体液再次达到平衡而采取的医学手段包括放血以及用药物（一般是植物）来使人呕吐、排便、排尿和出汗。其他的治疗手段也是通过抵消某种体液的过剩或弥补其不足来缓解症状，比如饮用"凉性的驴奶"来压制因血液过热而引起的高烧。

针对马尔比基的另一项责难是他在研究分解的器官和组织时使

---

[1] 在古罗马时期，解剖人体是禁止的，所以盖伦使用的是巴巴利猕猴（又称叟猴、地中海猕猴）和其他动物，他认为它们的解剖构造和人类的基本相同。当维萨里于 16 世纪 30 年代在巴黎上大学时，为了教授盖伦的学说而解剖被处决的犯人尸体已经是一种可以接受的行为了。维萨里当时只是一个大学生，没有亲手实践的机会。不过他并未屈服，从绞刑架和城外的墓地中偷盗尸体来解剖。维萨里 1543 年的杰作《人体的构造》（De Humani Coproris Fabrica）描绘了人类骨骼与肌肉系统的解剖构造，精确程度远超之前的任何作品，同时揭示出盖伦并没有真正研究人体。这本书出版后，维萨里不断遭到天主教会和各路大学官僚的攻讦和诽谤，导致他把所有未发表的作品付之一炬，并放弃了进一步的科学探索，仅限于做他的宫廷御医。他先是服务于神圣罗马帝国皇帝查理五世，然后是西班牙的腓力二世。最终，他在去耶路撒冷朝圣时去世，享年 50 岁。

用了显微镜——意大利科学设备制造商迪维尼（Divini）制作的直筒型显微镜。在 6 个月时间中，马尔比基详细地描写并绘制了以下事物的解剖构造：怀孕和未怀孕的母牛；两个年轻女子，一个是 18 岁的孕妇，另一个是 19 岁的处女；狗的阴茎腺体；蛇的胆囊与胆管；鳐鱼鳃上肉质的纤维以及肠子里螺旋形的瓣膜；弓鳍鱼的子宫与脾脏；狗爪垫上的皮；一条鱿鱼；老鼠的肝脏、肾脏与生殖器官；牛的眼睛；马的舌头；人手上的皮；还有鼹鼠的爪子。没有什么东西能逃过他的解剖刀。一些发现让他的名字永远地闪耀在现代医学的词汇中，比如皮肤的马氏层*和肾脏中的马氏小体**。不过，他最引人注目的显微学发现却是，毛虫体内有微小的血管连接着从心脏中输送血液的动脉与把血液送回心脏的血管。不论是在真正的意义上还是在象征意义上，毛虫都为威廉·哈维（William Harvey）的血液循环理论提供了关键证据，按照哈维的理论，血液并非盖伦所说的那样被身体作为食物消耗掉了。马尔比基关于人的肺脏、舌头、大脑、皮肤还有其他许多器官的详细报告以及细致的绘图，在 1661 年到 1667 年间于意大利以拉丁语出版。

博洛尼亚的蒙昧主义者们并没有反驳他们的同事所发现的真理，而是彻底不闻不问。他们说，那些只有在显微镜下才能看得到的微小结构，是不可能与身体的运转有什么关系的。这就好比详细地描绘出手帕上精细的刺绣，也不可能告诉你手帕的用途。斯巴拉格利亚教授指出，虽然盖伦支持对主要脏器的形状、位置还有彼此间的联系做详

---

* malpighian layer，全称为马尔比基氏层，也叫生发层。

** malpighian bodies，也叫肾小体。

尽的考察，但是，他相信检查那些较为渺小的部分是没有用的。盖伦的疗法完全不注重医治某个器官的机能失调，这就是为什么米尼教授声称"解剖学对药学全无贡献"。除此之外，世界上最伟大的内科医生盖伦是不用显微镜的，因此，从显微镜得到的信息与药学是无关的。若干年之后，米尼仍然在要求学生不要再做解剖，因为"只有毫无天赋而且没有脑子的人才会做这种事"。

马尔比基在更年轻的时候也参加过辩论的环节，不过现在，他到场时一般不穿他的医学长袍，而且只是单纯地听。（因为他的家族并没有在博洛尼亚生活几代，够不上最低标准，因此他其实根本没有资格参加轮班担任公开讲师。不过，如果不是受到同行们憎恨的话，他毫无疑问是能够破例的。）今天，他听到帕尔特洛尼讨论起了乳头层（papillae），也就是马尔比基发现的一层内侧的皮肤——真皮层上有感受作用的微小突起。帕尔特洛尼很快陷入了麻烦。一位教授说："阴茎的龟头上并没有真皮层，但依然是敏感的，所以真皮层并不是触觉的外部器官。"斯巴拉格利亚表示："大脑才是发出指令，使得触觉成为可能的器官，所以真皮层不是触觉的器官。"而帕尔特洛尼在解释马尔比基写过的其他器官的功用时，也遭到了教授们的尖锐挑战。他们认为肾脏会过滤血液、肌肉的运动是依靠收缩而不是"倾向性"的说法都是无稽之谈。

长久以来，斯巴拉格利亚对马尔比基的敌意还有另一层因素，而这层因素是个人的。1659 年，马尔比基的弟弟巴尔托洛密欧（Bovrtolommeo）在博洛尼亚的某条漆黑的巷子里与斯巴拉格利亚的哥哥发生争吵，并把他刺死了。虽然巴尔托洛密欧一开始被判处死刑并没收全部财产，但是，18个月后法庭赦免了他，只处以99达克特的罚金。对于斯巴拉格利亚来说，这无异于在伤口上撒盐。在帕尔特洛尼的演讲中，使得斯巴拉格利亚一伙的敌对情绪异常高涨的原因还包括他们的同事近来在国际上名声大振。英国皇家学会的秘书亨利·奥尔登伯格最近读了马尔比基关于肺脏解剖结构的著作，就写信询问这位作者能否寄来其他著作，关于任何主题，不论是动物、矿物还是植物的任何著作都行。他还提到，目前学会特别关注的是蚕。马尔比基得到这番吹捧，再加上联系到了同情他的知识分子，因而欣喜不已，立刻开始研究这个课题，并花了一整年的时间解剖了处于各个生长阶段的蚕，从幼虫到成虫一应俱全。他这部带有精美插图的6万字巨著开了解剖无脊椎动物的先河，并使得英国皇家学会的会员们为之倾倒。之前罗伯特·胡克对跳蚤的近距离特写已经让他们惊叹不已了，而这本书却提供了丰富得多的信息。亚里士多德曾经提到，昆虫是没有内部器官的，就算有大概也只有胃和胆，所以它们不能呼吸。此前从来没有人企图去找反面的证据，而马尔比基证明了昆虫体内有各种各样的器官，包括贯穿全身并在腹部开口的气管，还有能让它们体液流动和排尿的细管。他的著作把古代的模型打得粉碎。经过投票，英国皇家学会决定立刻出版他的《关于蚕蛾的论文书信集》（ *Dissertatio Epistolica de Bombyce* ），并接纳他为学会会员。

不过，在奥尔登伯格提出的所有可供选择的课题中，马尔比基为什么单单选择了一种昆虫呢？当然，他希望自己的作品能取悦读者，而解剖蚕也恰好符合他自己的研究计划。他在近年来收集到的解剖学方面的信息都是关于人类与动物器官的，所以，他觉得自己在理解这些器官如何运作的事业上并没有什么进展。察看内部错综复杂的结构并不意味着理解它们的"联系、运动以及用途"。自己的研究并没有对治疗疾病的实践产生什么帮助，这令马尔比基很失望，而且似乎也授人以柄，为他同事们的指控提供了证据。他之所以研究蚕蛾，一部分也是因为，他希望这是一种更简单、更容易把握的动物模型。

但让马尔比基失望的是，对蚕的解剖并不能让他了解人类的解剖结构或疾病。器官之间的联系依然晦暗不明，而他在结束蚕的解剖之前，就已经觉得自己需要找个更简单的东西了。多年来，他一直在想，植物与动物相类似，栗树断掉的树干里中空的管子让他想到了动物的气管；他还认为，植物的茎中强韧的纤维也许能够揭示骨骼和生长的秘密。从 1668 年开始，他大部分时间都待在自己位于博洛尼亚城外的乡下宅子里，在那里，可供研究的植物是源源不绝的。虽然那年春天马尔比基因为肾结石以及很可能由当地流行的疟疾引起的反复高烧而卧病在床，不过，在 1671 年 11 月 1 日，他还是向奥尔登伯格提交了关于植物解剖的初步研究。他在附信中写道："如果你告诉我这项研究是多余的，那么，我就允许我这被疾病没完没了地折磨的身体休息一下。但要是你觉得它还不是完全没用的话，我就用自己的余生来完善它。"

奥尔登伯格立刻回了信，感谢他提交这篇题为"植物解剖理念（*Anatome Plantarum Idea*）"的论文。据他说，学会"带着最大的热忱接受（这部作品）"，并督促他"不要犹豫"，赶紧继续研究并寄来更丰富的、绘制了插图的手稿。马尔比基是在三个月后收

　　　　　　　　　　　　　　　　　神奇的花园

到这封回信的，那是 1672 年 1 月末，正好是他坐在解剖礼堂，忍受着别人对帕尔特洛尼的攻讦之时。他的回信是："感谢皇家学会的善意和大力支持，我认识到自己的责任之重大难以言表。"因为受到同事的困扰和疾病的折磨，他离开了博洛尼亚，隐居乡下，并保证会全力完成手稿。现在他相信，自己会对科学和医学做出独特的贡献。

5

植物内部

奥尔登伯格在信中没有告诉马尔比基的是，皇家学会当时已经收到了另一份关于植物解剖的富于开创性的杰作了。作者名叫尼希米·格鲁（Nehemiah Grew），是一位 29 岁的英国乡村医生。奥尔登伯格之所以这么做，也许是因为当了一辈子外交官的他希望自己那位饱经忧患的联系人能够获得一点没有任何阴影的好消息；又或许是他觉得，要是马尔比基已经开始了这项研究工作，那就不太可能放弃，也就不会令科学和学会蒙受损失。不论是哪种情况，在寄出那封信之后，奥尔登伯格和其他的会员们都赶紧去找格鲁。后者一听说这个意大利人的作品，很快就主动退出了这个领域。格鲁这么做是因为敬畏。他甚至连自己的显微镜也没有，而马尔比基的解剖工作是赫赫有名的。

尼希米·格鲁是在考文垂城里长大的，这个地方在伦敦西北方向大概 100 英里的位置。他的父亲俄巴底亚（Obadiah）在牛津上的大学，之后获得了英国国教的圣职并在考文垂得到了一份营生。1642 年内战爆发时，俄巴底亚站到了在城内拥有坚实堡垒的议会党这一边，并成为其中的一个领导。1661年，君主制和圣公会的权威得到了恢复，他认为自己不能昧着良心，按照《单一法令》（Act of Uniformity）做宗教宣誓，因此他必须辞掉这份工作。四年之后，这些"被驱逐"的教士被要求不得居住在他们原先的教区5英里之内，因此他不得不彻底离开该城。幸运的是，在不信国教者被赶出公立大学之前，他的儿子刚好从剑桥本科毕业。

尼希米回到了考文垂，与父亲住在一起，但是他发现，自己的处境十分艰难。他在剑桥大学所受的教育把他训练成了一个非国教的牧师，但是如今，这样的教职能带来的只有迫害。包括他同母异父的哥哥亨利·桑普森（Henry Sampson）在内，其他上过大学的不信国教者纷纷转向了医学。因为他们发现，人们只要认同了医术，就不会那么计较医生在信仰方面的小问题了。不过，获得行医的资格却是另一回事。一个内科大夫在伦敦也许能获得一份不错的收入，但是，要想在伦敦行医，需要拥有大学的医学学位才行。在乡村行医倒是不需要文凭，但是却需要得到这个地方的圣公会主教的批准，所以这条路同样走不通。因此就只剩莱顿这条路了。荷兰的莱顿大学不属于任何宗教派别，吸引了全欧洲因为教派比较小众而无法进入国立教育机构的年轻人，亨利·桑普森也在其中。无论你是天主教徒、新教徒还是犹太人，莱顿都向你敞开大门。（但没有任何一个地方会接纳女性。）如果格鲁已经足以胜任医生一职的话，那么他只需要交纳一笔费用、参加一次考试、递交一份文件，再过几个星期就能带着文凭回去了。但是，他却是一个完全的新手。

实在不行，在没有文凭或许可证的情况下行医也是可能的。在英国的乡村，没有执照的医师提供了很多医疗服务，而且事实上，得到官方许可的内科医师与没有执照的治疗师所提供的医学服务也没有多大的区别。二者都会像盖伦所建议的那样给病人切开静脉放血，使用催吐剂以及清肠剂（当时盖伦的著作已经翻译成了英文）；二者也都会给病人开一些民间药方，用的是当地常见的草药；二者对待传染病和大多数其他严重的疾病一样束手无策，不管是盖伦学者的灌肠剂还是乡村大夫用洋甘菊、金盏花和蚯蚓制作的药膏，都不可能医治疟疾或佝偻病。

尼希米选择了最后一个选项。对于这个在剑桥受过教育的人来说，这一定是个痛苦的决定，但当时也是困难时期。他可能已经非正式地当过徒弟并自学成才，于是在考文垂挂牌营业了。这个人品格很好，来找他看病的人越来越多。他天性善良而踏实，而且有一种谦卑的虔诚，认为大自然，连同居住在其中的人类，都是上帝的智慧的显现。他写道，上帝创造的人类身体，不仅能够"预防，而且能够治愈或减轻疾病"，因此，他小心翼翼地治疗病患，让身体有时间来用它自己的方式解决问题。他写道："大多数的伤口，如果能保持清洁的话……肉会在它自己天生的药膏的作用下长到一起去。"他很怀疑他那个时代的药物到底有多大价值，并用一种揶揄的语气评论道："翻开一本本草书（也就是关于各种草药的书），你会发现，几乎所有的草药都能治所有疾病。"无论如何，他发现草药商出售的药材经常是假的。他写道，药店里卖的昂贵的"红蝎子油"其实不过是染了色的植物油。

他在自己的房子边上开辟了一个小花园，从这里无疑可以得到货真价实的草药。于是在 1664 年，他决定研究植物，看看自己能不能给这个"即便最杰出的植物学家也没有留下任何东西的空空如也的"知识宝库添加一些东西。他把植物的茎、花还有根切开，仔细地观察并画下了自己看到的东西——在那个时候，他只有依赖裸眼，顶多还有一个手持式放大镜。他并不着急，也完全没有出版研究成果的想法；他只是希望能够揭露更多大自然的秘密。在他看来，这个美妙的自然界是上帝所创的，理解和欣赏上帝的作品就是敬畏上帝的表现。1668 年，他那位同母异父的哥哥——此时已经成为伦敦城人脉很广的内科医生——鼓励他把自己的发现写下来。两年之后，桑普森把这些作品转交给奥尔登伯格，奥尔登伯格又把它分享给了威尔金斯与其他学者。1671 年 5 月 11 日，皇家学会批准出版《植物解剖学起步》，在这本书中格鲁对自己的初步发现做了总结，并提出了一份研究计划方案。同年 11 月，格鲁博士（在桑普森的坚持之下，他最近去莱顿拿了一份医学文凭）从考文垂来了一趟伦敦，并被接纳为皇家学会会员。

格鲁回家后不久便听说马尔比基提出了类似的计划，因此大为灰心。威尔金斯鼓励他说，这样一个崭新的领域容得下一位以上的研究者。（格鲁后来在给马尔比基的信中写道："虽然可能没有欺骗的意图，但两个人——更有可能是一个人——受骗了。"很可能就是影射威尔金斯。）威尔金斯也开始帮他申请基金，这样一来，依靠行医糊口的格鲁就可以投身于研究了。得到了每年 50 英镑的保证之后，格鲁搬到了伦敦。在接下来的 5 年里，虽然皇家学会的资金支持其实有时会断流，有时会拖欠，但他还是坚持了下来。幸运的是，他有一种几乎过于乐观的精神和百折不挠地完成工作的意志。

在 1671 年到 1679 年之间，学会出版了格鲁配有精美插图的关于植物的根、主干、花、果实和种子发育的文章。它也出版了马尔比基在《植物解剖理念》的基础上完成的两卷《植物的解剖》(*Anatome Plantarum*)。马尔比基还把格鲁的作品翻译成了拉丁语，这两个人也有零星友好的书信往来。（在那个时候，定期通信是很困难的：一封信从伦敦寄到博洛尼亚需要花好几个月。）1682 年，学会发行了格鲁的巨著，这部书包含了他全部的文章，还有他得自马尔比基的洞见——格鲁也为此感谢了马尔比基。我们可以认为，格鲁的《植物解剖学》(*Anatomy of Plants*) 是这两个人作品的概要，类似于这个学科的课本和百科全书。

《植物解剖学》有好几十张关于植物形态和显微结构的插图。格鲁发现并绘制了植物内部精微的细节，包括花朵中子房内部的胚珠，叶片背面名叫"气孔"的小洞，在显微镜下才能看到的根冠，还有树干与茎内部的构造。他用一种显然属于现代的方式切割手上的样本，把它们纵向、斜向或横向地切开，展示出人们前所未见的奇妙结构。他还向人们展示，在不同的样本之间，以及在不同的物种之间，这些结构都是一致的。

用现代的术语来说，这两个人发现了植物中两种最基本的组织。一种叫薄壁组织 (*parenchyma*，读作 pa-REN-kuh-ma)，就是叶片、花、果实和茎中海绵状的活体组织。（植物茎中的薄壁组织叫作木髓。）薄壁组织由大量的活细胞组成，它正如格鲁所写的那样，在显微镜下看起来就像"啤酒上的白沫"一样。另一种组织是

神奇的花园

线状的，分为两类：一是纤维组织，二是导管组织。纤维组织包括厚角组织（*collenchyma*）与厚壁组织（*sclerenchyma*）。这两种组织的细胞有加厚的壁，可以为植物提供结构上的支撑，就好比木房子中的壁柱一样。厚角组织由活细胞组成，它可以构成像芹菜里的筋这样的东西。厚壁组织则由死细胞组成，我们从亚麻里抽出来用来织布的纤维，还有从麻中抽出来用来拧绳的纤维，都是厚壁组织构成的。

　　导管则是线状的细胞，顶部和底部都有开口，并且彼此组合在一起，就像一捆管子一样，这样它们就能输送液体了。格鲁看到，导管垂直地穿过树干、茎和秆上的薄壁组织。在树木中，导管包裹在枝条或树干周围，就在树皮下面。而在其他许多非木质的植物，比如玉米或小麦之中，导管随机分布在整个薄壁组织之中。但不论格鲁还是马尔比基都没有意识到，他们认为是一根导管的东西其实是一束导管，又称维管束。每一束中至少有两种不同的导管，一种属于运送水的木质部（*xylem*），另一种属于运送糖分的韧皮部（*phloem*，我们很快就要讲到它）。格鲁在观察木本植物的树皮与木头之间的分界时，注意到每年春天都会新长出一层运送树液的导管，他称之为"液管"（lympheducts）。到了冬天，这层新的导管就会"逐渐失去最初的柔软……变成一圈干燥坚硬的成熟木材"。他意识到，木头"其实就是一大堆老化了的"液管。每年都会生长出一层新的组织并木质化，让树木的年轮增加一层，树干也加粗一圈。他没有看到的是，这些新长出来的部分来自形成层，柑橘嫁接员一定要将砧木和接芽对齐的就是这个部位。

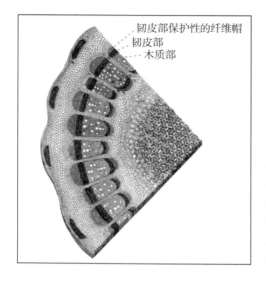

韧皮部保护性的纤维帽
韧皮部
木质部

尼希米·格鲁绘制的一种木本植
物的茎，显示了木质植物的基本
解剖结构。在非木质的植物（也
就是草本植物）中，木质部与韧
皮部组成的维管束分布在整个薄
壁组织之中。

　　这两个人都注意到了一种排成一列列的狭窄的细胞，我们今天
称作髓射线（medullary rays）。它们与年轮垂直，从形成层贯穿到木
髓。两位科学家当时并不能理解这种东西的功能，但现在我们知道，
髓射线会把有毒的鞣酸（又叫单宁酸）与树干外围的活细胞产生的其
他废物输送到由死细胞组成的内部去，与其他部位安全地分隔开来。
喜欢桃花心木与胡桃木那色彩浓郁的心材吧？你看到的就是树木的废
物处理系统。关于新枝条的发育，皇家学会的创始人之一凯尼姆·迪
格比爵士（Sir Kenelm Digby）充满权威地写道，树木中的汁液由泥
土一路往上输送，积聚在树的顶端；这里增加的压力使得树皮上出现
了一个突破口，于是"一个新的部分……钻了出来，开始在旁边生长
了。我们称之为'枝'"。格鲁不认同这一理论。他在解剖腋生的叶
芽时，发现了一个小小的奇迹。在外圈的鳞片下边，他发现了来年春

　　　　　　　　　　　　　　　　　　　　　　　神奇的花园

天即将出现的小叶片，这些精巧的叶片尚未展开，要等茎生长壮大到能接触阳光的位置才会长出来。

格鲁与马尔比基同样意识到，主干的生长与茎的伸长都只在尖端处发生，也就是说，植物的生长与动物的生长从根本上就是不同的。如果小孩像植物一样成长的话，那么每年他们的每一个手指尖都会生出新的关节。实际上，如果一对十几岁的恋人削下一根嫩枝并把它嫁接在一棵小树上，那么，等到这棵小树长到 60 英尺高，那对恋人也步入了第二次婚姻，当初的接条也依然停留在离地面不到一人高的位置上。这也意味着，如果你种下一棵树苗，它最低处的枝条离地面只有几英尺高，而你希望将来能在树荫下散步的话，那么，你最好把这根枝条砍掉，因为它的位置是不会随着树木的生长而升高的。

这两位解剖学家改变了人们看待植物的方式。在他们的著作问世之前，人们认为植物是各个部分的混合体。而各个部分之间的关系呢……嗯，其实没有人觉得还有这么个东西。一棵植物就像是一个"土豆头先生"玩偶，根就像用螺丝拧上去的鞋子，枝条就是粘上的胳膊，树顶上的叶片就是他的眉毛或帽子。当人们发现，根、叶、果实都由同样的薄壁组织构成，而导管从树根的尖端，穿过树根的中央，一路经过树干的周围和树枝，最后到达每一片树叶上最细小的叶脉中时，他们才明白，一棵植物是各部分彼此联系的整体。在之后的150 年间，没人能对他们的解剖工作做出改进。

但是，虽说成就巨大，这两个人却都没有达到他们一开始希望的目标。格鲁在他的《植物解剖学起步》（*Anatomy of Plants Begun*）中提出了一个规模庞大的实验计划，勾画出植物的结构只是其中第

我们吃的抱子甘蓝是腋生的叶芽，意思是它们生长在叶柄和植物茎秆之间的夹角中。如果没人把它们摘下来的话，抱子甘蓝会长成一根枝条，并生出叶子和花来。你吃抱子甘蓝的时候，从植物学的意义上说，你吃的其实是萌芽期的枝。

神奇的花园

一步。他希望弄清植物如何生长，种子如何形成、萌芽、长出根系，"植物所需的养分"如何"生成（和）输送"，是什么导致植物的季节性变化，花朵的颜色是怎么来的，以及许许多多其他的问题。就像马尔比基一样，格鲁也想弄明白这些植物的运行机制是否能够用于解释动物，包括人类的运行机制。但实际上，对于植物他们所能解释的很少，对于动物和人类的生理学就更少了。

这两个人的失败毫不出人意料。他们的显微镜能够放大的倍数不够，这是其一。此外，他们喜欢用动物来类比植物（虽然最开始的假设是研究植物有助于了解动物），这也使他们误入了歧途。马尔比基认为自己在植物的导管中看到了"肠蠕动"，也就是人类的消化道中那种运送食物的波浪形运动。格鲁则希望在植物中找到类似肠子和肺脏的器官，他认为导管这一新奇而又"古老"的结构是负责消化和呼吸的。问题在于，要想解开植物生理学的根本奥秘，不只需要仔细的观察，还需要实验。

第二部分

根

6

永不休息的根

那是二十多年前一个七月的午后，当时我的两个女儿安娜和奥斯汀一个三岁，一个两岁。我从厨房的窗子向西望去，发现天空变成了一种奇怪的墨绿色。一般来说，我很喜欢夏季暴风雨的那种戏剧性，也很感谢它对我们的提醒：即便在我们这种整洁的市郊环境中，大自然也是十分强大的力量。但是，这次的暴风雨的颜色却很不一样。某种深入骨髓的本能告诉我，赶紧找一个安全的避难所才是上策。一阵密集的雨点迅速汇成一道水墙，狂风搅动着树冠，好像要把它打成糊一样。于是，我一只手抱着奥斯汀，一只手拉着安娜，下了楼梯，来到我们尚未完工也没有窗户的地下室，打开电灯，并关上身后的门。我坐在最底下的一级台阶上，紧紧地抱着两个还在蹒跚学步的孩子，背对着外边发生的一切。风雨带着一种我之前从来没有听过的、令人难以置信的咆哮声来到了屋子里。电灯没有像往常那样先闪几下，而是突然就直接黑了，我们全都处在完全的黑暗中。我们的楼梯不过是钉在两边侧板上的一道道开放的木板，此刻它正在颤抖：天启四骑士正向我们飞奔而来。

仅仅过了几分钟，声响就开始随着风暴向东逐渐远去，从门下的缝隙里我可以看到一线灰色的光了。我们三人爬上楼梯，来到起居室里，透过法式双扇玻璃门向后院看去。一开始雨太大了，我们几乎什么也看不到，不过，随着雨势逐渐减弱，视野也逐渐清楚了。我目瞪口呆——我们的院子不见了。草坪、泰德的菜园、金属制的秋千架都没了，取而代之的是一大堆残枝落叶。邻居汉森家 60 英尺高的北美枫香树那宽广的树冠直冲着我们的房子倒了下来，最顶端的树杈离我们站的地方只有不到 6 英尺远。而当我打开前门的时候，迎接我的又是另一番景象。我们门前的街道被至少三棵倒下的树堵死了，它们的枝叶和电线以及电话线纠缠在了一起。我能看到橡树巷（Oak Lane）那些我之前从来没有见过的房子。一位邻居红褐色的旅行车被一根掉下的树枝砸扁了，就像空了的"胡椒博士"可乐罐一样。

第二天，我在附近地区跋涉了一遍。好几十棵大树倒了下来——大多是北美鹅掌楸和枫树，不过也有橡树和我叫不上名字的另一些树种——其中有很多已经矗立了上百年，此刻却朝向东边躺在地上。没有人受伤，这既出乎所有人的意料，也让大家松了一口气。气象学家的说法是我们遇到了微下击暴流，这种现象是因为雷暴天气时上层大气中一股冷空气直击下来产生的。（微下击暴流到达地面之后，就会向四面八方扩散，形成一阵强风。这种风破坏力极大，不仅能刮倒树木，还能令飞机坠毁。被龙卷风刮倒的树木会杂乱地朝向各个方向，但是被微下击暴流的气浪刮倒的树木只会朝着一个方向。）在来电之前，我们还要在炎热潮湿的环境中忍耐十天。电锯的尖叫声和咆哮声持续了好几个星期。

在树木管理人员来清理倒在我们院子里的北美枫香树之前，我和两个孩子去汉森家里看了看那棵树的树干底端。一大片泥土像一个大盘子一样竖直地插在地上，盘子底下显露出一大坨丑陋、扭结、看上去仿佛患了关节炎一般的根。在注视着树暴露在外的下半截的时候，我感到一阵若有若无的尴尬，就好像我不小心瞥见了病房中一个失去意识的患者身上穿的病号服被掀起来了一样。不过，我依然被眼前或不在我眼前的东西迷住了。我以为我会看到一条巨大的主根，它却不知到哪里去了。事实上，几乎没有任何一条根像我想的那样直接从树干底下长出来，并像锚一样固定着上边高耸的部分；大多数根从树干的底部放射状地往外扩散，就像侏罗纪的某种狼蛛似的，很明显，它们在地下的深度绝对不会超过两英尺。另外，没有一条根像我之前想象的那样结实，它们的直径更接近人的胳膊，而不是大腿。当然，土中肯定还剩下不少残根，但它们肯定比暴露出来的那些还要细。这让我不得不思考：这个 60 英尺高、顶着庞大且招风的树冠的巨人明明一阵微风就能吹倒，到底是怎么一直站在这里的？我能够理解榕树的生长机制。首先，它有极其粗壮的树干；其次，它的树枝上垂下大量的气根，这些气根越长越粗，可以支撑树干。我在佛罗里达州看到的红树林的设计也很巧妙，它们的根会从树干中离地面几英尺高的地方生长出来，然后在空中画一道弧形，扎进沼泽中去，就像建筑中的飞扶壁（flying buttresses）的结构一样。但是，我们街区里的这些树却是一个谜。

我们的很多邻居显然也被树根的这种不确定的机制所困扰。在微下击暴流发生几年后，我经常会听到电锯的响声，之后还会看到，我们已经变薄了的树冠层中又出现了一道裂口。在大多数情况下，这些树是健康的，有病的是心里充满担忧的屋主。（被砍掉的树实在太多了，以至于十年前，居民理事会通过了一项"城市树木管理条例"，限制砍伐健康树木的行为。）我们则反潮流而行，买了一株大红栎幼苗来代替那棵北美枫香树，种在我们后院的篱笆边上。这棵新的树木在几十年内都不会长到构成危险的高度。我明白我在接下来很长一段时间里都不用考虑根茎问题了。

不过现实却是，这种无牵无挂的生活只持续了几年。我的父亲退休得早，然后我父母就把他们位于巴尔的摩的房子挂出去出售了。不过让他们沮丧的是，有意向的买家肯出的钱和他们的报价差得很远。一年之后，这种钉在郊区的生活他们连一分钟也过不下去了，于是，他们启航去了南方——真的是坐船去的。他们自己走了，却把我的电话号码留给了房产中介，把公证过的授权书留给了我，万一有买家现身的话，就由我接洽了。

20 世纪 50 年代时，我父母新婚燕尔，搬进了他们新建成的牧场风格的房子。草地上新撒了种子，建筑者还在前院种了两棵幼小的银椵。这些树长得很快，它们之所以得名是因为它们绿色的叶子的底面是浅灰色的。不过，虽然树荫很令人愉快，只要微风吹来就闪闪发光的树叶也十分美观，但是，树冠下的地面绝对是一场灾难。银椵树的根非常多，而且非常浅，简直是臭名昭著。在我上小学的时候，树根已经把柏油铺的汽车道弄得皱皱巴巴的了。（我妈妈在给那片地方撒上花草种子之前，经常怂恿我、我妹妹和我们的朋友把一块块柏油碎片掀起来。这种活动很好玩，但是脏得要命。）年复一年，树根越长越远，一直扩散到了草丛里，同时也越长越浅，几乎从泥土里顶了出来。它们就好像和我的父母一样，都在打算着离开那座小城市。

当我的父母离开巴尔的摩的时候，前院里已经不长什么草了。除非你愿意拿剪刀来处理，否则那些从树根缝隙里冒出来的叶片是根本没法修剪的。毫无疑问，房子乏人问津与院子里的这种状态是脱不了关系的。大部分购买郊区房子的人都想要平整的草坪，而不是满地浮雕般的树根。对于我父母来说幸运的是，有一位从事体育摄影的单身男士有意买这处房产，他经常出差，准是把不需要修剪草坪当成了一项优点。

交易一直进行得很顺利，直到房屋检查报告出来：下水管线似乎排水不太顺畅。我们请了一位水管工来调查，他打电话告诉我，银槭树的一些细小的根尖得空就钻，长进了水管同样细小的裂缝中，然后在充沛的水肥滋养之下生长壮大，成了一束银槭树根扎成的"八英尺的马尾辫"。他说，这种管道堵塞的情况并不少见，尤其是在陶制管道碰上枫树、柳树还有北美枫香树的时候。他曾经在 50 英尺之外见过同样的情况：一棵枫树的根从地底下穿过街道，堵住了邻居家的下水道。

当然，对于那位摄影家而言，仅仅通一下水管是不够的，他想再来一次外观检查。他是对的：在水管中安了家的树根随着时间的推移扩展开来，因此，最初的裂缝扩大成了一个大洞。又花了好几百美元以后，这段水管换掉了，交易也完成了。

现在我知道了，入侵者就是所谓的"须根"。这种根是从侧向生长的根上长出来的，它们往下生长，寻找着水源。须根一接触到陶制的下水管上凝结的水珠，就会在水管的表面扩展开来。虽然这些根有时会威胁到下水道和水管，但是，高大的树木之所以在大多数时候都能站得笔直，很大一部分原因就在于须根。当树木成熟时，主根一般会衰退。尽管较浅的侧根一般无法起到固定树木的作用，但一些侧根是斜向下生长的。而比这更棒的是，须根是垂直向下生长的。（我没看见北美枫香的须根；它们相对比较细，树倒下的时候就留在土里了。）虽然像北美枫香这样的大树整个树干和枝叶加起来有 5 吨重，但是那些倾斜的侧根和向下的沉展根，还有它们紧紧抓住的大量泥土所能承受的重量，却是这个数字的好几倍。这些根和泥土的作用从本质上来说，类似于帆船上铅制的球缘龙骨。

我以前对根这种苍白的、长得像巫婆的手指一般、在黑暗的地下钻来探去的东西没有任何兴趣。我不想思考这种东西，而且很高兴它们藏在看不到的地方。但是，园丁却需要明白这一点：根据科罗拉多大学的研究结果，关于植物的问题，百分之八十其实都是根的问题。美丽的花朵和丰富的收获几乎全都有赖于根。

神奇的花园

7

巨 大 的 瓜 类

我去纽约植物园看过斯蒂夫·康诺利（Steve Connolly）获奖的南瓜。从重量上来说，它是那一年北美洲排名第三的南瓜，有将近1700磅*重。如果在它旁边画上一辆驼色的智能车，你大概就能明白它有多大了。不过，康诺利的南瓜上只有一个门。这扇门就立在地上，是挖出来的一块1英尺厚的长方形橙黄色瓜肉，在南瓜上留下的洞只够一个非常瘦小的年轻人钻进去。实际上，这个人就在南瓜里呢，他刚从洞中探出满头黑发的脑袋和上半身，好把一个白色的塑料桶放到地上。他戴着头灯，虽然秋天已经很冷，他却依然穿着短袖T恤。这个年轻人告诉我，桶里装的是他从果肉内部刮下来的种子。他还说，南瓜里边非常黑暗、潮湿和温暖——正午强烈的阳光把南瓜变成了太阳炉。报道完这些情况之后，他再次消失在了南瓜中。

如果给这个南瓜装上轮子，再套上一队白马，那么，你就能坐在里边去参加王子的舞会了，而且南瓜里还有你的神仙教母的位置。不过，如果你真去跳舞的话，那么最好是在今天晚上。明天就是10月

---

* 1磅 =0.454千克。

29 日了，一位艺术家将要把这个南瓜和今年的南瓜冠军（来自明尼苏达州的一个重达 1810.5 磅的南瓜）雕刻成世界上最大的南瓜灯。

我在等着康诺利到来时，心想他大概是一个身强力壮的农民，穿着牛仔面料的连体工作服。然而，过来跟我握手的却是一位瘦小、苍白、戴着眼镜、说话柔声细语的 50 多岁的男性，而且我发现他拥有塑胶工程的学士学位并就职于一家规模很大的药企。他头戴一顶橘色的棒球帽，身穿一件装饰着大南瓜联邦（Great Pumpkin Commonwealth，GPC）会徽的夹克衫，会徽的图案是一个鲜亮的橘色南瓜，印在绿色的世界地图上。他解释说，GPC 是由大约 40 个地区性俱乐部组成的伞式组织，1 万名会员都致力于"极致园艺"。极致体现在他们所种出的果实——包括番茄、西葫芦、瓠瓜、西瓜以及南瓜——的大小，也体现在他们在栽培中投入的热忱。只要能种出世人前所未见的登峰造极的巨大果子，他们什么都愿意尝试。正如唐·郎之万（Don Langevin）在被誉为"南瓜种植者圣经"的《如何种出世界一流的巨型南瓜》（*How-to-Grow World Class Giant Pumpkins*）中所写的那样："从 4 月到 9 月再往后，认真的巨型南瓜种植者必须全身心地照料这些植物。"

那么，到底需要怎么做才能种出一个像小汽车那样重的橘黄色的瓜呢？你得先从印度南瓜（*Cucurbita maxima*，又名笋瓜、北瓜）"大西洋巨人"的种子开始。这个品种和 10 月底采摘农场里到处都是的品种可完全不一样。你可能在本地的园艺中心就能买到"大西洋巨人"的种子，但是，你种出来的瓜可能只有几百磅重。如果你想夺得金牌的话，最好联系之前几年的冠军，问问他们能不能卖给你一些种子。还有一个办法就是到拍卖会上去买。经过"认证"的种子不仅要产自获奖的南瓜，而且这个南瓜的其他种子还种出过下一个赛季的大奖获得者，这样的种子能让你破费好几百美元。2010 年的冠军南瓜每颗种子都卖了 1200 美元。

你还需要在郊区一个普通房子的后院里开辟出一大块地。每株植物都需要 30 英尺见方的土地，而同时种几棵也是明智之举。你的那块地必须能完全照到阳光，因为每个光子都是南瓜所急需的。任何一丝树荫都会阻碍你获得不朽声名，而不少树木也是因此而丧命的。你最好生活在"橙色地带"，就北美洲而言是 40 度到 46 度之间，也就是差不多从旧金山到温哥华，从内布拉斯加向北直到安大略，以及从宾夕法尼亚直到纽芬兰的圣约翰斯。在这个区域内，你才能让日照时间和无霜期达到最长。

康诺利提醒，即便做到了这些，你还需要从 4 月中旬开始就把种子放在室内生长光下；不然的话，到霜冻的危险结束的时候，你在这场激烈的竞争中就已经落后了。唐·郎之万建议说，如果你是新手的话，你应该在 3 月初就开始练习让种子发芽，为"参战日"建立信心。到了 5 月 1 日前后，你就该把幼苗移植到室外了。有竞争力的种植者会给每株植物建一个狗屋那么大的塑料温室。温室还可以布置得更繁复，埋下加热电缆，让土壤温度上升到理想的 85 度*。当你的南瓜藤长到围栏以外时，你大概需要用草砖在附近建一座挡风墙，免得藤蔓卷曲或受到损害。

如果任其自行生长，你的南瓜藤蔓就会分枝，然后再分枝，然后

---

* 指 85 华氏度，约等于 29.4 摄氏度。

继续分更多的枝，彼此交叉，与此同时每天生长几英寸，变成像手腕那么粗的意大利面状的藤蔓。植物本身还想多多地长叶子，这些叶子大如餐盘，生长在 2 英尺高的茎上，笼罩着藤蔓。此外，你的藤蔓还想结出众多藏在叶子底下的小南瓜（小是相对而言的）。这样，就算昆虫和鹿吃掉了叶子，浣熊和土拨鼠发现了大部分果实，依然会有一些南瓜一直幸存到秋天，并结出足够的种子来繁衍后代。

但你却希望这株植物把全部能量用来结出一个巨无霸南瓜，叶子不用太多，足够提供这颗果实生长所需的能量就好。就像种植者跟我说的那样，你要种的不是沙拉，你要种的是南瓜。一团团疯长的藤蔓和叶片意味着一些叶子会遮挡其他叶子，而被遮住的叶子就成了"闲冗人员"，不再干收集阳光的活儿了。因此你的工作就是**每天**去那一小块地里一趟，给飞速生长的南瓜藤蔓剪枝、修整、架好木桩，让它们长成你心目中的样子。你需要藤蔓平铺在地面上，看起来就像是放倒的圣诞树一样。如果从空中鸟瞰的话，你的南瓜应该看起来就像挂在树上的巨型橙色装饰品一样。

一到 6 月初，你就该为明黄色的雌花授粉了。同一株南瓜植株上有单独的雌花与雄花。用哪一朵雄花来授粉并不会影响这一季的果实——南瓜的基因是由你种下的种子决定的。但是，如果你那丰满的大宝贝儿最终获得了冠军，那么，她的种子的价值就取决于那颗种子的父母了。因此，许多种植者会用塑料杯或袜子把刚开的雌花罩住——这是南瓜的一种安全套——如此一来，某些劣等南瓜藤上的流氓雄花就别想招惹出身名门的雌花了。在时间合适的时候，你可以给雌花涂上你自己这株南瓜藤上结出的雄花的花粉（这个过程叫作"自交"），或是采用其他种植者的品系优良的雄花。

授粉之后，再过两个星期，你的这位"被监护人"就应该有篮球那么大了。再过两个星期，它就会长到 400 磅了。（到那时，你要把一些沙子铲到这个急速膨胀的果实下边，防止底下腐烂。）根据 Impactlab.com 网站上的《超大南瓜工程指南》（*Engineers Guide to Superizing Pumpkins*），葫芦科植物的瓜长得越大，所经受的物理压力就越大，而这种压力会促使它长得更大。"它们的重量会产生张力，而张力会把细胞彼此拉开，加速其生长。"佐治亚理工大学的胡立德（David Hu）如是写道。长到 220 磅左右的时候，你那圆圆的南瓜就会因为自身重量的压力而变得越来越扁，这也就是为什么它最终的形状像一个巨型的橘色垫子，而不是一个硕大的橘色圆球。

从 6 月开始，你要让这位受你保护的娇小姐免遭太阳的毒手。阳光的危险在于，随着南瓜重量的增加——在仲夏它每天都能长 40 磅——它那被太阳烤得坚硬的外皮就会因为内部飞速增加的瓤所带来的压力而爆开。康诺利用的是一副木架子，上边蒙着轻薄的白色织物来遮挡阳光；其他人则会蒙上白毛巾。尽管如此，有时候南瓜依然会爆炸。发生这种事情实属不幸，但你也知道俗话说"不打破鸡蛋就摊不成蛋饼"。

不过，就南瓜地里所有的场景和行动而言，要想种出一个破纪录的大南瓜，最重要的不是照顾你看得到的那些巨型藤蔓、叶子和果实，而是照顾你看不到的根。难怪所有参加角逐的巨型南瓜种植者都痴迷于准备土壤。培育出冠军南瓜的伦恩·斯代尔普弗鲁格（Len Stellpflug）在他位于纽约州罗切斯特附近的南瓜地里加了 5 立方码*、重达几千磅的粪肥。至于哪种粪肥才是最好的，人们至今还在激辩：有些种植者信誓旦旦地说用鸡粪肥混上锯末是最好的，而另一些人则会往里添加牛粪、马粪或羊驼粪。粪肥可能存在偶然性，但矿物质不会。最重要的是要提供正确的混合物。除了 60 磅海藻灰与 50 磅腐殖酸以外，罗恩·华莱士（Ron Wallace）与帕普·华莱士（Pap Wallace）会往地里加超过 220 磅的钙、锰、钾、硫与镁，还有少量（只是相对而言）由"二十骡队"从死亡谷运出来的硼酸钠（Borax，俗称硼砂），而这些都是在 6 月之前施用的。认真的角逐者每两周就会把一份叶片样本送去做营养分析，并依照检查结果调整他们的土壤成分。

"大西洋巨人"含水量为百分之九十左右，因此浇足够的水是重中之重。有些种植者使用的是滴灌系统，还有一些人则使用喷水壶、喷雾器和手持式灌溉器。在新英格兰的腹地，夏天每天要往地里浇 125 加仑的水。有些种植者会先在室外的聚丙烯水槽中把水稍稍加热。虽然听上去有点傻，实际却不然。这样做的理论基础是，冷水会给南瓜传递凛冬将至、不要继续生长的信号。而另一些种植者在仲夏采用的技巧，比如说用油来给他们娇嫩的"宝宝"按摩或是给它泡牛奶浴，就比较可疑了。

不过，只有当你的南瓜拥有健康、发育良好的根系来利用这些营养的时候，充足的水和完美的土壤才有意义；巨大的果实源于巨大的根。这也就是为什么在整个夏天，种植者们会在藤蔓前方挖出一条小沟，并在藤蔓往前爬时将其浅浅地埋起来。每一个叶柄（还有根尖和

---

* 1 码 =0.9144 米。

整个形成层）都有未分化的细胞组织，叫作分生组织。叶腋处的分生组织既能够形成一片新的叶子，也能够变成花或者根，一切取决于它们收到的化学信号是怎样的。如果你把叶腋埋起来，那么它们就会长成新的主根，然后生出侧根来给你的瓜运送更多的水和营养。然而，侧根非常脆弱，位置也很浅，所以大多数种植者会在种植南瓜的那块地旁边放上木板，以防自己粗心大意，踩碎这些娇贵的先驱者。如果你看到某位男士或女士在照顾南瓜的时候踩着滑雪板，那也用不着惊讶。他们相信滑雪板能够分摊他们的体重，让他们尽量轻地踩在土壤上。在巨型南瓜的地界上，不慎踩到植物就会酿成大错。

8

所有水的通道

毫无疑问，八千年前加泰土丘（Catal Hüyük，位于今天的土耳其）的农民们明白，他们种植的二粒小麦需要依靠根的滋养和维持。他们也不可能忽略一个事实，那就是现代小麦的祖先二粒小麦，在肥沃的黑色泥土中比沙质的土壤长得更好，而如果土壤过于干燥，植物就会蔫萎并死亡。古埃及人肯定知道，如果没有尼罗河水夏季的泛滥为他们的土地带来一层新的淤泥，那么，来年春天就会歉收，饥荒也会随之而来。

然而，根是如何从土壤中收集养料并分送给植物在地上的各个部分的呢？这个问题是个深奥的谜团。亚里士多德相信，根可以从土壤中无差别地吸收养料，并断言不论是什么养料，都可以直接被植物吸收，因为他发现植物体内没有像胃这样的器官。塞奥弗拉斯特提出异议：根在吸收的时候是有选择的，而且它有消化的能力。一千八百年之后，这个问题依然没有定论。文艺复兴时期的名医吉罗拉莫·卡尔达诺（Girolamo Cardano）是在这个问题上撰写过文章的为数不多的人之一，他认为，消化过程发生在植物的体内，但并不在根里。植物

　　　　　　　　　　　　　神奇的花园

的胃很小，肉眼看不见，而位置一定是在草茎或树干的底部，就在根往上一点的地方。

学者们给这个想象中的胃设想的位置与我们肠胃的位置刚好对应，就在躯干的底部，我们的腿（形状像根一样）的上边，这种设想并不是偶然的。卡尔达诺这种把植物类比为人的做法不仅合乎直觉，而且符合当时盛行的"存在之链"的范式。"存在之链"是古代世界构想出的一种模型，并在文艺复兴时期得到了细节上的完善。它讲的是这个世界上一切有生命的物体和无生命的物体之间的关系。你可以想象这是一条从天堂垂下来的链子，最顶上是完美的神，神以下是天使，人类又处在天使之下，然后，按照不完美的程度往下，依次是动物、鸟类、海洋生物、植物、矿物，最终是石头。哲学家经过大量的思考，给每个等级又细致地划分了好多层。比方说，知更鸟在"存在之链"中的地位就比麻雀更高，因为知更鸟吃虫（就像食肉动物一样）而麻雀只吃植物类的食物。植物的地位又高于矿物，因为它们像动物一样能够进食，而矿物不能。植物的消化器官当然就在它们的躯干下部了。

在 17 世纪，人体解剖学的新发现似乎也为植物解剖指明了新方向。在那之前，人们都相信人类和动物的肝脏会产生凉的静脉血，心脏会产生热的动脉血，而这两种血液绝对不会混合。但在 1628 年，威廉·哈维（William Harvey）用实验证明了所有的血液都是从心脏开始，经过动脉，流到各个血管中，而血管中有微型的阀，使血液不会在两次脉搏的间隙逆流，最终形成一种不间断的完整循环。1648年，法国医师让·佩凯（Jean Pecquet）发现，肠道分泌出的一种乳状液体会通过一根与心脏附近的血管相连的淋巴管进入血液，他把这种液体称作"乳糜状液（chyle）"。发现这两个新的事实后，关于人类营养的理论就得到了修正。心脏和动脉把乳糜状液"烹制"成了养分，并通过动脉血把这种养料输送给了身体。然后，颜色变暗、没有了养分的血液就会通过静脉回到心脏[①]。

在这些新发现的启发之下，植物营养领域也出现了一种与之相应的理论。树液会不会就相当于我们被乳糜状液加强过的血液呢？会不会是树液从土壤中获取了未经处理的养分，并在整个植物体内不断循环呢？现在，观察到的某些现象就说得通了。人们从很久以前就知道，如果你切开树木外层的木头，或是割断草本植物的茎，植物的汁液就会不断地流出来。17世纪70年代，马尔比基在进行他为数不多的实验时，为循环理论补充了新的证据。他围着一棵树剥掉了一圈树皮，并未伤及内部的木头，结果他发现，切口上方的树皮膨胀了起来，而切口下方的树皮枯死了。很显然，他打断了某种液体向下的流动。

结论已经很清楚了：树液在形成层下的导管中向上流动，在叶片中流动，再在紧贴着树皮的形成层的外边往下渗。格鲁与马尔比基都看到了向上传送液体的导管，我们把它称为木质部。此外，格鲁还设法在树皮的底下那面观察到了某种微小的"管道或管子"的纹路，我们把这些导管称为韧皮部。除了这些，关于树液的循环还有一些间接证据。液体向上流动时更加强劲有力，其位置也在植物体内更深处，

---

① "乳糜状液"实际上是淋巴液和人体必需的脂蛋白的混合物。脂蛋白由血液运输，它会储藏在身体的不同组织中或被代谢掉。

就像人体内的动脉血。往回流动的力量更弱，位置更贴近树木的"皮肤"，就好像静脉血。"存在之链"的模型又得了一分：植物的汁液就像动物的血液一样循环，只是更为简单罢了。

然而，并非所有的事实都能得到解释。令人疑惑不解的是，树液似乎并不是一年四季都流动。也从来没有人在植物中见过马尔比基在动物体内发现的那种毛细管，而在液体向上流与向下渗这两种功能之间建立联系的正是这种毛细管。（尽管似乎没有人提出，但是还有个问题：对于那些导管散布在整个薄壁组织之内的非木本植物而言，情况又该是怎样的呢？它们的木质部与韧皮部都分布在茎的内部，所以对于那个年代的观察者而言是看不到的。）而对于植物循环系统论而言，最大的问题还不是以上这些，而是植物并没有心脏，液体不管是向上流还是向周围流都缺乏动力。

对于这个问题，人们提出了很多解决方案。法国科学家兼建筑师克劳德·佩罗（Claude Perrault）认为，树枝在风中摇曳的时候，汁液的导管会受到压缩，把液体往里压。格鲁提出，他在薄壁组织中看到的小"气囊"就是树液的蓄水箱，它会膨胀而且会把液体挤入导管，并通过后者来运输。（这些小气囊实际上是活的细胞，作用是储存糖分，或因其在植物体内的不同位置而担任其他各种功能。）马尔比基认为，他在木质部周围看到的缠绕着的"螺旋状导管"会在白天受热膨胀，夜晚收缩，并在这个过程中挤压液体。（他所看到的这种螺旋形的成分其实是木质部细胞壁的加厚部分，其作用是使木质部坚硬。）虽然人们对树液的循环到底由什么力量驱动莫衷一是，但是，没有人怀疑循环本身的存在。

所有水的通道

直到 1715 年，才有人对这项前提提出了疑问。这个人就是英国泰丁顿村（Teddington）的助理牧师斯蒂芬·黑尔斯（Stephen Hales）。黑尔斯是肯特郡准男爵最小的孩子。他于 1703 年在剑桥大学获得了神学硕士的学位，随后拿着津贴等待当时的助理牧师高升并给他腾出位置。在这段没有任何职责，而且闲来无事的时间里，这位渴求知识的年轻人与一位医学本科生成了好朋友，并跟着他走进了医学教室。

当时，大学的目标依然是培养下一代的官员、律师和医生，就像一直以来所做的那样。英格兰大部分的实验都是在皇家学会以及有钱的业余人士的私家实验室完成的，而不是在课堂里。不过，大学也开始开设除了传统的拉丁语、修辞学、逻辑学、道德哲学、伦理学和基础数学以外的课程了。三一学院的大门顶上建了一座新的天文观测台，而学校的草地滚球场（bowling green）上也建起了第一座化学实验室——虽然当时的化学比炼金术也高明不到哪里去。科学讲座破天荒加上了演示，这是教学方法上的彻底革新。黑尔斯上了这些课，并在流体静力学与气体力学这些新学科中窥到了门路。他解剖了狗和猫的尸体，并制作了它们的肺脏的铅铸模型，他还观看了电学实验，重复了玻意耳的空气泵实验，并以牛顿对太阳系的见解为基础设计了一个太阳系仪。

牛顿对黑尔斯的影响很大，虽然这位教授在黑尔斯入学的那一年，即 1696 年就离开剑桥去英国皇家造币厂担任厂长了。事实上，学生们是在牛顿离开剑桥后才开始学习那些由他的理论和他的巨著衍生出的课程的，包括《自然哲学的数学原理》《光学》以及《广义算数》。当牛顿还是剑桥大学的教授时，只有为数不多的学生来听过他的讲座，这位伟人把大部分时间都花在了独自研究他的物理／数学理论和炼金术实验上了。（据说，他曾在三一学院的小径上一边走一边沉思，并在沙砾上画图形。之后经过那里的所有人都带着尊敬，小心翼翼地绕开了他画的东西。）黑尔斯理解了牛顿关于自然世界的模型，这个新模型已经开始取代旧的笛卡尔式的模型了。

逝世于 1650 年的勒内·笛卡尔（René Descartes）是他那个年代具有革命性的思想家。他拒斥了古已有之而且在他那个年代依然占据统治地位的观点，也就是自然界的物体，甚至宇宙本身，都是由灵魂驱动的，之前人们用这来解释为何苹果会落到地上，而植物会向上生长。在笛卡尔和他的理性主义支持者看来，要解释物体的运动，并不需要看不到的力，也就是他们所说的超自然力。笛卡尔的设想是，宇宙就像一台钟表，一旦上帝设置好了，它就会永远运转下去，不需上帝再次干涉。在笛卡尔的模型中，所有的运动都是由一个物体直接接触另一个物体来传递的，就像钟表里边的齿轮彼此接触，让对方运转。意识到看不见的力在决定物体的运动中确实发挥了作用，就要归功于牛顿的伟大发现了。牛顿并没有解释重力、磁力与内聚力具体是如何在空无一物的空间中吸引和推动物体的，但是，这些力确实存在，可以测量，而且最重要的是，它们的运行是有数学规律的。

黑尔斯真正担任助理牧师是在 1709 年初，在那个时候，他 31 岁，已经是一位彻头彻尾的牛顿主义者了。像格鲁和他那个年代很多其他英国科学家一样，黑尔斯也不认为自己的宗教信仰和科学兴趣有什么矛盾之处。就像他在自己的第一本著作中所写的那样，"昭示上帝荣耀的，不仅有我们的太阳系以及其他天体的壮美，还有显微镜下的动物，以及它们的构成部分那异乎寻常的精巧。"因此，他一在泰丁顿安顿下来，就立刻问心无愧地同时开展自己的神职工作和自然科学实验计划。牛顿测量了支配物体运动的力，而黑尔斯则更加谦卑地开始测量起了动物体内循环系统中的力。

泰丁顿位于伦敦城约 15 英里外，是一个人口在 400 左右的宁静的村庄。这里有一间教堂和两个小酒店，周围有几百英亩地势低洼的农田，旁边是泰晤士河。对于黑尔斯那个教区的许多居民而言，一位拥有科学头脑的助理牧师一定很令人好奇；不过，如果他的兴趣主要在天文学和植物分类学上，恐怕也不会有人对他的这份热情说什么。他那些独特的科学兴趣令人印象深刻并不出人意料。在早期的一个实验中，黑尔斯把一匹不断挣扎的白色母马拴在一扇搁在地上的门上，然后蹲下身来，用一把削笔刀在马左侧的颈动脉上切割出一个洞。等到鲜血喷溅出来之后，他就把一根 12 英尺长的玻璃管的末端插到了那个洞中，以此来测量那匹马正在跳动的心脏有多大力量。他也在自家花园的实验室中进行小规模的实验，为此这位剑桥大学毕业的助理牧师在后院中杀了 60 头阉牛、母牛、鹿、狗和绵羊，并将玻璃管插入它们的血管和肺脏中。这时候，流言就开始蔓延了。他对活体解剖的爱好使他在街坊中成了个引人注目的人。住在附近的一位牧师兼古典学者托马斯·特文宁（Thomas Twining）后来写道：

绿色的泰丁顿宁静不再，

只因哲学研究在此展开。

斯蒂芬·黑尔斯牧师真是不赖，

要用天平把湿气的重量称出来。

马儿和狗儿惨遭屠宰，

活青蛙的皮被扒下来。

诗人亚历山大·蒲柏（Alexande Pope）也住在这个地区，据说他提到黑尔斯时曾表示："（我）一直很愿意看到他，他是一个非常好而且值得尊敬的人。是的，他是一个非常好的人，唯一让我觉得遗憾的是，他的手上沾染了太多的鲜血。"然而，鲜血却是黑尔斯研究的核心。

虽说黑尔斯的兴趣古怪又血腥，这位牧师在教区还是很受欢迎的。他不专横武断，这令人庆幸，而且他在布道的时候，讲的都是上帝的仁慈，以及我们需要在日常生活中行善。（不过，在婚外情这个问题上他很严格，并要求那些犯下通奸和奸淫罪的人穿上特定的白袍子来教堂并乞求聚集来的会众的宽恕。）他一般会避开那些在一个世纪前引发内战并一直在撕裂新教社会的那些神学话题。自从他来了之后，到圣玛丽教堂参加礼拜的人越来越多，到了1716年，教堂不得不扩建，好容纳他不断增加的会众。

在1715年左右，黑尔斯突然把注意力从测量动脉和静脉中的血液转向了研究植物体内汁液的流动。也许他也像马尔比基一样，希望关于植物的研究能够对动物的运行机制有所启发。当然，切开卷心菜要比切开猫咪简单多了，也更容易为社会所接受。1718年，他在皇家学会宣读了自己的第一篇论文，内容是报告自己"关于太阳的热力如何提升树木里的汁液的新实验"，并很快当选为会员。学会敦促他继续研究，于是在 1727 年，他呈上了一篇突破性的论文，标题是《植物统计学》(*Vegetable Staticks*)。

黑尔斯在书名中用的词是 Vegetable，像当时所有人一样，他用这个词指代所有的植物。而 Staticks 的意思既有一般意义上的测量，还特指测量液体的流入和流出，以及它们的力量与速度。他最先提出的问题之一就是，树液到底是不是像动物体内的血液那样，在一个封闭的系统内循环呢？他推论道，如果确实是这样的话，那么树液就会只向一个方向流动，就像血液那样。

为了验证这个理论，他剪下了一段带着叶子的苹果树枝，去掉了枝的尖端，然后把它倒放在一根盛了水的玻璃管中。这根管子又连着一截剥光了皮的树枝，后者倒置在一桶水银中。在一个阳光明媚的日子，这根带叶子的树枝吸干了一管水，并把水银吸到了剥光的树枝中，这就证明水在树枝中可以很容易地以与平时相反的方向流动，是否剥掉树皮也不会影响结果。最后，他又用活树做了一次实验。他得出正确的结论：树液不会像血液一样循环。

但是，如果树液不循环的话，它们去往何方，又是怎么到那里的呢？为了调查这些问题，黑尔斯开展了另一项实验。他准备了一棵长在陶制花盆里的向日葵，然后封住土壤的表面并堵住了盆底的孔。他又准备了一根细管来为向日葵浇水，浇完水就把它用软木塞塞住。这样，通过对比他每天浇进花盆中的水的重量与每天花盆和植物加在一起的重量的变化，他就能够算出有多少水消失了。这些消失的水只可

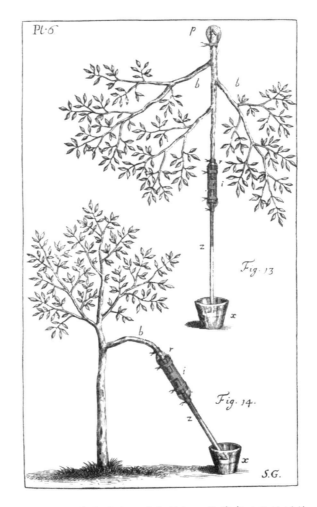

Pl. 6

P

b   b

r

i

z

Fig. 13

x

b

r

i

Fig. 14.

z

x

S.G.

如图所示，在实验中，黑尔斯把一根带有叶子的树枝（b）的两头剪去了。他把另一根枝条（z）的树皮剥光，然后把（b）和（z）都倒转过来，用一根装满水的玻璃管（i）连接起来。他把（z）的另一端插在一桶水银中。他也在活树上重复了这个实验（见下一幅图）。

所有水的通道

在向日葵实验中，黑尔斯测量了被根吸收的水的重量，以及通过植物的地上部分散失在空气中的水量。

能是进入了空气中。接着，黑尔斯测量了植物的叶片和茎秆的表面积，从而算出了每平方英寸的植物蒸腾作用的速率——他把这个过程叫作"出汗"。而通过计算根的表面积大小，他还算出了根吸水的速率。

他在不同的气温、不同的湿度、不同的云量下重复了这种盆栽向日葵实验，也尝试了向日葵以外的植物，包括柠檬树等。他发现，天气越晴朗、温度越高，蒸腾作用的速度就越快；而湿度和云量越大，蒸腾作用就越慢。本来，他可以直接推论出，太阳与汁液向上的运动之间存在直接的关系。但是他却开展了另一项实验，检测有叶片和没有叶片的树枝"饮水"的能力。有叶子的树枝能把水吸上来，而没有叶子的树枝却做不到。不管有没有太阳，水都无法流到没有叶片的树枝上。虽然看起来不太可能，他却意识到，很可能是树叶通过微小的气孔蒸发水分时那种人类几乎无法感知的力量把水从地下运送到了树梢。实际上，通过蒸腾作用，一棵 100 英尺高的鹅掌楸每天能够吸起多达 100 加仑的水，总量达 800 磅。

黑尔斯的发现向人们提出了新的问题。如果木质部中的液体通过叶片离开植物体的话，那么，马尔比基和格鲁在树皮下边发现的向下流动的液体又是什么呢？黑尔斯漏掉了后来被命名为"韧皮液"的东西，这种带有蔗糖的液体从叶片往下流动，最终储藏在根部。（它有时也横向流动，甚至向上流动，把液体的能量带给需要靠这些能量来运转的细胞。）但是，对于黑尔斯来说，用他的设备是无法导出和测量韧皮液的。比起木质部汁液，它移动的速度慢得多，压强也小得多。

甚至在今天，要测量韧皮液的压力依然是一件很困难的事，而植物生理学家必须"征募"蚜虫来完成这项工作。蚜虫与其他园艺害虫会用它们针一样的口器，即口针（stylet），刺透植物的韧皮部，让富含糖的液体进入它们的消化道。（它们的排泄物就成了园丁在叶片上找到的难看的"烟霉菌"的食物。）现代的研究者们会把蚜虫放在植物的茎上需要研究的部位，然后这些虫子会从那里用口器钻透树皮。接下来，研究者们会把一束激光射到蚜虫的身体上或用电击的方式使它的身体炸裂，然后测量从残存的口针那里流出来的液体。*

我想象了一下，黑尔斯要是知道这种技术如此巧妙的方法，一定会非常高兴的。在他的两部巨著，即《植物统计学》与之后的《止血术》（Haemostaticks）出版之后，他花了很多精力来研发能够造福人类的技术。18 世纪 40 年代，他发明了加压空气通风机，这种装置可以减少粮仓里的霉变，还能把新鲜的空气吹进监狱里以及商船甲板下边恶臭的空气中。他的通风机在减少疾病方面大获成功，英国皇家海军在 1756 年要求每条船上必须放一个这样的装置，许多英国医院也采用了它。

黑尔斯在晚年研究起了茶壶底下的矿物质硬壳与壶中烧的井水

---

* 这种方法叫作"蚜虫吻针法"。也可以先用二氧化碳将蚜虫麻醉，然后把它的身体切下来。

的保健作用是否有关。他给船夫提出建议，教他们如何保养船的底部；告诉家庭主妇把一个倒扣的茶杯放在馅饼的底部就能防止馅饼里的糖浆喷出来；尝试在果树上钻洞并往里灌注水银，来毒死树上的害虫（这可不是一个好主意）；为泰丁顿设计了一个水管系统；还演示了在一楼房间的外墙上加上通气孔就能避免屋内的地板和托梁腐烂。在那个年代，一位人脉良好的圣公会牧师往往会从好几个教区获得收入，却很少给其中大多数教区提供服务，甚至根本置之不理，但黑尔斯却拒绝了好几次这样的机会，并过着简朴的生活。

黑尔斯在 74 岁的时候被任命为威尔士亲王遗孀的特遣牧师，这项荣誉不仅反映了他在科学上的成就，也是为了表彰他对国家做出的贡献。他依然有点古怪。他让上了年纪的王妃在她的茶杯底下找找有没有矿物沉积。他的邻居吉尔伯特·怀特（Gilbert White）写道，他的"全部心思似乎都投在了实验上，这当然会在他的言谈举止上有所体现，并经常让他与人的对话显得很古怪"。但是，他设计的简洁优雅且可以重复的实验，却开创了植物生理学的新领域。在接下来的一个世纪中，没有人能对他关于蒸腾作用的研究提出明显的改进。

9

杀死一棵山胡桃

大约 15 年前，住在街道的另一头的朋友卡特一家在他们房子的后方进行了扩建，用打地基挖出来的泥土堆高了自己的院子。因为他们的小院比邻居家高，形成一个陡坡，他们必须在两家的界线那里修建一堵 3 英尺高的固定墙。而在离固定墙大约 10 英尺的地方，有一棵将近 40 英尺高的山胡桃树。卡特一家和他们的邻居都很喜欢这棵树，不仅因为它谦和的优雅姿态和秋天闪闪发光的金色叶片，也因为它弧形的树枝笼罩在他们的房顶上，为房子遮挡住毒辣的阳光，无疑减少了他们的电费支出。卡特一家知道，如果把土压在这棵树的根部，可能给它造成危险，于是，他们在树干底部周围用铁路枕木建了一个 3 英尺乘 3 英尺的"树井"。

许多年来，这棵山胡桃树一直枝繁叶茂。然而在两个夏天以前，我注意到，它的叶子变得比以前更小，而且更稀疏了。我漫不经心地猜想着这是怎么回事。这年初夏，几乎一夜之间，它的绿叶就都枯萎了，并且变成了带点紫色的棕色。我发现它的某些枝条上的树皮卷了起来。如今这棵树无疑已经死透了。虽然 1 月份在我写这本书时它依

有一部分根被掩埋后的山胡桃树。右上为放大的根尖。

然矗立在那儿，但是到来年春天，它肯定就会消失不见了。

卡特一家认为他们的树一定是被去年春天那段时期的干旱给害死的。但是，它的死亡并不是由于旱灾，而且也不是不可避免的。实际上，它的根是在那些突然增厚的泥土下边慢慢地被饥饿再加上窒息折磨死的。修建"树井"的确用心良苦，可并没有挽救这棵树。问题在于，为什么不行呢？

斯蒂芬·黑尔斯解释了水在进入植物体内后是如何运动的，在这个领域他取得了巨大的飞跃，然而他并没有探究水一开始是如何进入植物根部的。就像几十年前的马尔比基与格鲁一样，他注意到了在根

　　　　　　　　　　　　　神奇的花园

尖的后边长着一丛极细的、无色的毛。这些毛攒在一起，样子看上去就像是微缩版的瓶刷。这三个人都觉得这些毛无关紧要，但其实它们对于植物的生存是不可或缺的，因为它们负责从土壤中收集植物所需的水和营养。

每根毛都是根的表皮上伸长了的单一细胞。大部分根毛的长度还不到 1 毫米，肉眼是看不到的，这就意味着它们取胜的秘诀在于数量。比如说，一株长在直径为 12 英寸的花盆里的黑麦，长到 4 个月就拥有 140 亿根根毛了。如果某位现代的西西弗斯受到诅咒，必须把这些根毛一根一根连起来的话，那么，它们能从洛杉矶延伸到波士顿，而且差不多打个来回。它们的表面积加起来，能达到一个非常惊人的数字。这样，根与根彼此接触的面积，还有根与土壤、水分子和土壤中微小的空气团的接触面积就大大增加了。为了加强至关重要的吸水活动，根毛会排出一种黏稠的含糖物质，也就是所谓的黏胶，从而把水分子和土壤中的小颗粒吸附过来。水能够通过渗透作用（这个过程是不需要耗费能量的）先进入根毛的细胞壁，然后是里边的细胞膜，最终穿过木质部的内皮层并进入木质部。所有植物，包括我们隔壁的那棵山胡桃树，都必须有足够的根毛才能够补充因为蒸腾作用失去的水分。

因此，如果生长在你的花园或花盆里的植物通过叶子蒸发出去的水多，而进入其根毛的水少，那么这棵植物就要出问题了。植物萎蔫的过程是这样的：水先是从木质部中被抽走，然后是薄壁组织的细胞之间，最终细胞本身失水，其内部的细胞膜像没气的气球一样瘪了下去，有的时候还会在这个过程中撕裂。要是一直不下雨或者你太长时间忘了浇水，细胞中需要水来维持的化学反应就无法发生了。如果萎蔫发生的次数太多或持续时间太长，植物就会受到损伤。

黏胶还为固氮细菌提供了适宜的环境。氮是组成生命的基础元素之一。如果没有氮，动物和植物就无法构建生存和繁殖所必需的蛋白质与 DNA（脱氧核糖核酸）。然而，虽然地球大气中百分之七十八都是氮，我们动物却不能利用在每次呼吸时吸入的氮。植物依靠气孔吸入空气，但它们吸收空气中的氮的能力也不比我们强。

问题在于大气中的氮原子都是以三价键与另一个氮原子相连的。构成氮分子（N_2）的两个氮原子就像是一对正在起舞的情侣，嘴唇相贴，手臂搂着彼此的后腰，浑然不觉周围还有众人的存在。氮分子是不能被利用于合成蛋白质与核苷酸链的。不过，对于地球上所有的生物来说幸运的是，植物能够利用固定下来的氮，也就是由一个氮原子与三个氢原子结合在一起组成的氨（NH_3）。闪电所释放出的巨大能量会使得大气中的氮分子分解成单独的氮原子，并使其与 3 个氢原子结合。不过，闪电的固氮作用所贡献的氮，在整个地球上固定下来的所有氮中所占的份额还不到百分之十。

地球上固定下来的剩下百分之九十多的氮都是由固氮细菌产生的。[①] 有些种类的细菌可以在土壤中独立生存，而其他一些则在豆科植物，比如苜蓿、豌豆和大豆的根瘤中与这些植物共生。这些细菌用酶把土壤气泡中所含有的氮气慢慢地转化为氨，然后再转化为硝酸

---

① 20 世纪初，德国科学家卡尔·博施（Carl Bosch）与弗里茨·哈伯（Fritz Haber）发明了把大气中的氮转化为氨的工业方法。固氮菌把氮气转化为氨的速率有限，最多能养活 40 亿人口。如今，以哈伯－博施法制造的化肥为全世界 70 亿人口中的一半提供了食物。当然，所有加到泥土中的氮肥、增加的人口还有随之增加的家畜都给环境带来了很大的影响。

盐，这种固定下来的氮是可以被植物吸收的。而我们如果要获取氮元素，则必须要么吃掉植物来获取二手的氮，要么吃掉那些吃植物的动物来获取三手的氮。

要想获得足够的氮，以及水和其他矿物质，植物需要拥有非常发达的根系；即便是一棵很小的植物，也需要数以万亿计的细菌以及数以十亿计的根毛。比方说，一棵普通的土豆到生长季节结束的时候，根系能够扎入 3 英尺深处，直径达到 5 英尺，触及的泥土达到 60 立方英尺——相当于 12 到 15 辆手推车的容积。实际上，要说各种植物根系的发达程度，土豆这种植物只是"小土豆"。一棵豆类植物的根须能延伸到超过 200 立方英尺的土壤中，相当于一个直径 8 英尺、深 4 英尺的泥土圆柱。而树根则更加惊人。它们在地下占据的面积比地上枝叶覆盖的面积要多 5 倍。与盛行的观点相反，根经常会延伸到比所谓的"滴水线"，也就是一棵植物最外侧的叶子围成的那一圈远得多的地方。根尖与树干之间的距离能达到一棵树的高度那么远。

一棵树大约 90% 的树根都生长在土壤表层 18 英寸深以内，而且其中很大一部分生长在最浅的几英寸内。对于根而言，这里就是最好的牧场。在森林里，许多最微小的根是向上长的，它们会长出土壤表面，进入由草、树叶还有其他会腐烂的植物成分组成的腐殖质层。能够生长到森林最顶层的树木一旦被移到郊区的草坪里，就很难再长那么高或活那么久，很大一部分原因是我们总是千方百计地除去那些讨厌的枯枝落叶，把土壤的表层压实并在上边铺路。关于表层土壤，罗伯特·蔻里克（Robert Kourik）在《树根解密》（*Roots Demystified*）一书中说："如果把最上层的 2 英寸土弄走的话，灾难就会开始酝酿。"而如果我们在树下和树旁种草皮的话，情况会变得更糟，因为这样一来，树根就必须和草根争夺水和养分了。

在我们小区底层的土壤成分中，黏土占很高的比例。黏土是土壤的三种无机成分之一，剩下两种是沙土和淤泥。我之前曾经认为，土壤里有黏土是一件坏事，但是最好的泥土中需要含有20%的黏土。（理想状态下，剩下的80%应该是沙土和淤泥各占一半。）在这三种成分中，黏土的颗粒是最小的。如果一粒沙子有土豆大小的话，一个黏土颗粒就只有针尖那么大。这些微小的黏土颗粒加在一起，能拥有非常大的表面积：一个棒球大小的黏土球如果摊平为由单颗微粒组成的一层薄面的话，其表面积能够覆盖整整1英亩。因为每个微粒都带着一点点负电荷，而与地下水混合后的矿物质带有少量的正电荷，所以，黏土微粒能帮助水和关键的无机物分子与根部接触。

当卡特一家的建筑工人把底层满是黏土的土壤堆放在那棵山胡桃树的侧根上时，这些黏土就成了问题所在。这意味着过多的水包围了树根，并填满了土壤中的小气泡。根毛无法再接触氧气，也就无法再燃烧根部储存的碳水化合物以获取能量。虽然水能通过渗透作用进入木质部，但是，要把矿物质运送到植物体内却是要消耗能量的，因为矿物质分子太大，无法从间隙滑入根的细胞膜。如果缺乏燃烧碳水化合物的氧气，山胡桃树就会仿如一个饿了太久的人，没有力气把食物送到自己嘴边了。而同时，在氧气含量低的情况下，厌氧的细菌和真菌就会大肆繁殖，并且毫不客气地"吃掉"柔嫩的树根。渐渐地，根毛的数量变得越来越少，整棵树接触到的养分，包括氮，也就越来越少了。

除此之外，根细胞除了需要摄取氧气燃烧碳水化合物以外，它们还会排出二氧化碳，就好比烧木头的壁炉和烧汽油的引擎要排出二氧化碳一样。当山胡桃树的根部生活在充满空气的表层土与腐殖质层中时，二氧化碳很快就会消失在空气中。但是，在3英尺厚的沉重泥土之下，二氧化碳废气就会不断增加。正如溺水的人不仅是因为缺乏氧气而死，同时也是被过量的二氧化碳毒死的，当树遭到水淹、失去根毛而且因为缺乏养料而奄奄一息时，它同样会窒息。

为什么这棵树没有在院子加高后很快就死去呢？这个问题很难有确定的答案，但最有可能的解释是，在一开始土壤还是松软的，渐渐才被压得坚实。随着土壤变得越来越致密，根尖的数量越来越少，直到最后，整棵树缺乏足够的营养来产生足够的叶片：因此它长了两季变小的叶片。上个春天，因为没有足够多的叶子制造新的糖分，整棵树就完蛋了。这棵山胡桃树的离去对于我们来说也许显得很突然，但是，自从推土机把泥土铲到它的树根上的第一天起，它的死亡过程就已经开始了。①

---

① 另外，树井也太小了。如果地面需要往上抬升18英寸以上的话，树井是可以拯救一棵树的，但前提是它必须具有良好的排水性，并确保树根能够接触足够的空气。根据西弗吉尼亚农业技术推广中心的说法，井壁在各个方向上与树干的距离都要达到3英尺以上。在盖泥土之前，要在整个根系上边先铺一层1到2英尺厚的石头与砾石，保证水可以顺利地排到根系外边去。

10

我们小小的真菌朋友

在我开始对柑橘类植物感兴趣的时候，我在加利福尼亚州一家苗圃的网上商品名录中邂逅了我所见过的最奇特的柑橘类植物——佛手（*Citrus medica* var. *sarcodactylis*）。佛手的叶片看起来极为正常，但是，它的果实就完全不一样了。这些果子看起来就像是大柠檬和小章鱼杂交的后代一样。它的样子像是一只黄色的"手"，指头纤细修长，因此，这种柑橘拥有一个广为人知的名称："佛手"。幸运的是，

佛手的果实在成熟时是明黄色的。

神奇的花园

加利福尼亚的种植者可以向没有柑橘作物的州寄送柑橘，所以，我从他们那里预订了一棵 3 岁的佛手。

这个生长阶段的柑橘树一般种在 5 加仑的花盆中，里边装着大概 20 磅潮湿的土壤。为了减少物流费用，苗圃的工作人员会把树根的泥土洗掉，并把树苗封在装满了潮湿的锯木屑的塑料袋中。与我的这棵小树苗一起寄过来的种植指南上建议，在把树苗重新移到花盆里时，不要使用花园里的普通泥土或袋装的表层土。这些土太过紧实，能储存太多的水分，因此可能会把根泡坏。最好使用没有添加润湿剂的轻型混合盆栽土，于是我从我家附近的园艺中心买了一袋。在这棵树种好之后，又过了几个星期，我便开始使用指南中推荐的六个月的缓释肥料。

前几个月一切都好，但是渐渐地，这棵树看上去好像有点乏了似的。叶片失去了光泽，而且，虽然已经是早春了，花蕾却没有出现，更不用说那种奇特的黄色的"手"了。我多施了些肥，但是，如果说这棵小树有什么变化的话，它也是看起来更虚弱了。我找了艾迪来帮忙。她说，问题在于土壤，或者说问题就在于没有土壤。

我用的土壤，就像很多标签上写着"混合盆栽土"的产品一样，其实并不含土，而是一种由树皮、椰子纤维（也就是椰子壳上的纤维）以及矿物质珍珠岩组成的混合肥料。这种混合物的作用是在保持理想湿度的同时拥有良好的排水性。因为其中的各种成分已经加热消毒过了，所以，我的无土混合物并不含有土壤传播的病原体、昆虫以及它们的卵或幼虫，也不会有活的、能发芽的种子来和我的树争夺养料。里边也不会有真菌。而艾迪说，这是件不幸的事。

你也许会认为，靠着那几十亿根毛，植物就能够获取足够的营养了。但是，虽然根毛的数量大得吓人，但一般来讲，它们只能接触它们所占据的土壤中大概百分之一的微粒。这就意味着，整棵植物只能获取附近百分之一的营养。好在根发展出了另外一项技能来获取营养：外包。

根周围的土壤（也就是根围）是这个星球上生命最密集、生物多样性最丰富的小生境。在显微镜下，它里边满是熙熙攘攘的微生物、单细胞生物和真菌，还有线虫、螨虫、昆虫、蠕虫以及其他爬虫，堪称地下的动物园。在那里大约有 150 万种饥肠辘辘的真菌在挣扎求生，其中有一种名叫菌根（mycorrhizae，读作"my-koh-RYE-zee"）。菌根是一种单细胞生物，粗细还不到人的头发丝的千分之一。在显微镜下，菌根看起来就像一条白色的线。在土壤里，它会把自己的一端钻入根毛之中，并把另一端延伸到泥土里，然后分出许多枝杈，就像微缩的灌木。像蕾丝一样彼此交错的菌根网络叫作菌丝体（mycelia，读作"my-SEEL-ee-ah"），这种东西有时可以用肉眼看到。然而，在 19 世纪晚期之前，却没有多少人谈到过这种偶尔出现在树根上的白花花的绒毛。寥寥无几的注意到它的人也认为这种东西是一种有害的寄生虫或是腐烂的表现。

1885 年，普鲁士政府开始对松露产生了兴趣，这是一种滋味纤细、价值甚高的真菌，美食家对它格外珍视。松露有圆形的，也有椭圆形的，生长在特定的树木地下的根附近。受过特殊训练的猪和狗能够嗅出松露的气味，它们的主人会小心翼翼地把松露挖出来。长久以来，法国一直是松露的主要生产国，而到了 19 世纪中叶，法国东南部的一些农民甚至发现了办法，就算不能实现完全种植，至少也能促进松露的生长。（秘诀在于用碱性的石灰岩土，再加上恰到好处的炎热与干旱天气，然后就是播种从长过松露的橡树底下的土中挖出的橡子。）普鲁士的土壤中只生长着一种松露，而且这种松露从来没能像法国的品种那样赚钱。因此，普鲁士政府委任一位德高望重的植物学家，莱比锡大学的教授阿尔伯特·伯恩哈德·弗兰克（Albert Bernhard Frank），来看看普鲁士怎样才能解决这个令人恼火的问题。弗兰克的任务就是确定普鲁士的哪种树木和土壤最适合种植松露。

对于普鲁士的经济来说，遗憾的是，弗兰克在揭示可食用松露的谜题上毫无头绪。但是，随着他对这个问题的调查越来越深入，他惊讶地发现，几乎他挖掘的每种树的根部都生长着某种特定的线形真菌。他开始迷上菌根（这个词就是他造的，意思是"根部的真菌"）并意识到它们对宿主不仅是无害的，而且极其有益——实际上，菌根的存在是不可或缺的。它们既不是杀手，也不是白吃白占的"老赖"，而是辛勤的矿工：它们分泌出酶来分解有机和无机化合物，从而释放出土壤中的化学元素，尤其是磷。磷是 DNA 的一种成分。它也是三磷酸腺苷（ATP）的组成部分，而在植物（以及动物）体内，ATP 是为几乎所有细胞活动快速供能的燃料的储存站。当土壤中的化学元素被菌根解放出来之后，它们就会透过菌根进入根毛中。这些"线"同样会像纤细的吸管一样，让根毛从即便细小的根毛都伸不进去的储水地吸取水分。

最近，英国科学家证实了菌丝体同样能保护植物免遭掠食者的毒手。当一棵植物受到蚜虫侵扰的时候，这棵植物就会产生一些化学物质来驱赶蚜虫，同时吸引寄生蜂来攻击入侵者。（寄生蜂会在活的蚜虫体内产卵，等到卵孵化成幼虫，蚜虫就从内部被吸干了。）而如果这棵植物通过菌丝体与其他植物相连，其他植物就会从有难的同胞那里收到化学信号，并在蚜虫到来之前加强自己的化学防御。附近没有加入"联网"的植物就没办法做好抵御蚜虫进攻的准备。（顺便一提，蚜虫也许会反击，生出更多有翅膀而不靠腿爬行的后代，从而飞到毫无防备的植物上。）

菌根并不是白干这些活儿的。植物会为它们的这些好搭档释放出储存在根中的糖分。在某些情况下，它们会把自己百分之三十的糖分送给这些地下的搭档们。菌根得到寄主的滋养，就再也用不着和其他的根际生物争夺有机物来吃了。这显然是卓有成效的互利共生（Symbiosis）——这个术语也是弗兰克提出的——由此，根吸收水和养分的能力能够提高几千倍。百分之九十的植物拥有菌根，而且其中很多植物没有菌根就无法生存。

现在，古植物学家相信，陆生植物之所以能够存在，也要拜它们线状的真菌朋友所赐。4.5 亿年前，植物界最早在陆地上立足的成员是形似叉藓目（thalloid liverworts）的苔藓类植物。这些早期的苔藓类植物拥有一种扁平而没有叶子的表面，可进行光合作用。它们没有根，而是靠一种头发状的细丝紧紧地固定在河岸与水边，这种东西叫作假根（rhizoids）。在这些潮湿的陆地表面，假根遇到了在陆地上"殖民"已经有 2.5 亿年之久的真菌。（这些真菌真的是在"刨食儿"——它们通过分泌一种弱酸分解石头上的碳和其他元素来度日。）有时候，这些苔藓类植物的假根会泄漏出一些光合作用所产生

　　　　　　　　　　　　　　神奇的花园

的糖分，而有些真菌并没有把自己从陆地上的石头表面刮下来的每一分养料都利用殆尽，于是这桩经济联姻就成了。几百万年过去了，早期苔藓类植物那结构简单的假根长得更长、更强壮，也更复杂了，最终演化成了根。根破开岩石，从而释放出更多的矿物质养料。（据估计，植物的根侵蚀岩石的速度要比单纯的风蚀作用快 5 倍。）越来越丰富的土壤支撑了更多的有根植物，曾经一片荒凉的大陆渐渐染上了绿色。

在菌根与苔藓类植物第一次达成交易的数百万年之后演化出的植物中，有一种是枸橼（*Citrus medica*）。这是现存最古老的柑橘类物种之一，我的佛手也是其中一个品种。当苗圃公司把我这棵树的树根剥光的时候，那些脆弱的根毛就算没有全死，也折损了一大半，而比根毛更加脆弱纤细的菌根自然也不可能幸免于难。在我把这棵树移到花盆里之后，新的根毛长了出来。但是，因为我使用的是消过毒的混合盆栽土，所以不会有菌根再次出现在根毛上。最终，当我在春天把这棵树移到户外的时候，真菌的孢子也许会落到土里，共生作用就会重新开始。不过，按照艾迪的建议，我买了一份菌根混合肥——这种东西在园艺店和网上均有出售——浇灌到花盆里。多亏里边小小的真菌朋友们，我的佛手已经复活了，如今正有规律地结出果实和一年到头带给我欢乐的附生物——作为烹饪和橘子酱原料的柑橘皮。

11

幼小的蕨类与砷

我家位于马里兰州，离那里 3 英里远的地方，有一个属于华盛顿特区的居民小区叫作春谷（Spring Valley）。在这里，价值好几百万美元的房子依偎在满是杜鹃花和黄杨树的河岸上，周围橡树、鹅掌楸和其他器宇不凡的大树成荫。在小区旁边是美国大学（American University），这座学府共有大约一万两千名本科生和研究生。这里精心护理下的宁静掩盖了它的过往。1917 年，当美国的部队奔赴欧洲战场时，这所刚刚成立、经费来源也不太稳定的大学把它的科学家还有未开发的土地都以契约的形式租给了美国化学武器部队（U.S. Army's *Chemical Warfare Service*）。为了模仿西方的前线，军队挖掘了壕沟，将狗和山羊拴在那里，然后在壕沟里和壕沟上空引爆了四十八种毒气炸弹。军队的目的在于检验这些化学物质的毒性并找到抵御它们的办法。第二年，战争结束了，军队仓促地关闭了这处设施。他们烧掉了七个建筑——根据当时的新闻报道，这产生了"一股令人窒息"的烟云——并把剩下的炸弹、装有化学品的大桶以及污染了的实验器材埋在学校外围挖出的深坑里。之后，每个人都遗忘了美国大学的危险生涯。

几十年以后，大学把那块地皮的很大一部分出售给了开发商，"春谷"小区拔地而起。1993 年 1 月，一个反铲挖掘机工人在未开发的最后几块地皮上铺设一条新的下水管道的时候，挖出了 4 枚未引爆的 75 毫米口径炮弹。美国陆军工程兵团前来调查，总共发现了当时埋下的 141 件军火。兵团从 11 处地点移走了好几吨泥土，并在两年后宣称这个地区已经干净了。然而，1996 年 6 月，在大学校长家的土地上种树的工人却饱受异味的困扰，眼睛也受到了严重的刺激。检测显示，这个地方的土壤中砷的含量已经达到了对人体有害的程度；砷是一种有毒物质，可能导致癌症和婴儿的先天缺陷。毫无疑问，这里的砷是当年埋下的化学武器的副产品。而韩国大使馆附近的地产上的居民也做了一个检测，结果显示他们体内砷的含量高达美国环保署定下的许可标准（0.002%）的 50 倍。在另一处居民区，人们挖掘出了 380 枚炮弹和好几个 55 加仑的罐子，里面大多装着芥子气和其他糜烂性毒剂。兵团建议对"春谷"的每一处地产都进行检测。结果显示，139 块地皮，还有美国大学的儿童发展中心的操场，砷含量都是超标的。之后的清理工作很大一部分就是挖掉并运走受污染的土壤，而这个过程毁掉了精心营造的植被，损害了受人珍爱的树木的根部，而人们的前院里只剩下一个个泥坑。

2004 年，一家总部设在弗吉尼亚、名叫"伊甸空间（Edenspace）"的公司拿到了兵团的订单，尝试使用一种实验性的新方法。这家公司在受污染的区域种下了鸡冠凤尾蕨（*Pteris vittata*），俗称蜈蚣草。这种看上去平凡的蕨类拥有一项非凡的本领：它的根能够把土壤中的砷提取出来。之后，砷就会顺着木质部一路往上，集中在蕨叶之中，此处砷的含量水平比土壤中要高几百倍。（然后人们就可以割下蕨叶，并把它安全地处理掉。）伊甸空间在第一年间种了 2800 棵蜈蚣草，之后每年都会种 20,000 棵以上。2006 年，伊甸空间认定已经清理干净了 14 个居住区的 35 个地点。植物修复（Phytoremediation），也就是植物清理受污染的土壤和水的能力，已经起了作用，而且相比把土壤全部运走，这种清理手段所产生的费用不过是一个零头。另一项好处是，居民所拥有的不再是泥塘了，而是蕨类花园。

但是，为什么蜈蚣草的根能把砷吸上来呢？另外，就像对动物一样，砷对植物也是有毒的，为什么蜈蚣草却能在这种有毒物质如此密集的地方生存呢？美国农业部的资深农学家鲁弗斯·钱尼博士（Dr. Rufus Chaney）是从土壤中摄取金属的世界级专家，也是植物修复技术的创始人之一。我去马里兰州贝尔茨维尔农业研究中心的新校区拜访过他。

我在 7 号楼的地下室找到这位科学家，他面色红润，体格像熊一样高大，灰白色的头发剃成了平头。他挥手把我召进了一间办公室。这间办公室相对它的主人来说，似乎小了两号。房间里从地板到天花板，从一面墙到另一面墙，都排列着文件柜和架子。架子上塞满了一摞摞的文件。鲁弗斯自我介绍说，他已经在这里工作了 43 年，而他发表的论文就占据了好几个架子。他名下有 428 篇论文与 266 篇摘要，而研究论著中由他撰写的文章比那还要多一打。除了自己的研究和写作以外，他还经常做讲座，并且已经指导了 36 位申请博士学位的学生的论文了。他 10 年前就可以退休了，但他所热爱的事业尚未完成。

半个多世纪以来，镍是贯穿鲁弗斯一生的主旋律，而且还带有各种变调——有时是悲伤的，有时是振奋人心的，有时带着希望，有时令人沮丧。他第一次邂逅这种金属还是在 20 世纪 50 年代，那时，他是一个生长在俄亥俄州北部大平原的十几岁的少年，家里以种植玉米和大豆为业。有一年，他的父亲把一种液体肥料浇到了豆田里，但令人感到恐怖的是，这些植物枯萎了，然后就死了。原来，这些肥料是装在受污染的大桶之中运输的，而这些桶之前曾经装过镀镍厂的废料。

鲁弗斯告诉我："那个时候，我父亲觉得要是能起诉肥料公司，说不定能得到比种田更丰厚的补偿。但很不幸，诉讼是个非常漫长的过程，在收到赔偿之前，他就把自己的农场输给了律师和银行。之前我本来打算务农为生，但这样一来，对我当然有巨大的影响：我得找一份别的工作。说来讽刺，不过我的事业正是拜这段经历所赐。"

他在本科阶段学习的是化学，毕业论文是关于香烟的烟雾中的镍。在普渡大学读研究生的时候，他研究的是大豆对镍的吸收，以及镍是如何阻碍大豆对铁的吸收，因此损害庄稼的健康。在美国农业部做的博士后研究让他在 1971 年获得了一份全职岗位，他的任务是研究废水中的重金属问题。当时，城市迅速发展，19 世纪建造的排污系统开始不堪重荷。各市的市政府也正在迅速地更换下水道和废水处理厂。不过，废水处理厂是怎么对待净化过程最终沉积下来的那层厚厚的淤泥的呢？（现在我们叫这种沉积物"生物固体物"，这个名字更科学，不过没那么生动了。）因为生物固体物基本上是人类粪便，而粪便中又富含一些基本的肥料，比如氮和磷，所以，把生物固体物撒到农地里似乎是个好主意。

事情的确是这样的，但只是理论上如此。氮和磷并不是唯一进入下水道并经历了整个处理过程的元素。有些淤泥中还含有重金属元素，比如锌、镉、钴、镍等，它们可能会杀死农作物，而且，如果它们进入食物链，还可能会伤害人类的身体。鲁弗斯需要做的就是调查重金属对特定的农作物有多大的毒性，它们是否进入食物链，以及是否有办法阻止它们被摄取到植物体内。

1977 年，鲁弗斯读到一篇论文，文中谈到了庭荠（*Alyssum bertolonii*）这种植物的非凡特性。这是一种长得很矮的植物（与园丁们熟悉的香雪球*并没有关系），开四片花瓣的黄色小花。这篇论文报道庭荠的根能够摄取大量的镍，然后镍就会累积在植物的组织之内，含量之高已经达到了有毒的程度。这种植物生长在"蛇纹石荒原（serpentine barrens）"，也就是通常认为天然存在含量很高的镍、钴与铬（而且钙和磷酸盐的含量可能很低），因此土壤上不长植物的区域。不知为什么，庭荠不仅能耐受这样的条件，而且生长得很好，丝毫不介意叶片中含有的镍已经是平均值的一千倍以上了。这篇论文的作者得出结论说："这种倾向于累积镍的习性产生的原因……应该是一个很有趣的问题。"

鲁弗斯确实被迷住了。为什么植物会演化出过量累积一种有毒物质的机制，它们又是如何在保证自身安全的情况下做到这一点的呢？蛇纹石荒原并不常见，不过，离他的办公室不远恰好有这么一个地

---

* 香雪球（*Lobularia maritima*），英文俗名为"sweet alyssum"。

神奇的花园

庭荠有明黄色的花朵。

方,于是他在那里种下一些种子并开始实验。1980 年,伊甸空间对他的研究产生了兴趣,但随后管理层发生了变动,项目在第二年就被毙了。虽然如此,他一直在努力阐释这类所谓的"超富集植物"的生化以及农学意义。

为了理解"超富集植物"到底是怎样运行的,我们需要钻进根的内部。根的基本功能之一就是从土壤中吸取特定的化学元素。现在,一般的共识是,在地球上能够自然生成的 92 种元素中,有 17 种是所有植物都必需的。其中 3 种元素——碳、氢与氧——是植物能从空气和水中吸收的。在 14 种从土壤得来的养分中，有 6 种大量元素——氮、磷、钾、钙、硫和镁，大量元素的意思就是它们大量地存在于植物的组织之中。（所谓"大量"在这里是一个相对的概念：从泥土中吸取来的所有元素加起来也只能占到植物总重量的 1.5%。）剩下 8 种——铜、铁、锰、镍、锌、硼、氯和钼——是微量元素。它们中的一部分会成为植物的叶、茎、根与花的组成成分，而另一些则对光合作用和碳氢化合物在细胞内外的传输等过程有很重要的作用。比方说，尿素如果累积起来，就会伤害植物的叶片，而要想合成分解尿素的酶，就需要痕量的镍。缺乏任何关键的元素，就意味着植物的生长无法达到——在有些情况下是远远没有达到——它基因里的潜能。（因此，你在购买家养植物肥料时，要选择那些拥有所有必需的大量元素和微量元素的肥料。）

如果植物要从土壤中摄取任何的养分，这种元素首先要可溶于水。当矿物质的水溶液遇到根尖的表皮细胞时，溶液就会直接穿过细胞或细胞之间的空间。在穿过表皮细胞之后，它又会继续通过松弛地排列在一起的薄壁组织细胞，向着根下部的木质部流去。但是，在溶液到达木质部之前，它先会遇到内胚层的组织，这是一层紧密排列的细胞。在这里，旅程变得困难了，至少对于矿物而言是如此。这些细胞之间的任何空间都被一种脂肪状的防水物质堵得严严实实，这种物质叫作木栓质（suberin），它阻碍了液体的进入。这就意味着水中的矿物质必须通过内胚层的细胞膜。虽然水能够自由通行，但是较大的分子却被拦了下来。它们只能通过细胞膜上的转运蛋白才能进去。所谓的转运蛋白就像电动旋转门一样，不过它和机场的旋转门有一点不

神奇的花园

同——后者能让任何人随意进入，即便是推着行李车的旅客也无妨，而细胞膜中的转运蛋白一般只适合一种特定的元素，植物会根据自己是否需要这种特定的养分而创造或分解转运蛋白。因为植物制造和维持转运蛋白必须消耗能量，所以，它们已经演化到只让维持植物生存所必需的元素进入了。

（人们发现，植物对无机物养分的吸收有双重体系，也就是说，某些分子可以毫不费力地通过渗透作用进来，而其他分子则是植物有选择地摄取的。这就解答了自古希腊时代以来一直困扰着科学家的问题：根是主动地从土壤中选择养分，还是仅仅被动地接受？现在我们知道答案了：两者都有。）

因此，为什么庭荠能从土中摄取如此大量的镍呢？鲁弗斯发现，第一，镍的过量累积只会在酸性的土壤中发生，蛇纹石土的情况就是这样。酸性条件会使本来只有铁能通过的"旋转门"中的化学物质发生变化，所以镍也可以溜进来了。但是毒性的问题呢？原来，这种庭荠已经演化出一种简便的技能，可以把镍移出细胞并单独封在叶片充满液体的细胞之中，这种细胞叫作"液胞（vacuoles）"。更妙的是，当镍被关在液胞中之后，它就变成了自制的杀虫剂。啃啮叶片的虫子一旦啃一口含镍的叶子，那么，它就算没死，也会找个别的地方吃饭了。实际上，高含量的镍使得超富集植物拥有了竞争优势。这种自制杀虫剂的效果非常好，甚至有些镍超富集植物（好几个属、将近400种植物都有这种本领）已经失去了其他抗病机制，并且很难在镍含量正常的土壤中生存了。

对于鲁弗斯而言，这种庭荠似乎已经不仅是有趣的植物学研究对象了，它还可能成为修复污染的宝贵工具。他说："我意识到，我们也许可以把这种重金属超富集的杂草——如果不是你说它是一种有用的植物，它本来就是杂草——用于除去土壤中的污染，或从那些对农业生产一点用都没有的泥土中采集镍矿。这是件非常激动人心的事。"

"这成了农学上的一个经典案例。我们弄清了这种杂草需要的土壤肥力，研究出了它的基因组，并开始培养改良它。因为绝大多数的镍都在叶子中，我们就选择了那些到了季节还坚持不掉叶子的。我们还致力于增加它的叶片数量，并让植株更加高大，以便用标准的农业机械来收割。然后，我们把培养的品种放在田野中测试。我们不仅成功了，而且立即收到了实效。在佐治亚州，长山核桃树会因为缺少镍而枯死，因此，我们把庭荠的叶片提取物制成了叶面喷施剂，长山核桃果农发现这种药的效果特别好。你还可以在泥土上撒一些磨碎了的庭荠叶。只需要在每公顷的土地上以喷雾的方式撒上几克镍，几年内都不会再有缺镍的问题了。而且，我们生产这种镍肥的成本可以比农民买的硫酸镍低廉得多。"

鲁弗斯从他那把政府分发的办公椅中探过身来。"另外还有采矿的可能性。你可以把这种作物种在镍含量高的土壤中，然后在作物开过花，但还没有结籽的时候收上来。你可以像收干草那样把庭荠收割上来，像捆干草那样捆起来，再运到生物能源厂。然后，你可以把烧完的灰放入一个大熔炉，再过 18 分钟，"他在办公椅中往后一躺，笑道，"流出来的就是镍溶液了。这是我们所能找到的最丰富、最棒的镍矿。"

美国每年要花费约 25 亿美元进口大约 12.5 万吨镍，用于制造不锈钢及其他合金、电池与电子元件，以及建材等。1 公顷蛇纹石土中种植的庭荠能生产 350 磅的镍，鲁弗斯说，这意味着美国的农民可以种出全美国每年所需的一半的量。而种庭荠的成本大概是每公顷 100 美元，所以，在没有其他用途的土地上"种"镍是极有商业价值的。

可我为什么从来没听说过镍种植业呢？

鲁弗斯说，这就是一大不解之谜了。1998 年，美国农业部、马里兰大学，还有包括鲁弗斯在内的多位科学家，获得了使用这些庭荠栽培变种来提取镍的专利。专利获得者们立刻把这项技术授权给了一家位于休斯敦的小公司葳蕤点资源有限公司（Viridian Resources LTC），认为它会推动这项技术的商业化。这家公司在巴西淡水河谷公司（Vale，之前叫作国际镍公司）名下位于安大略的一家冶炼厂做了几次实验，因为这里有一块被镍污染了的土地。淡水河谷乐见实验的结果，却不想继续推进，直到他们解决了很多年前就已经发生的与污染相关的法律诉讼问题。

"葳蕤点公司从淡水河谷公司拿到了 500 万美元，要在淡水河谷设在海外，比如印度尼西亚、加拿大还有英国的分部继续研发这项技术的应用，巴西总部也要求他们全速推进这项技术。但是，什么也没有发生。"

"为什么呀？"我问道。

鲁弗斯说："天晓得！我真的很生气。想想看，这对津巴布韦这种有很多蛇纹石土的穷国来说意味着什么！他们可以用这些没有用处、种不了庄稼的土地来开展植物采矿业挣钱啊。再说他们接着就能在这块土地上耕种了！"

　　鲁弗斯解释说，蛇纹石土不仅镍含量过高，镁的含量也是过高的，而钙和磷的含量却不足。虽说不少植物能忍耐钙和磷的不足，但是，能同时耐受过多的镁的植物却非常少。这是另一个"旋转门"问题：镁会拳打脚踢地通过细胞膜上的钙的转运蛋白，然后把钙的通道堵死。如果没有充足的钙，植物细胞就无法生成或分裂。而少数几种能在蛇纹石荒原上生长的植物已经演化出了特殊的转运蛋白，要么可以使钙通过的效率格外地高，要么可以不允许镁通过。它们在摄取磷的时候也格外高效。

　　"因此，"鲁弗斯继续解释道，"如果津巴布韦的农民用庭荠来开采镍矿，那么他们需要往土里加磷和钙才能获得比较好的经济效益，因为这样才能让庭荠的生长达到最佳，进而使镍的产量最大化。接下来，在他们把镍提取出来之后，蛇纹石土也得到了充分的改良，接下来你种什么都可以了。"

　　他补充道："在印度尼西亚，人们想的是也许可以把这项技术应用在矿场上。当他们在某块土地上开采镍的时候，他们会刮掉3到10米的表层土和底层土，把这些土运走，采完矿之后再把土运回来，并把这块地'重新变绿'。有很多土壤含有足够的镍，有很高的价值。你可以在上面撒些肥料，种上庭荠，最后把它变成耕地。这样每个人都能获益。但是葳蕤点公司却白拿着专利什么都没有做，所以这些事情一件也没能发生！"

　　之后，我企图跟葳蕤点联系，但是这家公司的负责人从来不接我的电话，也不回邮件。不过，从网上收集到的信息告诉了我整个

　　　　　　　　　　　　　　　　　　　神奇的花园

故事。

1998 年秋天，葳蕤点从俄勒冈州约瑟芬县的机场方面租用了大约 50 公顷的土地。根据与县委员会的合约，该公司需要在田地里种上栽培品种的庭荠。2002 年，该公司报告称，正如期望的一样，庭荠的叶片中积累了大量的镍。

之后，在 2005 年，不知道出于什么原因，葳蕤点没能按时收割，而是在庭荠开花结籽之后才割下了田里的植物。这家公司还在田里留下一捆捆的庭荠，这些里边都是种子的植物就那么堆在田野里。到了 2008 年，人们发现，庭荠的身影已经蔓延到了离机场很远的地方，甚至包括美国林务署和大自然保护协会（Nature Conservancy）的保护区。这样一来，县委员会就终止了和葳蕤点的合约，并要求该公司在庭荠上喷洒除草剂。但是，除草喷雾只起到了一部分作用。到了第二年，俄勒冈农业部就派了工人继续对付这种植物，必要的时候用手把它们拔起来。俄勒冈农业部把两种庭荠属植物 *Alyssum murale* 和 *Alyssum corsicum* 列为有害杂草，他们发现这些原产欧洲的植物太适应蛇纹石环境了，可能会猖獗泛滥，危害独特的本土植物种群，包括演化得只能在蛇纹石荒原上生存的本地濒危物种。而人工改良的栽培品种具有特强的生命力、非同一般的大小，还有强壮的多年生根系，以至于即便在美国林务署、俄勒冈农业部和本地志愿者联合组成的小组围剿之下，也极其难以将其消灭。

鲁弗斯承认，庭荠在俄勒冈确实是一个问题，但他认为这要怪葳蕤点没有按照规范来种植。他指出，如果能在庭荠开花前或开花时把它收割干净，这种植物就不会有蔓延的能力了。这是真的，但我觉得，对于一个大规模的采镍农场而言，偶尔出现植物过早结籽的现象根本不是什么难以想象的事。植物采镍的问题，有可能变成另一个在经济效益和脆弱的环境系统或珍稀物种之间的两难抉择。有时候，做出选择是非常痛苦的。让植物的根以温柔的手段在土壤中寻找镍，即便这意味着独特的栖息地面临风险，真的好吗？还是说，干脆把泥土都运走才是更好的选择呢？也许，已经不需要做什么选择了。葳蕤点获得的专利在 2015 年就过期了。鲁弗斯和其他学者会努力研发出不育的品种，也就是那些根本不结种子或种子无法发芽的品种。虽然鲁弗斯在他的研究生涯中可能从来没收到过任何专利权使用费，但是，他真切地盼望看到庭荠能够用来修复被镍污染的土壤。

虽然鲁弗斯并没有直接参与用鸡冠凤尾蕨吸收砷的项目，他在这个故事中还是发挥了一定的作用。20 世纪 90 年代末，佛罗里达大学的地球生物化学专家马奇英博士（Dr. Lena Q. Ma）开展了一项关于佛罗里达土壤和地下水砷污染的调查。根据鲁弗斯的建议，她在化工厂、木材处理厂、牲畜药浴站、垃圾焚化炉、垃圾场以及其他被砷污染的地点寻找，看看还有哪些物种能够在这些不适宜植物生长的土地上茁壮生长。在佛罗里达中部有一家用铬化砷酸铜（这种物质曾经用来使木头不生白蚁，不过现在已经禁用了）处理木头的工厂。她在这里找到了生长得郁郁葱葱的鸡冠凤尾蕨。在调查过程中，她发现这种植物会把砷隔离在其蕨叶的液胞之中。砷是以磷的转运蛋白作为"旋转门"来进入根系的。就像庭荠中的镍一样，砷也给植物带来了有用的强力杀虫剂。正是马奇英在鲁弗斯的启发下做出的发现，才让伊甸空间如此漂亮地把春谷清理干净。

　　　　　　　　　　　　　　　　　　　神奇的花园

12

过去与未来的小麦

中西部农民通常至少一季就犁一次地。春天，他们需要用犁划过表层土，把最上边的几英寸土排到一边去，形成犁沟。犁地的过程能除掉去年作物残留的根，捣碎携带着真菌的落叶，消灭正在冒头的杂草，并把土壤暴露在空气中，从而释放出各种营养。几天之后，土就会变干，而这时农民会带上耙子回来，这是一种有好几块圆片或尖齿的工具，可以把土块打散，进一步疏松田地的表面。在耙完地之后，他经常会再翻一次土，开着中耕机在地里切分出合适的间隔，以便播撒种子。

这样翻土也有危害。菌根网络遭到了毁灭。肥沃的表层土松动并暴露在地面上，干透之后很容易被风吹走。在坡地上，雨水会把松动的土壤微粒冲下去。根据可靠的说法，正是这样翻动土壤以及之后不可避免的侵蚀造成了古代美索不达米亚、希腊、罗马、玛雅以及印加文明的衰落。在 19 世纪，从俄克拉何马州与得克萨斯州的潘汉德尔镇，再到附近的堪萨斯、新墨西哥，还有科罗拉多各县，总共 1 亿多公顷的土地上，美国农民把平原上的草犁掉，开垦出来种上了小麦和其他作物。1934 年到 1937 年间，这个地区遭遇了持续不断的干旱，没有什么农作物能够生长，而大风又刮走 75% 的表层土，一直吹到了大西洋中。据加州大学的专家估算，全世界每年都有 750 亿吨的表层泥土被风吹走，或是被海洋、湖泊与河流冲刷走。其中来自美国的约有 70 亿吨。而依靠岩石风化和有机物腐烂，形成每一英寸泥土，都要花上 250 年左右的时间。根据康奈尔大学最近的一项研究，在美国，农业侵蚀表层土的速度要比自然创造它的速度快 10 倍。（在中国和印度，则是 30 到 40 倍。）到 21 世纪末，全世界需要养活的人口大概会增加 30 亿，因此，土壤侵蚀是一场全球性的危机。

根本的问题是，现代农业是基于那些整个生命周期都在一个生长季节内完成的物种。大多数供我们食用的物种——小麦、大米和玉米之类的谷物，大豆和苜蓿之类的豆科植物，以及油菜（用来榨菜籽油的品种）和向日葵之类的油料作物——都是一年生的。一年生作物覆盖了全世界大约 80% 的耕地，并提供了全世界所需的大约 80% 的热量。这意味着一种全球性的循环：犁地、播种、收获，来年春天再犁地。

再也没有比这种情形更加违背自然的了。如果没有人类的干预，世界上大部分可耕种的土地上本来都覆盖着各种多年生植物。这些植物能够生活很多年，新生的植株通常是从之前那些深深的根系中长出来的。北美洲超过 85% 的本土植物都是多年生的。北美洲大平原的高草草原的表层土深达 9 英尺，这份值得夸耀的肥力就是由多年生植物创造的。野生状态下的草原极为丰饶，它维持着极其丰富多样的昆虫、鸟类和哺乳动物（包括数百万美洲野牛），却从来不需要

　　　　　　　　　　　　　　神奇的花园

除草剂、杀虫剂，也不需要浇水施肥。与此同时，它年复一年，存储了大量的碳和矿物质养料。如今，我们原生态的草原只剩下不到4%了。

今天，一些科学家和植物育种家提出，我们应该重建多年生植物占据主导的地貌。他们说，如果能把我们熟悉的一年生作物培育成扎根很深的多年生变种，我们就能够保护日渐稀薄的表层土，对灌溉和肥料的需求也会小得多，用于制造氮肥和驱动农用机械的燃料都可以省下来，我们还可以在边缘地带开垦农田。这幅图景非常引人入胜，而我也正是为此在早春三月从堪萨斯城的机场一路向西开到了堪萨斯州沙利那的土地研究所。这座研究所成立于 1976 年，是一个推广可持续农业的非营利组织，它所关注的是通过研究和育种来用多年生的变种取代我们现在的一年生谷物和油料作物。

我在研究所研究大楼中的办公室里见到了我的东道主大卫·凡·塔赛尔博士（Dr. David Van Tassel）。大卫是一个 40 岁出头的粗犷男子，穿一件法兰绒衬衣，嘴唇上蓄着一撮得意的红色小胡子——让我想到外边荒凉的田野上的麦茬。我有点懊恼现在冬天还没过去，外边没什么可看的，他却向我保证现在是能让来访者大饱眼福的最佳时机。目前，他仅限于待在研究所里不起眼的温室中做实验。再过几个月，他就会忙着在户外栽培、监控和测量那数千株长在田野里的向日葵与合欢草，而它们就是他研究的重点。

大卫建议我们先下楼去，从温室开始我们的旅程。不过当我们走近楼梯的时候，我突然被一张足有我们马上要下去的楼梯井那么高的彩色照片吸引住了。照片上是并排的两株与实物等大的植物的根系。

左边那株植物的根在土壤表面展开了 6 英寸宽的范围，并一路向下，扎到了大概 3 英尺深的地方。右边那株植物的根几乎形成了一根结结实实的柱子，直径 18 英寸，长将近 9 英尺。大卫告诉我，左边的植物是冬小麦（*Thinopyrum hibernum*），也就是这个地区的农民每年 9 月播种、5 月收割的典型的一年生作物。而右边的植物是中间偃麦草（*Thinopyrum intermedium*），大平原上一种本土的野生多年生植物。（这并不是健康食品店里出售的什么"麦草"，那种玩意儿不过是一年生小麦的芽而已。）这种偃麦草的根就像罗伯特·克朗布（R. Crumb）创作的卡通角色"自然先生"那针扎不进的瀑布般的长胡子一样。相比之下，一年生小麦的根就像傅满洲＊的小胡子尖儿一样。

在我为照片中两种植物的巨大差异而惊叹的时候，大卫却告诉我，最重要的差异并不在外观上："你还记得吧，一年生植物的根在它枯死前只能长到 3 英尺长。更重要的是，一年中大部分时间里，一年生植物的根都不在土里。附近种小麦就是这样，全年大概有 9 个月的时间，地里要么光秃秃的，要么才刚播种，土壤里根本没有任何植物的根。"

而另一方面，野生的偃麦草的根系却全年都待在土里。它的根会比一年生植物广泛得多地扎在土壤中，以接触更多的水和养分，使自己能够占领更多的边缘地带。多年生植物还会更牢固地保持磷肥与氮肥的效力；没有它们的话，那些营养物质很容易从土壤中泄漏出去，污染地下水或造成池塘湖泊中的藻类过度生长。事实上，多年生植物捕获土壤中肥料的能力是一年生植物的两倍。

＊ 傅满洲（Fu Manchu）是英国小说家萨克斯·罗默创作的《傅满洲》系列小说中的虚构人物。

神奇的花园

多年生植物的根与它们的菌根搭档在冬天只不过是减缓活动或休眠了，所以，只要有一点点春天的气息，它们就会冒出新的茎秆。在各种刚刚种下的一年生植物的茎还要过好几周才会出现的时候，偃麦草已经挺起了腰杆，全力忙着进行光合作用了。另外，即便在种子落了以后，多年生植物的绿色也会保持下去，继续制造碳水化合物。这些碳水化合物有的会储存在根中，就像施粥厂一样，用特定的一部分来喂饱根际的众多微生物。那些小生命不停地钻洞、不停地消化、不停地分解，创造了优良土壤的颗粒状结构，而在它们死去的时候，它们也增加了土壤的肥力。反过来，这种肥力又维持着植物和丰富多样的地表生态。当然，多年生植物的根也在一年到头地发挥固定土壤的作用。

我问道，那么为什么我们的谷类作物不都是多年生的呢？尤其是在野外，多年生植物不是比一年生植物要普遍得多吗？大卫说，最简单的答案就是一年生植物要比多年生植物更倾向于把更多的能量用来生产更多、更大的种子，也就是植物上被我们当作食物的部分。而更完整的答案正在楼梯下边等着我们。

在温室的门前，我看到了一片6英尺高的草组成的海洋，它们茎秆青绿，狭窄的叶子形状像刀片一样。这些植物都生长在10加仑的黑色花盆中，而所有的花盆则一个挨一个地安放在浅浅的金属托盘中。现在，托盘里只有一点水，但再过几个小时，托盘里就会灌满水，让植物的根能够吸收水分。生长灯在植物的上方照着，不过，在现在这种晴朗的正午，它们的光在自然光下黯然失色了。

这些托盘之间隔着狭窄的过道，于是我们侧着身体来到了小麦区。在我们像螃蟹一样横着往前走的时候，大卫说："在这片区域，我们正在对一年生的冬小麦和野生的多年生偃麦草进行杂交。因为每粒种子都有独特的基因传承，两个亲本之间的杂交会产生出各种各样的杂交个体。这就像掷基因骰子一样：有些杂交个体与小麦非常相像，还有一些与偃麦草没有什么不同，而大多数会处在这个钟形曲线中间的位置，拥有介于两者之间的性状。"

他停了下来，把一株健壮的茎秆向我这边弯折过来。在与我视线齐平的位置，结着一个弯曲的穗子，上边密密匝匝地挤着饱满的、差不多像稻粒一样大的淡金棕色种子。每一粒种子的尖端都有一根又长又硬的毛，叫作"芒"。（芒很可能使鸟儿很难停在麦穗上啄食麦粒。）他说："这棵植物与一年生的种很接近。如果它生长在野外，5月收获之前就是这个样子。你可以看到这些种子有多大，而且种子还牢牢地长在麦穗上呢。"

我们又侧身沿着过道走了几步，大卫找到了另一棵植物指给我看。"现在来看看这一棵。它和偃麦草亲本近得多。"他把这根开着花的茎秆拽向我，我看到种子并没有致密地排列成3英寸长的麦穗，而是从顶部开始沿着茎秆拖拖拉拉地长了12英寸左右。这些种子明显小得多，更像芝麻籽。"这些种子是有问题的，因为里边能吃的胚太少，不能吃的壳太多。另一个问题是，当它们成熟的时候，每粒种子可能不是同时成熟的，而它们一旦成熟了，又会立刻掉到地上。我们把这个过程叫作'碎裂'。从农民的角度来看，这可不是什么好事。他想要的是一次收割就同时获得所有成熟了的种子。理想的穗子——当然，这也是从农民的角度来看——是现在的玉米穗。它所

神奇的花园

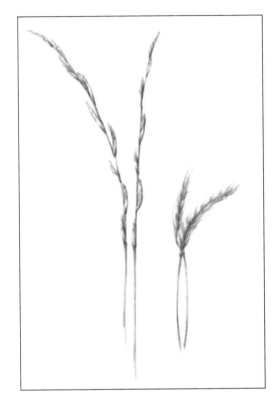

左侧是野生的多年生偃麦草的穗子，右边是驯化了的一年生冬小麦的穗子。

有的种子都是同时成熟的，而且从不会散落在地。"

　　虽说麦穗的碎裂对于农民来说是件坏事，但是，它在野外是有竞争优势的。大平原的土地上密布着各种多年生植物；一般而言，每个土壤肥沃的地点都被先来者占据了。当罕见的空位出现时——比如，一只挖地洞的囊鼠挖坏了一棵植物，或是一群野牛踩倒了一片草——一棵穗子能够碎裂的植物就更容易让自己成熟的种子来抓住这个机会。多年生植物的种子较小，同样是演化选择的结果。多年生植物需要把碳和能量在根与种子间进行分配，根能让它在春天时生长出新的茎秆，而种子也许能够在恰好空出来的开阔土地上繁殖。因此，多年生植物一般会生出种子很小而且会碎裂的穗子。而一年生植物生存的唯一希望就寄托在它的种子上，所以，它会结出较大的种子，而且种子里有营养丰富的胚乳。

杂交育种有两种方式：一种方式是尝试把一年生植物变成多年生的；另一种方式是在野生的多年生植物中寻找最理想的那些植物来进行繁殖，然后再次从中选择最理想的来进行繁殖，接着从下一代中进行选择，然后再繁殖，依此类推。研究所的科学家们同时使用这两种方法。我本来以为，也许一点点基因拼接就能很快解决这个问题。但是，大卫告诉我，植物是否多年生，并不是由某个单一的基因控制的，就好比鸟儿是否能飞不是由单个基因控制的一样。多年生这个特性涉及很复杂的一套特征。不知为数多少的基因分别控制着种子的大小和成熟的时间、根的生长、种子的壳的厚度，还有碳水化合物在根与芽和种子间的分配，你必须把它们一一辨认清楚并进行操纵。你还要操纵控制茎秆的基因，这样才能适应机械化的收割。自然状态下的偃麦草茎秆又细又长，高度也千变万化。而要适应农场，它们必须变得更矮、更硬，而且更整齐划一。比较老式的育种技术反而比较容易完成这项工作。

小麦、黑麦、燕麦、高粱、大麦，还有其他禾本植物，都是以碳水化合物的形式储存能量，而我们在植物的胚和幼苗利用这些碳水化合物之前，就把它们抢走，变成早餐谷物、面包和啤酒。其他一些植物的种子，比如油菜籽和葵花子，则主要以油脂的形式来为它们的胚储存能量。油料种子对人体健康至关重要，因为它含有脂肪酸，我们需要这种物质来进行新陈代谢，但我们自己的身体是无法合成的。我们珍视这些油脂的另一个原因是它可以作为烹饪的媒介：它不仅增加滋味，还能高效地传递热量。葵花子油的饱和脂肪含量很低，因此向日葵（*Helianthus*）是大卫研究的重点。我们缓慢地走向温室的尽头去看看他种的东西。

我觉得向日葵挺诡异的。泰德有时会在他那巴掌大的菜园里种上一棵向日葵。向日葵的头状花序就像人头一样大，叶子又大又满是刺，茎秆又高又细，仿佛无力支撑沉重的花朵一般。一棵成熟的向日葵就像大自然创造的怪物。（向日葵花并不是单独一朵花，而是由好几百朵微小的"管状花"聚集而成，边缘还环绕着一圈大得多的单瓣的"舌状花"。）我承认，在盛夏时节，绽放的向日葵是令人震撼的一景，明黄色的花瓣围成一圈，形成一个炽烈的金色圆盘。但到了夏末，那些管状花就变成了黑色的种子，舌状花则枯萎凋谢了。从我们的后窗看去，向日葵就像一只凸起的黑色独眼，周围环绕着一圈眼睫毛，终日盲目地盯着我们的房子。鸟儿飞过来啄食这只无力反抗的眸子。看到这一幕，我总是感到很不安。

因此，当我从大卫那里得知，一年生的庭院向日葵本来就是怪物的时候，我还挺高兴的。不过它并不是自然创造的怪物，而是人类创造的。在野外的各种向日葵中，大多数种类的样子都像雏菊或其他迷人的菊科植物一样。花盘的直径只有 1 英寸，而不是 12 英寸。如果一棵野生的向日葵发现自己处在能晒到太阳的优良的土地上，它就会长出茂盛的枝叶，最终变成一丛一人高的灌木，点缀着好几十朵

左边是野生的向日葵，右边是驯化的向日葵。

神奇的花园

甚至好几百朵小花。一棵占据了好位置的野生向日葵能结出成千上万颗种子。

向日葵属是在美洲西南部演化出来的，之后，承蒙大群野牛的关照，它扩散到了整个北美平原。成熟的葵花子尖端的细小毛发会缠在野牛纠结成一团的长毛上，让野牛把它们带到远方。而当种子掉到地上之后，它们的这些长途司机又会在穿过高草的时候反复用蹄子犁地。再过几个星期，向日葵的茎和叶就会从踩过的地面探出头来。野牛留下了一路的向日葵，如同小船划过时留下的尾迹中的泡沫一样。大约十万年前，美洲原住民部落开始在同样的土地上沿着野牛的踪迹迁徙，也一路收集成熟的种子。剥去壳之后，这些种子可以磨成面粉，或与野浆果、肉类和脂肪混合，制成一种叫作"pemmican"的能量棒。而果壳在用热水煮过之后，能制成一种非常优美的紫色颜料。

在有人特意种植向日葵之前，这些采集者很早就开始在不经意间驯化向日葵属植物了。如果我们画出一幅 4000 年前美洲中西部地区的图景，那么，我们会发现这个地方郁郁葱葱，长满了野草和野花。一个部落搭起了季节性的营地，一位妇女在某个午后出发去采集向日葵花盘。她注意到有几丛向日葵的花盘和种子不知为何比其他向日葵大得多，几乎有两倍了。所以，她特别喜欢这些种子，虽然它们的数量很少。她忽略了那些已经有一大部分种子掉落在地的，以及依然开着花的向日葵。她可能是直接拽下向日葵花盘，也可能是用石刀把它们割下来。之后，她把它们放进手上提的篮子里；篮子满了以后，她就把它们倒进了用头带系在背后的一个大得多的筐里。

那几丛拥有硕大的花和种子的迷人的向日葵是一年生的。在各种向日葵中，只有10%是一年生的。它们把全部的能量倾注到了繁殖上，就仿佛再没有明天了一样，因为确实也没有明天了。一年生植物的未来都寄托在后代身上。因此，它们疯狂地向着天空伸展出新芽和叶片，把对根的投资缩减到最小，并尽可能快地繁殖，把它们的能量都输送给大量硕大的种子。我们人类的种子采集者自然会关注这些一年生植物，虽然她毫无疑问也会摘下一些多年生植物的种子。回到营地之后，她开始把种子从花盘上摘下来，并把（基本上）空了的花盘扔在营地的垃圾堆上。

第二年，几小丛向日葵——自发地——从营地的垃圾堆或采集者扔了几颗种子的其他某个地方冒了出来。这些自发长出的植株更有可能是一年生的，一方面因为采集者更喜欢这类植物，另一方面因为一年生植物在这样开阔的、受到过侵扰的地面上生长得更好。这些从垃圾堆生长出的植物拥有不易碎裂的种子，因为它们的亲本正是因为拥有了这项特性才被收割的。随着时间的推移，在营地附近形成了一块专门生长一年生向日葵的土地，这些彼此相似的植物由昆虫授粉，一直生长下去。

在野外，这些一年生植物会随着时间推移而渐渐被多年生植物排挤干净。多年生植物在最初的一两年里可能生长比较慢，但是，一旦站稳了脚跟，春天里它们从根部长出新芽的速度要比一年生植物种子萌发的速度快得多。于是，几个生长季之后，它们就把一年生植物赶走了。在野外，最终赢得竞赛的是多年生植物，这也是为什么向日葵属中90%的物种都是多年生植物。

神奇的花园

最初的狩猎采集者为什么会在野外的向日葵种子还很充足的情况下特地花时间种植它呢？这个问题尚存在争议。是不是因为一个部落迁徙到了附近没有一年生向日葵生长的地方呢？像我这样的懒人，想到的一个可能性就是，有人看上了营地附近长有向日葵的便利，于是就把一些省下来的种子撒到了地里，或是把地里自发长出的植物占据的地块扩大了一下。无论怎样，大约在 4000 年前，向日葵在爱荷华州南部以及田纳西州西部的地区得到了驯化。

　　到了每年春天该播种的时候，这些新晋的农民自然而然地选择了他们硕大的种子中最大的那些。在选择最大的种子时，他们在不经意间也选择了其他的植物性状。从基因上来说，结出的种子最大的个体往往不会长太多枝条，以便让数量更少的头状花序获得更多能量。这些植物的枝条少了，头状花序的数量也随之减少，而花盘获得的能量却更多了，这样一来，种子就会变得更大。通过一再地选择秋天收获的最大的种子，美洲原住民渐渐得到了一种拥有最少的枝条，花盘可达 1 英尺，而且种子又大又不易碎裂的植物。

　　土地研究所面临的问题是，现代的育种人员是否能够回到最初，重新开始驯化过程？大卫在温室里对野生的多年生向日葵和驯化的一年生向日葵进行杂交，不过，他格外感兴趣的是驯化一种学名叫作"*Helianthus maximiliani*"的多年生的野生向日葵。在自然状态下，这种向日葵的枝条非常繁茂，上边盛开着为数众多的小花，结的种子自由自在地碎裂在地上。然而，仅仅经过了四个生长季的选育，大卫的向日葵就已经发展出了不会碎裂的特性。他向我展示的植物中，有两棵只有一根不分权的茎秆，上边顶着一个有野生向日葵花盘两倍大的花盘。不过，他并不确定一棵驯化的多年生向日葵最终是否只会有一个花盘。在农民纯手工收割向日葵的时候，单独一个巨大的花盘确实会让收割过程变得更简便，但今天的机械化收割并不会在意从植物上撸下来的是一个还是好几百个花盘。除此之外，单一的巨大花盘还有一个弊端：它为到处打劫的鸟儿提供了一个绝佳的目标。如果一块商业田恰好位于候鸟迁徙路线上，农民的葵花子收成可能会遭遇高达40%的损失。

大卫说："我相信驯化过程要比大家想象的容易。我们之所以觉得这个过程很难，是因为几千年前这耗费了很长时间，但我们其实并不知道到底是多长时间。现在，既然我们知道了植物的原理，掌握了关于有性生殖和基因的知识，拥有了复杂的育种技术，我们就应该能比那些只依赖偶然的人速度快得多。既然我们有人终生致力于驯化这些植物，我相信进展会快得多。"

不过，这些育种人员最快也要25到50年。到目前为止，研究所最优良的多年生小麦每公顷的产量也只有300磅。比起目前堪萨斯农民每公顷收获2000多磅小麦，这不过是个零头。不过，大卫也指出，就算多年生小麦的产量不如一年生小麦，它也依然能够让农民盈利。种植多年生小麦的农民不用重新购买种子，也不用把那么多钱花在肥料、农机燃料和灌溉上。即便如此，大卫和他的同事们要走的路也还很长，而且充满了不确定性。怀疑的人认为，创造出拥有又大、能量又丰富的种子的多年生植物，就像鱼和熊掌兼得一样不现实，从逻辑上说就完全不可能。他们认为，在自然界，物种需要在延长寿命和产生众多后代之间进行取舍：在阳光下产生的碳水化合物总量是一定的，所以物种必须"选择"是把这些能量投给巨大的多年生根系，还是投给较大的种子。

不过，也许土地研究所的科学家们能够调整植物对碳的分配，创造出一种独特的品种，刚好能够给根投入维持明年生存的能量，而把大部分能量用来制造出几乎像一年生植物一样大的种子。又或许能从别的地方把碳省下来，比如说，也许茎秆可以不必长得那么高。野草是在自然选择之下在大草原演化出来的，它们长出高高的茎秆是为了与相邻的植物争夺阳光，不被阴影遮住。如果育种人员选择了比较矮的多年生小麦，是不是就能够培育出把碳用于生产种子的品种了呢？大卫承认他和他的同事们有点冒险。但如果成功了，他们就不仅能够掀起农业的革命，还能改变我们这颗星球的未来。

13

比赛开始

假设你春天开始在后院种巨型南瓜。整个夏天，你都勤勤恳恳地照顾着自己那一小块地，把藤蔓的枝腋埋进地里，土壤压实，并用温水浇灌。现在生长季已经接近了尾声，你的南瓜也变得成熟而丰腴了，你拥有了一个处在 400 到 1000 磅之间的美丽动人的橙色大瓜。她已经很大了，但没有大到能在地区性的南瓜大赛中赢得任何奖金的程度。不过，如果你恰好住在缅因州的达马里斯科塔（Damarisotta），也就是波特兰往北约 1 小时车程的一个海边村庄附近，你的好运气就来了。你有机会出名，或者是发财。把南瓜的顶部锯掉，内部挖空，你就可以和你的南瓜贵妇一起去港口参加"巨型南瓜赛艇会"了。

我和泰德就在这个地方。星期天的早上八点钟，天气对于 10 月中旬的缅因州来说再好不过了。天空就像幼儿园里的色彩那么蓝，气温快到 70 华氏度（约为 21 摄氏度）了，港口停泊的小划艇那五彩缤纷的船身倒映在镜子一样的水面上，看上去多了一倍。我们早早就到了，想在碎石铺成的堤坝上找个地方。之前有人提醒我，到时候这里

　　　　　　　　　　　　　神奇的花园

会聚集好几百人。在我的右边是这座小城的船坡，一辆闪闪发光的绿色约翰·迪尔拖拉机正在吱吱呀呀地一路往下开向水边，前边的叉车中系着一个巨型南瓜船。这个南瓜已经涂上了浅灰色，前边有一张咧开的大嘴，露出一口白牙。它的背面则是一根泡沫塑料做的神气活现的鲸鱼尾巴。站在水里的是本市消防局的一位工作人员，他身穿红色潜水服，样子很富态。当那条南瓜鲸鱼从叉车中自由地漂走之后，他就把它顺水推到狭窄的漂浮船坞上。而南瓜鲸鱼的主人——一个戴着棒球帽的男人——又把它抓过来。

这条鲸鱼并不孤单。它的左边有一只粉色的猪，这只猪有一个粉色的桶做的猪鼻子、用三合板做的突出的眼睛和竖直的耳朵，还有用电线做的弯弯曲曲的尾巴。而在它右边轻轻晃动的一只南瓜孔雀，前边是高耸的泡沫塑料做的头，后边是用蓝色、粉色和绿色的圆形泳池浮条做的扇形尾羽。那条南瓜鲸鱼的主人弓着身子进入这个小筏子，拿起了一个双头的皮筏艇桨，然后开始试划。在他返回的时候，他开始从驾驶舱的边缘砍下几块碎片来。与此同时，几位主办人员在高声提醒所有不参加比赛的人避开"驿站"，正如他们所指出的，这里已经要被压沉了。

到了九点三十分，聚集在岸上的人真的达到了好几百，一位看不见的播音员让我们安静下来。我们把手放在胸口唱国歌。在船坞另一头的一条游艇上，几位男童子军成员升起了美国国旗，三位身着挺括的蓝色裤子、黑色上衣，系白腰带，戴白帽子的海军士兵在旗帜升起的时候立正。一位牧师祝福了南瓜的种植者和雕刻者、南瓜船驾驶者、赛事的组织者、观众，还有达马里斯科塔消防局。然后，我们的比赛就开始了。

　　在赛艇会中有两种等级的南瓜船：一种是用桨划的，另一种是带马达的。首先上场的是划桨组。我看见有最小的两只船比别的船吃水更深，其一是一只粉色的"小猪"，它的船长是一位晒得黝黑的年轻姑娘，她穿着一身粉红色的舞会礼服，戴着一顶橘黄色无檐帽；其二是一个涂成一道粉一道白的南瓜，它模仿的是那种粉白相间的硬糖。在比赛开始之前，场面有点赛马的感觉。有一个格外丰满的南瓜，看上去好像一个橙色的洗手池一般，它没等比赛开始就从码头漂走了，而它的船长似乎没办法逆流而上回到出发点了。突然之间，虽说"洗手池"已经领先了两码左右，比赛还是开始了。

　　"洗手池"不仅无法逆流而上，向前也不顺利。"鲸鱼"很快超过了它，"小猪"紧随其后。缅因州海事博物馆的参赛船"粉碎号"是一艘黄色船身的双桅帆船，上边还飘动着哗啦作响的船帆和美国国旗，南瓜本身几乎完全被挡住了，然而，它根本没法离开码头一步。"硬糖"和"孔雀"正在角逐。（"孔雀"那端庄的脖子使得桨手没办法做出很大的动作来划水。）而驶出 75 码之后，当南瓜船绕过了浮标，开始往回划的时候，情况就变得混乱了。转向似乎完全丧失了纪律：有些船往右边去了，还有些船去了港口，然后浮标也漂走了，整个比赛乱成了一锅粥。"硬糖"的船长是唯一在掉头的时候做得干净利落的人，他一马当先，冲出重围，从第四名瞬间变成了第一名。"孔雀"的头松动了，每次划桨的时候都摇摇晃晃，结果落在了后边。"硬糖"全力向出发点冲去，但是"鲸鱼"领先它一个船身。观众们欢声雷动，我已经笑得没法用相机对准赛场了。

　　　　　　　　　　　　　　　　　　　　　　神奇的花园

在第二轮，"小猪"开始进水了。一个拿着双筒望远镜的人告诉我，水是从它的尾巴根进去的。我背后的一个小姑娘倒抽了一口气说："公主在游泳呢！"确实如此，那位桨手正在狗刨式地逃离沉没的"小猪"。不过不用担心，两位潜水员把她护送到岸边，并把"小猪"推回了船坡。不过，我很快就因为发生在"双桅帆船"身上——或者说船底——的事而无心关注这段插曲了。这次，这艘巨轮确实离开了码头，一位穿着古装的女子摇起了两个船桨，但是，她还在出发的路上，别人就已经开始往回返了。虽说这位船长在热情洋溢地划着，但是她的船踟蹰不前，好像在水中扎下根了一样。突然，就在船的边上和底下，从水中浮起一大片橙色。原来是"双桅帆船"的南瓜不堪压力，分崩离析了。英勇无畏的潜水员再次赶来营救。而与此同时，"孔雀"——赛手很慈悲地在热火朝天的比赛中弄掉它的脑袋——表现也很强劲，不过最终"鲸鱼"获得了胜利。

接下来是马达组南瓜赛，我必须很遗憾地报告，它没出一点岔子就结束了。只有最巨型的南瓜，那些一千多磅的大块头，才禁得住在船舷上围一圈木板，并承受外侧引擎的重量。有些南瓜巨人甚至能让它们的驾驶员——这组比赛中所有的驾驶员都是男性——在南瓜中站起来操纵方向。有些船还有上层建筑，让人无论如何也难以想到这条船的本体其实是植物。有一条船看上去俨然是"波士顿捕鲸船牌"的游艇，另一艘南瓜船可以完美地混入停泊在港口的小艇中。有一个南瓜周围环绕着好像巨大的蝙蝠翅膀一样的东西。我看到引擎有各种大小。

男人们发动引擎，南瓜船出发了，它们需要绕着离码头150码的浮标转 5 圈。大部分参赛者都摆出了一副意志坚定、身体前倾的姿态，就好像温斯洛·霍默（Winslow Homer）笔下在东北风暴*中与喷涌着白沫的大海奋力搏斗的渔民。不过，我声援的这位船长，驾驶的却是一艘毫无装饰，看上去好像一口巨大的暗黄色大锅的南瓜船。船长是个身形瘦小的男人，留着灰白色的长胡子，肚子圆圆的。他身穿橘黄色 T 恤衫、绿色背带裤，头戴一顶黑色的希腊渔夫帽，端端正正地坐着，手里稳稳地把着舵，就好像是被从教堂的长椅上直接传送到这里来的。那个"大锅"仅仅凭着 3.3 马力的"水星牌"引擎在水中冲刺，很快就被大家超过，落在了所有人的后边。甚至没有多少动力的"蝙蝠翼"也把它甩在了后边；那艘南瓜船的船长站在那里，装模作样地像鞭策骏马一样抽打着船的侧面。"大锅"在其他南瓜经过时搅起的一道道尾流中左摇右晃，但是，那位舰长却依然紧紧地把着舵，气定神闲，镇静自若。

最终，我的偶像最后一个到达，比其他人至少落后了两圈。我明白了，马力的大小才是胜负的决定性因素——冠军船上装的是一个 15 马力的"艾文鲁德牌"马达。我对泰德说，应该有一条规则限制马达的大小。他告诉我，没有任何一个脑筋健全的缅因人会这么想，他们只会祝愿拥有最大的机器的那个人获胜。

比赛结束之后，我偶然碰到了"鲸鱼"的主人彼得·盖革（Peter Geiger）。盖革是从缅因州的刘易斯顿一路开车过来的，他是那里的《农业年历》（*Farmers' Almanac*）的主编兼所有者。此外，

---

*　指北大西洋西部的大型温带气旋，因其最强的风会袭击北半球东边的海岸而得名。在美国，东北风暴经常会使大西洋沿岸中部和北部各州受到影响。

　　　　　　　　　　　　　　　　　　神奇的花园

他还是去年的赛艇会冠军，当时他划的南瓜船打扮成了航天飞机的样子。他解释说，在南瓜大赛中获胜的秘诀之一是找到大小合适的南瓜而且让它拥有较好的平衡性。一开始，他的"鲸鱼"往一边倾斜，这就是他要在驾驶舱的一侧砍下好几块的原因。有时候人们会在比赛前的最后时刻加上一些沙袋，理由也是同样的。几年前，他有一个870磅重的南瓜，那条涂成奶牛的船实在太大了，而且也不平衡，每次他坐进去的时候，那个南瓜都会让他翻到水里。一想到10月的水温只有55华氏度（约13摄氏度）左右，我就不由自主地打了个哆嗦。

比赛结束之后，我和泰德在达马里斯科塔散步，这是缅因州最可爱的乡村之一了。南瓜节的热潮席卷了整个镇子。人行道上摆着一列雕刻好或涂了颜色的巨型南瓜，总共有65个。我们停下脚步，观看一位艺术家在他那400磅重的南瓜表面刻下海边沼泽的浅浮雕画。当地在重量上取胜的南瓜冠军有1375磅——称重比赛是在上个周末南瓜节开始的时候举行的——它戴着皇冠躺在干草车上，底下垫着稻草，身边环绕着紫色的菊花。这位由埃尔罗伊·摩根（Elroy Morgan）种出的美人儿身上打了蜡，显得锃亮，又呈现出洋溢着热情的橘色，完全是南瓜的本色。

我们已经错过了让人吃到饱的南瓜薄饼早餐、南瓜游行、南瓜竞赛，以及吃南瓜派大赛，所以我们很高兴还能赶上看南瓜弹射和南瓜发射。这些活动是在城外好几英里的一片长满青草的斜坡上举办的，草地往下一路蔓延到咸水湾（Salt Bay）。这片水域平静而耀眼，就仿佛一池水银。我们把车停在磨坊街边上，并加入了由情侣和家庭组成的亲切友好的人流。有很多人带着野餐篮和毯子，有的牵着狗，还有些人推着婴儿车。这简直是明信片上的新英格兰，而且，我们恰好赶上了南瓜弹射开幕。

弹射器是一架奇特的双层的三角形机械，主体是一排让人印象深刻的重型弹簧。把发射臂扳到后边，弹簧就拉紧了；而当发射臂松开的时候，弹簧猛地弹回去，南瓜就会从头顶上呼啸而过，飞跃几千英尺，最后落到海水中，激起高高的浪花——如果你不知道的话，一定会以为是鲸鱼在跃身击浪。人群中爆发出一阵欢呼与掌声。站在我身旁的一个人明显看得很开心，我问他之前有没有看过类似的活动，他说没有，这还是第一次；他之前只见过弹射保龄球。显然，我需要多出去长长见识。

南瓜发射就更棒了，它用到了一种临时的大炮。炮管大约长 30 英尺，侧面还有两个看上去好像超大号家用热水器的罐子，这两个罐子与一个钻井机相连。钻井机是一台 6000 磅重的大型设备，上边有一个咆哮的抽气机，平时用来驱动钻头，而这一次，它的任务是把空气引导到容器中去。炮管的后膛填装了一个农田里长的普通南瓜，然后对准河岸上方的田野尽头一辆灰色的废旧丰田皮卡车。罐中的压力积攒好了之后，就开始发出嗡嗡的低吟。一个头戴霓虹橙色护耳罩和黄色安全帽，T 恤衫上写着"南瓜发射世界冠军"字样的胡须男点燃了大炮。南瓜伴随着可怕的爆炸声发射了出去，几乎与此同时，汽车的零件四处迸散。我看到乘客座的车门飞了出去，车盖翻着跟斗飞走了，而引擎里金属的内部构造爆裂了开来，像雨点一样纷纷落下。胡须男打了个信号，孩子们便冲下田野去给车验伤，一群成年人跟在后面慢悠悠地走下草地。这项活动是那么的蠢萌无害，这一天又是那么的热情洋溢，那么富于罗克韦尔精神*，我甚至在想，我们要不要也搬到达马里斯科塔来呢？如果我们真的搬过来了，那整个小城加起来就有1912人了。有人可能要问：这么小的一座城市，而且是以海事传统而闻名的，怎么会兴起南瓜节，给古色古香的街道招来2万游客呢？

有人告诉我，这要归功于巴兹·平克海姆（Buzz Pinkham）和比尔·克拉克（Bill Clark）。巴兹是本地园艺中心平克海姆种植园的主人，他长着一双蓝色的眼睛，看起来诚恳、整洁，比尔则是巴斯钢铁造船厂的一位船舶工程师，行事干练、黑发、蓄须。傍晚时分我在平克海姆种植园的后院追上了他们俩以及其他几个造南瓜船的朋友。巴兹大略谈了谈这段历史，他说话有一点口音，只有在发"r"的时候才会显露出来。据他说，大概是在8年前，比尔买了一把巨型南瓜的种子并在后院里种了几颗。那些南瓜长得相当不错。有一天，比尔到巴兹那里拿一些肥料，两个人就开始聊南瓜。比尔说，让幼小的植物长起来并不是什么难事，于是巴兹突然想到，向人们分发巨型南瓜的幼苗说不定是宣传园艺中心的好办法。

第一年，他送出去几百株幼苗。第二年，他准备了两百株幼苗，结果当天早上不到九点就被抢空了。很快，他又分发出去上千株幼苗。学生们会在春天坐着校车来到他的店里，学习怎样照顾南瓜，他也很乐于抓住这个机会教孩子们植物是怎样生长的。他也卖出了许多郎之万关于巨型南瓜种植的著作。有一天，他和比尔在看这本书的时

---

* 美国著名插画家诺曼·罗克韦尔（Norman Rockwell，1894年2月3日—1978年11月8日），他的作品风格甜美、乐观，描绘了有些理想化的美国风土人情。

候发现了一张南瓜船的照片。这让身为船舶工程师的比尔大为开心，他告诉巴兹，如果巴兹会划的话，他可以制作一条船。在我想象中，巴兹不会拒绝尝试任何新奇而且很可能好玩的东西。（那个站在装饰着蝙蝠翅膀的南瓜船上抽打坐骑的活宝其实就是巴兹。）巴兹同意赌一把，人们听说之后纷纷来到港口观看。于是，达马里斯科塔南瓜赛艇会诞生了。

巴兹和比尔以及其他几位朋友还想到了通过种南瓜来做慈善。如今，在春天的时候，孩子们会以每磅几分钱的价格向亲戚、邻居和商家预售将要成熟的南瓜。而卖南瓜所得的收入一半会捐给种植者挑选的慈善机构，剩下的一半则用作南瓜节委员会的活动经费，其中包括为重量最大的南瓜颁发的奖金。（获奖者们可以瓜分一万美元。）每年游客的数量都在增加。

"这件事算是有点火了。"巴兹说。"就拿咱们这儿的丹（Dan）来说，"他冲站在我们旁边的一个笨手笨脚的男人点了点头，"他刚刚在称重大赛中得了第四。他之前是个开改装赛车的。他们整个家族都迷改装赛车，嫁进来的媳妇都因为改装赛车守活寡。每年女人们都会发现预算超支，就跟男人说（巴兹故意学着她们的腔调）：'你去年又跟改装车上花了多少钱哪？你赢了多少呀？你今年不能再花啦，成吧？'"

巴兹继续说道："之后，丹和很多人发现了种南瓜这件事。女人们都觉得这实在是件好事。她们会说：'啥？南瓜子儿才要 60 美元？哎哟，那可真不错哎！你怎么不买个仨俩的？园子里头要浇粪肥？多少钱呐？才 100 美元？赶紧去买呀！'这跟新的传动装置或是一套新的轮胎比，根本不算什么。"

"当然，"他补充道，"事情可能会变得有一点棘手。我的意思是，某些丈夫可能之前没有任何嗜好，结果种南瓜横空出世了。这些不幸的太太肯定觉得这是世界上最糟糕的事了。为什么？因为突然一下子她们的丈夫整日泡在南瓜地里，不是浇水就是施肥，再要么就是上网，待在南瓜聊天室里，或是在测试土壤。就算房子塌了他们也不会皱一下眉头，但南瓜园必须好好的。"说到这里每个人都心照不宣地笑了起来。

而提到南瓜，巴兹说，每个人聊的都是如何才能取得胜利。两年前，他给自己的土壤接种了菌根，并赶紧种下了他最好的南瓜，那个南瓜长到了 1266 磅。（但很不幸的是，这个南瓜在长到 1099 磅的时候边上裂了一条大口子。虽然巴兹用安装坐便器的配套元件中的蜡环把它补好了，但是修补过的南瓜不能拿去评奖了。）不过，虽说竞争精神会激励很多人——缅因州甚至有台锯大赛和带式砂磨机大赛——但这种竞争精神在达马里斯科塔的南瓜热中只占极少一部分。

巴兹说："有趣的是，种南瓜能促进社区交流。有些街坊邻居彼此住得很近，却好几年没有说过一句话，这件事让他们有了可以聊的话题。那些看好了某个南瓜的人整个夏天都想看它长得怎么样了，这样，南瓜就好像有了一个粉丝团。然后等到南瓜节，每个人都会出来看'他们自己的'南瓜装扮成什么样了。"

达马里斯科塔几乎每个人都跟巨型南瓜有点关系。孩子和大人会种南瓜，当地的艺术家会雕刻南瓜，企业会赞助南瓜，船老板会把自己的引擎借给参赛者，慈善组织会安排运输南瓜，举办盛大的游行，还有一个由几十人组成的志愿者协会全年工作，组织整个节日。甚至当地那些十分乖戾的人也不甘寂寞，他们给《林肯郡新闻》写投诉信，抱怨 10 月的交通堵塞。仿佛从一家家后院里长出的巨大的南瓜根系，拧到了一起，从海港开始，覆盖了全城，并一直去到咸水湾，把全城居民和游客都拉进了一个虽然有些傻乎乎，但却十分具有创造力的事业中。

第三部分

叶 子

14

新的开始

大学毕业后，我没有成为诗人；我从未尝试过。一想到会像我父亲告诫的那样饿死在小阁楼上，我就觉得很可怕，我也没办法回到巴尔的摩，在我童年时的卧室里写字。像现在的很多大学毕业生一样，我对于自己的职业规划没什么想法。我只知道我不大可能或者说不想做什么。法律行业是不可取的，因为我天生厌恶冲突，而且显然缺乏关注细节的能力。医学不可能：我向来非常庆幸人体内部解剖结构整齐地包裹在皮肤里面，不让我们看见。哪怕看到自己蜿蜒的青筋，都让我觉得有些恶心。科学是赤裸裸的（或者说"缺乏巧劲"）。公司事务没有什么吸引力：我父亲已经在计算退休的日子。至于新闻业，我的成长期正好赶上"水门事件"、伍德沃德（Woodward B.）和伯恩斯坦（Bernstein C.）以及调查报告的时期，我知道自己缺乏那种大胆的品格。我身高 5 英尺 1 英寸，体重 95 磅，先天不适合从事需要搬运重物的工作。我唯一能胜任的，就是读书写字。

大四那年，有一天我在学院的就业办公室里闷闷不乐地浏览小册子上那些根本不适合我的工作。这时我看到了一则招聘启事——华盛顿特区"对外政策智库"招募实习生。我的专业是美国研究（偏重美国文学），我知道应聘这个职位风险有点大。当然，应聘者需要提交相关的代表作。我修过一门国际政策的课程，因此我有一篇课程论文可以交上去。我本来还可以附上一篇美国史的课程论文，但是出于某种理由，我觉得附上我之前给校园文学杂志写的一篇书评更为合适。我评论的那本书是诺拉·埃弗龙（Nora Ephron）的散文集《疯狂的沙拉》（*Crazy Salad*）。我着重写了埃弗龙采访主演色情电影《深喉》（*Deep Throat*）的女演员琳达·洛夫拉斯（Linda Lovelace）的章节。我现在手上还有这本书，我还记得当时引用的那段对话。埃弗龙："在影片里你为什么要剃掉阴毛？"洛夫拉斯："哦，得克萨斯州有点热。"回过头来想，这篇书评似乎很显然不是理想的代表作，但是智库负责审阅那堆大学生课程论文的人必定从中找到了一些乐趣。因此我总对人说，诺拉·埃弗龙让我找到了第一份工作。

这次实习对我来说非常完美；我要做的是写一本书，描写中情局在伊拉克与库尔德人的交往。这份工作进而让我找到了其他的工作，包括在一个国会外交委员会和一家外援机构的两份工作，接着又让我拿到了国际关系专业的硕士学位，最后则是在一家促进发展中国家投资的政府企业任职15年的经历。我在拉丁美洲、中东和东亚旅行，学习如何阅读资产负债表，写合同，关注细节，发表演讲，提出令人不快的问题并批判性地听取答案，批评和接受批评，管理一队员工和承包商，并享受一起做事情的聪明而有担当的同事们的友情。

然而不知何故，在40岁的时候，慢慢地，甚至没有一点先兆，我对事业失去了兴趣。我的业绩非常不错，承担的职务又是个肥差，

神奇的花园

薪酬优厚，但我的心已经不在这里了。我不得不重新考虑。我放弃了旅行，因为我不愿意离开我的三个女儿，哪怕一日不见也不行。如今孩子们都已过了襁褓期，每一分钟都在成长，我希望花更多的时间来陪伴她们。我也意识到，我工作中最大的乐趣，越来越多地来自写作。无论是起草一份内部备忘录，详细描述一名员工的成就，还是打报告申请董事会资助斯里兰卡的一项业务，写作本身对我来说，已经变得如同内容一样重要。在泰德的支持下，我决定尝试自由写作。

我愿意写任何主题的东西，只要有人愿意花钱。我为报纸和杂志撰稿，内容涉及卡车工业、游泳指导、妈妈的烹饪、"求救"设备、肖像画、胭脂红染料和玻璃瓶装的"臭鼬液"——我曾随身携带用来防卫人身安全（打破瓶子就能把攻击者恶心走），但是后来不知丢在家里哪个角落里了。我给学校写通讯，给公司写年度报告，还给一家国会监督机构写文件。其中有份文件，我后来替学校图书馆编纂成了一本关于美国人口普查史的书，当时正好赶上我们十年一次的统计。我很高兴我在写作。但是我开始疑惑：过程就是唯一的目的吗？我真正想写的是什么呢？

令我醍醐灌顶的是我的女儿安娜和当地的小学。每年，四年级和六年级的学生们都要参加科学博览会或是"发明大会"。安娜上四年级那年，轮到的是"发明大会"，每个学生都有几周的时间去做一些发明。或许有更详尽的指导手册，但安娜从没跟我说过，我也从没在她的背包里找到过。无论如何，安娜很肯定她要制造什么：一个能让小孩躺在床上看书的装置，上面带有手电筒，但又不会被家长发现。这需要把一根长长的线连在卧室门把手上，通过天花板上的滑轮传动，床头柜上也装一个滑轮，把线牵引过来，系在手电筒的末端。当家长推开门来检查孩子睡没睡觉的时候，吊在床头柜上照亮的手电筒就会缩回一个巨大的圆筒里，有效地遮蔽灯光。安娜需要把装置安装在一间按比例缩小的卧室里带到学校去，因此这个项目需要泰德的参与——他是家里唯一能熟练地使用锯子的人。

父女俩度过了一段美好的时光，但是我很疑惑其意义何在。这与她的科学课毫无关系，也无助于理解发明过程。例如，为什么使用滑轮（我怀疑这是她父亲的建议）比用钩子更好？在"发明之夜"，很显然，并非每个孩子都有一个可行的点子或是一位足够灵巧的家长来做出可以展示的项目。六年后，我们最小的女儿爱丽丝也参加了这类活动，对她来说，"大会"毫无意义。十几年后，她甚至不记得自己做过什么。但是无疑，从中多多少少也能知道孩子是否有个好点子或是一位好帮手吧？

这个问题就像挂在长线上的鱼儿一样吸引了我。我阅读了有关发明的理论、实践和历史。如果我当时是教育工作者，我或许会设计一门课程。最后的结果是，我写了两本书《重新发明轮子》和《构建更好的捕鼠器》，帮助孩子们重新发现经典的发明，从新石器时代的绘画，到简单的电机，使用的材料是他们在屋子里就能找到的。（我写这些科学"动手"图书很讽刺，不是吗？但是我知道，如果我能构建出来，那么任何人都能。）每项发明产生之前都有一个故事：发明家面临一个问题，这启发他或她去寻求解决方案，随之而来的还有发明装置背后的科学解释。① 为了设计五十项"重新发明"，我不光耗尽了我在动手制作上的想象力，也耗尽了我的三位"常驻测试人员"的耐心，但是没有穷尽的是我的好奇心：我们是如何逐渐理解和操纵自然界的？常见现象在何时由神话转变为事实，科学真理又是在何时被人们转化为一种实践过程或产物，这些历史性的时刻依然令我着迷。我很喜欢设计巧妙的剧情转折，而这些发现或发明却往往能改变文明的轨迹。我继续写关于铁、金、玻璃、陶瓷、染料和温室暖房的历史与科学的书籍。但在我遇到的这一系列话题中，最有趣的莫过于为了揭开光合作用这一几乎为地表全部生命提供动力的巧妙作用机制而做的一系列发现。顺便说一句，还有苏打水的发明。

---

① 例如，1816年一名女子向法国医生勒内·雷奈克（René Laënnec）求诊，医生怀疑她有心脏病。鉴于她的年龄和性别，把耳朵贴近她的胸口来进行诊断是不可能的。不过，正巧他想起"我们用一根针在木头的一端划过时，把耳朵贴在另一端也能清楚地听到"。他把一张纸卷成圆筒，通过圆筒听她的心跳，并且很高兴地发现，这比他直接把耳朵贴在皮肤上听得更清楚。这个被他命名为听诊器的工具之所以奏效，是因为本来朝向四面八方发散的声波都被聚拢来传到他的耳朵里了。

15

意义重大的薄荷

据古希腊神话记载，阿波罗被爱神那诱使人产生激情的金色箭矢射中，爱上了林中仙女达芙妮。达芙妮誓死保住贞洁，拒绝了这位天神的求爱，但是阿波罗穷追不舍，在原野上四处追逐她。当他抓住她时，她已精疲力竭，便请求她的父亲，也就是河神佩鲁斯救助她，让她免遭强暴。就在阿波罗的双手碰到他的战利品时，她的皮肤变成了树皮，纤细的手臂变成了树枝，飞扬的头发变成了叶子。她已经变身为一棵美丽的月桂树（并且使阿波罗成为首位"抱树者"）。关于叶子，古希腊人要说的就是这些了。它是一种装饰，就像头发一样。只有亚里士多德想过叶子可能具有什么目的，并在他的《物理学》中写道，叶子之所以存在，是为了遮蔽果实，不让觅食的鸟兽发现。

1500 年后，如果问一位中世纪的农民什么是叶子，他可能以目的论的方式回答，神创造叶子是为了喂养牛羊和山羊。否则它们吃什么呢？ 16 世纪著书传教的瑞士医师、神秘主义者帕拉塞尔苏斯认为，神创造叶子以及植物的其他部分，是为了给人治病，而药方就写在叶子的形状中：心脏形的叶子对心脏有好处，枸杞三角形的叶片表明这种植物有治愈肝脏疾病的能力。

16 世纪 40 年代，比利时医生、炼金术士赫尔蒙特做了一个实验，他希望这能揭示关于植物组成的奥秘。他在一个装有 200 磅土壤的盆里栽植了一株柳树，五年中只浇一次水。到第五年的年底，他发现这棵树增重了 164 磅，而土壤重量只流失了微不足道的 2 盎司。由此他得出结论：树木"生长仅源自水"。赫尔蒙特的实验是科学史上最著名的实验之一，当然，明显不是因为其结论，而是因为赫尔蒙特首次采用定量方法来了解生物有机体。不过，让我感兴趣的是，尽管赫尔蒙特已经足够严苛，特意为花盆设计了盖子，防止"空气中的尘埃混合到泥土中"，同时又能让土壤中的水分蒸发，但是他没有费心去称量每年的落叶。他没有说为什么在计算中忽略这些叶子。我怀疑他认为叶子就像沐浴前脱下的衣服一样，并不是树木本身的组成成分。

马尔比基和格鲁都很清楚叶子是由植物本体产生的，并猜想叶子具有某些功能。1686 年，马尔比基剪掉植物的叶子，发现植物生长变慢，结出的果实也更少。他提出，叶子有助于"使从木头纤维中流出的营养液得到烘烤……让新的部分生长"。叶片上的气孔能让"排泄液"流出。格鲁并不认同这种"粪便"假说，但是他无法决定气孔究竟是为了蒸发"过剩的树液"，还是"吸收空气"以便于呼吸。50 年后，斯蒂芬·黑尔斯研究了这个问题，他剥掉植物上所有的叶子，发现被剥光叶子的植物不可避免会死掉。然而，像马尔比基一样，他总结说，叶子必定是植物主要的"排泄管"。

接着，多才多艺的天才约瑟夫·普利斯特利吹着口哨来了。

普利斯特利出生于 1733 年，他的家乡靠近英国北部羊毛制造区的中心地带利兹市。他的父亲是做布匹加工的手艺人，工作是修剪并熨烫粗布，将其变成成品面料。普利斯特利6岁那年，他的母亲在生第六个孩子的时候难产去世。由于家里孩子太多，为了减轻负担，普利斯特利儿时大部分时间都在祖父家度过。母亲去世后，他基本上就被无儿无女的姑奶莎拉及其家境富裕的丈夫收养了。这可说好坏参半。姑奶和姑公注意到这孩子很聪明，让他接受了很好的教育——这是他的父亲不可能负担得起的。另一方面，他们是最严苛的加尔文主义的信徒。普利斯特利从小就相信，亚当的原罪使大多数人，极有可能包括他自己，注定要被扔进翻涌的、恶臭的地狱之火中。只有少数被预先指定的"选民"——这些人因坚定不移的信仰和纯洁无瑕的生活而被辨认出来——才能避开无情的上帝永恒的怒火。普利斯特利很恐惧，尤其是因为可怕的场景似乎并不遥远。他是个孱弱的孩子，身患疾病，可能是肺结核。这经常让他发烧，呼吸困难。他曾亲眼看着母亲和一个姐姐去世，她们很可能也是死于肺结核。因此，天谴于他来说必定不仅是切身的，而且迫在眉睫。

16岁那年他的病情出现危机，恐惧也达到了极致。他后来提到这个时期时写道，他相信上帝已经遗弃了他，所经历的"心灵的痛苦已非我所能描述"。然而，他幸存下来，正是在此过程中，他原先信奉的不宽恕的神，伴随着高热一同消失了。他开始质疑原罪的真实性和他的家庭宗教信奉的其他根本教义，甚至怀疑基督的神性。几十年后，这种反思将促使他去帮助建立一神论教会在英国的分支，并迫使他离开英格兰。19岁时，虽然还远未建构起成熟的信仰体系，但是他已经发现，无论是发誓遵从他那个宗派的十个信条，还是确定他曾经有过同上帝会晤的经历和皈依体验，都是不可能的。

　　他的顽固产生了重要的实际后果。像格鲁一样，作为一名不服从国教者，他被禁止入读牛津大学和剑桥大学。（这实际上不是什么很大的损失。到18世纪中期，这两所大学的标准和入学率都显著下降。大多数情况下，当时的大学文凭等同于一张发给英国圣公会绅士的子女，让他们成为土地所有者、政客或助理牧师的职业通行证。正如一位剑桥史学家所写的，虽然接受培训的牧师接班人有可能获得体面——虽然有局限——的教育，但同样有可能只拿到一张文学学士学位证，"除了喝酒和钻空子的本事掌握得更多，几乎别无所获。"）相反，归功于1689年的《宽容法案》，他可以去一所卓越的不服从国教者的教育机构上学，那是一家相当于大学的学院。不过，普利斯特利左右为难。因为他在观念上并不认同不服从国教者，因此他的姑奶和姑公替他考虑的大多数加尔文主义的学院都不欢迎他。幸运的是，达文特里学院（Daventry Academy）接收了他。这家教育机构由正统的加尔文主义者经营，他们最不同寻常的就是不要求学员有皈依体验，而且招收一系列新教教派内符合要求的人。这可能是他的姑奶和姑公唯一能为他支付学费的一所教育机构。

　　这个年轻人刚到达文特里时，长得又瘦又长，左右脸不大对称，心地很好，做事冒冒失失，说话慌慌张张，有些口吃。他学业精进，至少就牧师的必修课程而言是如此。他已经精通了拉丁语、希腊语、希伯来语、法语和德语，并且开始学习阿拉伯语以及古代中东的迦勒底语和叙利亚语。他也学过足够多的逻辑学、历史学和哲学知识——很大程度上是自学——因此五年学业中的头两年可以免修。至于自然哲学，在加尔文主义看来，试图揭开自然界的奥秘太过自负，是有罪的，但他并不认同这种观念，反而把自然哲学视为一种赞美和尊崇上帝之造物的举动。因此，他潜心学习解剖学、力学、声学和天文学课程，努力学习数学（这绝非他的强项），并独立阅读哈曼·波尔哈夫的《化学原理》和牛顿的《光学》。他沉迷于求知的好奇心，每天起早摸黑，并学会了速记，这样他可以最高效地学习。

在社交上，这个年轻人如鱼得水。对19年来童年时期唯一愉快的记忆就是阅读《鲁宾逊漂流记》的他来说，达文特里是个快乐的娱乐场所。解脱了内疚和恐惧，他参加俱乐部和聚会，甚至试着向"可爱的小东西"——某位卡罗特小姐——求婚。到毕业的时候，他已经不再是那个曾经从弟弟手中夺走一本骑士小说、听到宣誓的声音就厌恶得颤抖起来的极度痛苦的少年。

很不幸，他的第一份正式职位或者说"使命"，是在离他的家乡约克郡很远的萨福克市尼德姆马基特的贫困乡村，给百名正统圣会会众担任助理牧师。他试着举办了一系列关于宗教理论的讲座，但是教区居民很快意识到他的异教观念。再加上他的约克郡方言和口吃的毛病，听他布道对所有人来说是一种折磨。他的会众迅速消失，而因为不服从国教派的神职人员是由他们的会众支付报酬的，所以他那原本匮乏的薪水也没有了。随后他的兄弟（那位看不道德书籍的兄弟）告诉他的姑奶，她最宠爱的侄孙已经变成了一位"愤怒的自由思想家"，于是她切断了他的资金来源。普利斯特利想到，或许可以通过开办学校来补充收入，但是没有一个学生前来。他只能依靠为贫穷的神职人员提供的慈善基金生存下来。

他最不缺的是朋友，他们都被这位心胸开阔的年轻人吸引过来。在萨福克待了三年之后，一个好心的熟人拯救了他，为他在楠特威奇集镇一个圣会会众谋到一份临时职务。楠特威奇处在柴郡低洼海岸的产盐区，无论在文化还是自然条件上都近似他的家乡。这批新的会众对他非正统的宗教观念更为宽容，也能听懂他的口音。没有满怀敌意的听众带来的压力，他坚持下来，在讲坛上的表现大有提高。最后，他已经摆脱了一贯的压抑，那种本真的欢悦似乎浮现出来。他情不自禁地在公众面前吹口哨，或是跳上蔬菜水果店老板的柜台，这些行为非但没有惹怒他那些新的教区居民，反而让他们很开心。

最重要的是，他为会众的孩子们开办了一所小型的语法学校，这时他找到了更切合他心意的职业。当一个自然老师，他可以分享自己在某个东西中找到的欢乐，而似乎没有什么东西不让他感到欢乐。当时其他的语法学校主要教授拉丁语和希腊语，而他增加了数学、历史和英语。他只接受了粗略的科学教育，但他经常与住在附近的一位牧师秉烛长谈，向对方请教，并且跟上了实验科学的最新进展。普利斯特利用微薄的收入购买了科学仪器，包括一架显微镜、一台产生静电的机器和一个气泵，并让他的小学生们一同使用设备。

普利斯特利在教学上取得的成功，帮助他得到了一个职务：1761年在林肯郡的沃灵顿学院任教。在这里他找到了自我。他负责为学校招聘化学老师，在当地的礼拜堂（chapel，为了突出非官方的性质，非英国国教的教堂必须被称作礼拜堂或者聚会堂）布道，并且成为镇上图书馆管委会的会员。次年6月，他迎娶了玛丽·威尔金斯，这个年轻姑娘饱读诗书、性格果敢、精通棋艺，是他一个学生的姐姐。普利斯特利在回忆录中称，玛丽"博闻多识，心志坚定，性情无比温柔大方"，她为依然有些瑟缩的丈夫带来了愉快而忙碌的社交生活。结婚一年后，他们的第一个孩子萨利出生了——用他姑奶的名字，以示尊重，然而对方并不领情。

普利斯特利一直在考虑青年人的教育需求，尤其是那些无法得到政府职务以及英国国教提供的舒适生活的人，他们需要准备进入一个日益被商业和制造业主宰的世界。他写了一本关于英语用法的书，不是面向撰写演讲或布道文的人，而是面向那些需要为清楚的日常交流寻求指导的人。他认为，年轻人运用"这些有用的技艺"，将会为学习现代史、数学、物理学和化学打下更好的基础。尽管这些见解很难说是他独立提出的，但是他在书籍和论述中融会贯通地详加阐述，更引人注目的是，他还给出了具体的课程大纲。

此外，普利斯特利说服一位本地外科医生在沃灵顿开设一门基于实验室的"实用"化学课程，并自愿担任实验室助理。他对那些黄色和蓝色的火焰、红色的烟雾、腐蚀金属的酸、爆炸等着迷，就像世世代代追寻黄金和哲人石的炼金术士们那样。但同时他也对那些化学变化以及黏土变成陶器、沙子和石灰变成玻璃、煤炭变成焦炭的过程所能带来的商业效益感兴趣。

1765 年，鉴于普利斯特利在教育上做出的成就，爱丁堡大学授予他荣誉学位。同年，他开创了文学史上的一项全新之举：撰写实验科学史。他决定从新兴的电学开始，这个主题在当时风靡一时。他在沃灵顿的职位已经让他进入附近利物浦的学术圈，他的一个新朋友帮他介绍了一些"电学家"，比如以闪电实验和用莱顿瓶存储静电而闻名的本杰明·富兰克林，对富兰克林的发现进行验证的英国人约翰·坎顿，以及通过电线将电流传送到泰晤士河对岸的威廉·沃森。这些科学家邀请他参加在伦敦咖啡馆的定期集会，并同意为他提供帮助。他们向他解释自己的研究，并将论文借给他。更理想的是，无论是在写书还是研究上，他们都鼓励他自己去探索。普利斯特利时年33岁，他全心投入到实验中，用电流熔化铁丝并重复了富兰克林的风筝实验（他很明智地在风筝上连接了一根接在地上的链子）。他写了大量信件向新朋友们报告自己的进展，几乎不到一年，他就完成了700页的《电学的历史和现状，以及原创实验》。这本书让他当选皇家学会的会员。

随后，他把注意力转向另一门实验科学："气动化学"或者说"空气化学"。在17世纪，罗伯特·玻意耳和他的同时代人把空气视为一种均质的纯净物、构成世界的四种"元素"之一。特定的空气样本，比如人呼出的气，或是从某些泉水或沼泽底部散发出来的"恶臭"气体，相互间之所以存在差异，是因为所处的状况不同。正如肉可能是好的或"腐烂的"，空气也可能有好坏之分。当然，无论当前状况如何，肉还是肉，空气还是空气。

1757年，年轻的苏格兰医生约瑟夫·布莱克从根本上撼动了这一信念。他在寻找膀胱结石的救治之方时，加热了一份碳酸镁样品。他发现从中释放出的一种气体，似乎不同于普通空气。这种"固定的空气"就是我们现在所说的二氧化碳。之所以说"固定"，是因为这种空气被吸附或者说束缚在镁上。布莱克进而意识到，这种气体与木材燃烧、动物呼吸和发酵过程中释放出的气体是一样的。"固定的空气"能杀死关在玻璃罐中的鸟类和小动物，还能扑灭蜡烛的火焰。当他灼烧石灰石（我们所说的碳酸钙）时，"固定的空气"散发出来，并留下生石灰（氧化钙）。他让生石灰暴露在普通的空气中，生石灰重新变成了石灰石。可见"固定空气"既是一种特有的物质，也是普通空气的一部分。这意味着前人的认识是错误的：空气不是一种元素。十年后，英国化学家亨利·卡文迪什又制造出一种气体，他称之为"可燃空气"（我们所说的氢气）。

是什么使这些气体彼此不同，它们与普通的空气又有何关系？没人知道。但"固定的空气"令普利斯特利尤为感兴趣，他亲自重做了布莱克的实验。女儿出生后，玛丽劝说他离开沃灵顿，因为她担心沃灵顿河边的空气损害她和萨利的健康。普利斯特利在利兹的米尔希尔礼拜堂找到了一个牧师职位，这里离他的故乡只有7英里。由于给牧师安排的房子正在翻修，他临时找了一间住所，正好在一家啤酒厂附近。他知道谷物在桶中发酵会源源不断地产生那种"固定的空气"，而让他高兴的是，酿酒商允许他拿这种气体做实验。

普利斯特利很快就发现，水可以吸收因发酵而产生的"固定的空气"，这些空气在水中变成气泡，尝起来有点酸。他把水从一个碗倒到另一个碗，使酒桶中的空气溶解在水中（二氧化碳比水重，因此会无声无息地积聚在桶的边角处），由此进行"碳酸盐化"，制造出人造的毕雷矿泉水或苏打水。普利斯特利并没有试图从发明中获利，不过他确实提到，这可以用于治疗坏血病和其他疾病。（史威士［Jacob Schweppe］于1787年申请了瓶装苏打水的专利，随后又出现了其他碳酸饮料。为了避免你认为不公平，需要说明一下：虽然普利斯特利

　　　　　　　　　　　　　　神奇的花园

将气泡输入了水中，但设法让气泡留存在水中的却是史威士。他将苏打水放在一个不能竖起来放的蛋形瓶中。瓶子是倾斜的，所以苏打水能浸泡着软木塞，使木塞保持湿润，这样木塞就不会因为干缩而让二氧化碳气体逃逸。）但是，如果说苏打水没有引起普利斯特利太大的兴趣，这却启发他去考虑另一个有趣的科学问题：如果发酵过程、动物呼吸、沼泽冒出的气泡以及火山爆发都会使空气毒化，那么上帝是怎样让空气"重新适合呼吸"的呢？他明白，其中必定存在某种神奇机制，否则我们的空气会被毁掉，无可救药。

带着这些问题，他采用五十年前黑尔斯发明的实验仪器，继续对"固定的空气"进行实验。他把昆虫、青蛙和老鼠关进倒置的普通罐子里，往里充满"固定的空气"，直到它们失去知觉。（他是个善良的人，经常会在实验对象死亡之前将其放出，以便救活它们。）随后，1771年夏季的一天，他无所事事地将一小株薄荷苗放进一个倒扣的罐子里，罐子装的是普通的空气。他想看看会发生什么。还没人尝试过这个实验，不过话说回来，为什么要做呢？如果植物会呼吸，它们肯定也像其他生物一样，呼出有毒的"固定的空气"。普利斯特利猜想，他的薄荷苗会死掉，就像老鼠一样。

然而薄荷苗不仅在罐子里生存下来，还继续生长了几个月。更令人惊讶的是，他发现："经过那么长的时间之后，（罐子里的）空气既不会使蜡烛熄灭，也全然没有对我放进去的老鼠造成不适。"更神奇的是，当罐子里的蜡烛已经熄灭，老鼠也窒息了时，如果把一株植物放进去，几天后蜡烛又能燃烧，老鼠也会再次呼吸。

1771年的整个夏天，普利斯特利都在重复他的实验，以确保没有出错。他确实没有弄错。不知怎的，薄荷竟治愈了恶劣的空气。他想到薄荷可能不是唯一能带来生机的植物，于是他又尝试了香脂草、恶臭的千里光（以防止唯有芳香植物能起到恢复作用）以及菠菜。结果这些植物都能发挥作用。于是他得出结论说，是上帝的安排使植物能"逆转呼吸造成的结果"。普利斯特利首次产生了这种微弱的念头：生物和非生物环境是不可分割的、相互关联的。这正是现代生态学的基本原理之一。凭借非凡的直觉，他意识到地球环境是一个封闭的系统。他向皇家学会提交论文，阐述了他在植物生长和可呼吸的气体上做出的发现。这篇论文引起了轰动，1773年他因此获得了皇家学会颁发的科普利奖章（Copley Medal）。约翰·普林格爵士在为普利斯特利颁奖时致辞："通过这些发现，我们确定了，任何植被的生长都不是徒劳的，每一株植物都对人类有用；即便并不总具有某些特定的价值，也作为整体的一部分，清洁和净化我们的空气。"

当时还无法确定植物是如何奇迹般地净化空气。它们是带走了空气中某种有毒、有害的东西，还是增加了某种有益的东西？普利斯特利还发现，植物处在"遭到严重腐蚀和污染"的空气中，往往生长尤其旺盛。考虑到这一点，他选择了第一个选项：植物从空气中带走了某些东西。他认为被带走的是"燃素"（phlogiston），当时人们普遍认为，这是一种没有重量而且无色无味的"要素"，当一种材料燃烧或者动物呼吸时，燃素就会分离出来。普利斯特利总结说，薄荷苗从空气中带走了"燃素"，使空气"脱燃素"了。我们所知道的氧气，对普利斯特利来说就是"脱燃素空气"或"好的空气"。也就是说，空气中由动植物呼吸、腐烂或发酵带来的燃素已经被净化了。

神奇的花园

从 1773 年到 1777 年，普利斯特利专注于其他科学问题以及神学问题。但是在 1778 年初，他重新做起关于植物和空气的研究。这时有人向他报告，其他科学家无法得出他的结果，因此他开始重复早期的实验。让他沮丧的是，这次他的结果也有出入。有时罐子里的植物产生好的空气，有时则产生"固定的空气"。有时它们对空气几乎根本没有影响。为了澄清混乱，他将一些小植株浸入装满水的瓶子里，盖上瓶盖，然后分析里面收集到的空气的属性。一开始他似乎取得了进展：这些植物产生了一种特别纯的"燃素空气"。但是当他把一些植物从瓶子里取出之后，他注意到玻璃瓶里面有一种"绿色的物质"。让他吃惊的是，这种绿色物质（他猜想那既不是动物也不是植物）正在释放出含有"好空气"的气泡。

他继续用瓶子里这种有趣的绿色物质做实验。他把这些瓶子放在炉子旁边和阳光明媚的窗台上，并用棕色的纸张裹住一些瓶子。随后他测量了瓶中的绿色物质产生的"脱燃素空气"。在此过程中，他做出了第二个伟大的发现。他写道，"这将是不同凡响的"，光线才是产生好空气的必需要素。不幸的是，这个见解促使他疑惑，或许"正如我所想的，植物对于这种纯净空气的产生没有做出任何贡献"。反之，他猜想，"是光线影响水……使一种绿色或褐色的物质在水中沉积，从而产生脱燃素空气。"这下子他自己也晕头了，到 1779 年他只能写道："整体而言，我仍然认为很有可能（他特意强调），在自然的环境中健康成长的植物，具有改善其周围空气的作用。"他感到困惑，因此呼吁他人思考他的实验结果并进一步调查。

16

吃空气的叶子

有人这样做了，其中一个是荷兰医生英格豪斯（Jan Ingen-housz）。英格豪斯1730年出生于荷兰南部的布雷达。他的父亲受过教育，是镇上数一数二的药剂师。像普利斯特利一样，英格豪斯具有语言天赋，先后在巴黎、荷兰和爱丁堡上过大学。在完成医学、化学和物理学方面的学业后，他回家乡定居，成为一名职业医生。

然而，他的心却是属于实验科学的。作为天主教徒，他不可能在荷兰的大学谋职，就像英国圣公会的大学对于普利斯特利来说属于禁地一样。幸运的是，一位故人为他打开了一扇门。18世纪40年代中期，英国军队曾帮助荷兰人击溃入侵佛兰德斯的法国军队，并在布雷达郊外驻扎了一段时间。当时英军的首席医务官是年轻的约翰·普林格博士（Dr. John Pringle）。普林格精通荷兰语，成了英格豪斯家的常客，在那里他遇见药剂师早熟的儿子、十几岁的英格豪斯。1764年，普林格受封为骑士，成为国王乔治三世的医生、皇家学会的领军人物。这时候他邀请34岁的英格豪斯去伦敦，并将他引荐给伦敦的科学界和医学界。

英格豪斯在伦敦育婴堂医院找到了工作，除其他职务外，他还为当地居民的孩子接种天花疫苗。当时每年有超过一百万欧洲人感染这种可怕的疾病，死亡率达三分之一。有许多幸存下来的人也受到了严重的伤害，还有人双目失明。虽然到英格豪斯当医生的那个时期，英国和荷兰已有很多医生建议给病人接种疫苗，但是接种的人很少，欧洲其他国家几乎根本没人尝试。巴黎禁止医生实施接种。接种过程中外科医生需要切开一根小静脉，再从症状轻微的天花患者身上取来脓液或将结的痂碾成粉末，滴入静脉，因此不难理解人们为什么不情愿接种。此外，尽管手术通常只引起轻微的感染，但并不是没有风险的：有约 2% 的接种者发病严重。

对于天花，财富和地位几乎不能提供任何保护；这种病毒传染性很强，能在周围环境中持续生存几个月。到 1767 年，神圣罗马帝国的皇后，也是其他一些中欧国家，包括现在荷兰、法国和意大利的部分领土的主宰者玛丽亚·特蕾莎（Maria Theresa），有 16 个孩子，其中的两个因天花去世，还有另一些家庭成员也因此丧身。就在这年，50 岁的特蕾莎自己也感染了天花。尽管幸存下来，但这让她很恐惧。她的儿媳，巴伐利亚的玛丽亚·约瑟法公主（Maria Josepha），于同年春天死于同样的疾病。这位王妃下葬时，玛丽亚·特蕾莎带了一个女儿去坟墓边祈祷。几天后，她的女儿罹患天花而死。这让皇后十分内疚，尽管从为期一周的潜伏期上来说，她本人无疑并没有责任。宫廷医师反对接种（反而赞成放血和给天花患者穿红衣等古老的日本疗法），但是就在那年秋天，皇后又有两个女儿被天花毁容，于是她否决了医生们的决议。她给乔治三世写信，让他派医生到维也纳来为家里其他人接种天花。选人的任务交给了普林格博士。

这项手术有致命的风险，被选去给皇室接种的人面临着极大的不确定性。成则扬名立万，败则万事俱休。普林格想到了英格豪斯，既是因为他的手术能力，也是出于政治上的考虑。如果皇室成员有任何人患病，也不会有天主教贵族死在英国新教徒的手上。普林格致意英格豪斯，英格豪斯接受了这份工作。

在英格豪斯抵达维也纳后，皇后亲眼看着他给 29 个平民孩子接种，等这些"小白鼠"幸存下来，才允许他诊治皇室的直系亲属，其中包括年轻的玛丽·安托瓦内特（Marie Antoinette）。所有人都幸存下来，因此英格豪斯备受尊崇，皇室赏了他一大堆金达克特，并任命他为皇家医生，终身享受皇室津贴。在接下来的岁月里，他的主要责任是在皇室遍布欧洲各地的府邸和宫殿为他们的数十名姻亲子孙接种——在工作环境上较之育婴堂医院有了极大的改进。

英格豪斯现在有机会全面推行天花接种了，这项运动是他热切主张的。天时地利人和，现在他必须追求他的科学理想了。1771 年5 月，他与本·富兰克林和两名美国商人一起前往英国米德兰兹旅行，此次旅行类似于应用科学之旅。他们造访了采石、镀银、冶铁和其他制造业所在的场所。他和同伴们还顺道拜访了普利斯特利，后者为他们演示了一些电实验。这让荷兰医师大为着迷，开始亲自探索电。在地中海海岸，经过意大利里窝那时，他雇了一艘渔船和18 名船员，让他们替他抓了 5 条电鳐。在船上临时搭建的实验室里，他试着将电鳐的大小与其发电的强度建立对应关系，并将其放出的电荷用莱顿瓶收集起来。理所当然地，他向皇家学会报告了他的发现。

英格豪斯继续追踪普利斯特利对空气和植物的研究。1779年，他从维也纳离职告退，在伦敦附近租赁了一间别墅，着手做一些零散的工作。他可能在试着澄清植物、光线和空气之间的繁琐关系。他的很多实验与普利斯特利的实验类似，但是方法从根本上来说却是不一样的。普利斯特利以整株植物进行实验，而这位荷兰医生仅使用叶片。普利斯特利之前的实验连续进行数日或数星期，而英格豪斯的每次实验大约几天就能完成。

在90天中，完成546次实验后，英格豪斯有了答案：普利斯特利的第一次实验结果是正确的。植物的叶子和其他绿色的部分将"固定的空气"转变成好的"脱燃素空气"。植物需要阳光来促成这种转变。此外，英格豪斯还证实，光线越明亮，产生的"脱燃素空气"越多。好的空气主要从叶片底面的气孔中散发出来。他指出，瓶子里那种"绿色物质"，从本质上来说属于植物，也能产生好的空气。根、花和成熟的水果总是仅产生"固定的空气"。最显著的是，在黑暗中，植物的所有部分，包括叶子，都会产生"固定的空气"。他推算，虽然在黑暗中释放出的气体总量只有在阳光下两个小时释放出的好空气总量的百分之一，但是他不知道夜晚是否应该把病人房间里的植物搬出去。

英格豪斯能够解释普利斯特利前后几次发现中的不一致。那位英国牧师没有弄清光照量与白天日照长度会在多大程度上影响植物排放出的好空气的量。他没有意识到，叶子逐渐衰老也会使排放出的好空气减少。此外，他没有考虑到根系给实验带来的改变：根部越粗大，产生的"固定的空气"会越多。用现代化学的术语来说，普利斯特利的封闭容器中产生的二氧化碳和氧气的量会产生波动，这取决于他的实验室里的光照强度和持续时间、他测试空气的时刻、特定植物的根系相对叶片的大小比例，以及他的实验对象不断变化的大小与健康状态。

英格豪斯也对艰苦的实验过程有了更深刻的体会。他意识到，实验必须能以完全相同的方式、在完全相同的条件下重复，然后才能得出有效的结论。不严苛的实验程序会极大地影响普利斯特利和其他试图复制普利斯特利实验的人得出的结果。

英格豪斯发现了植物的哪些部分分别能产生好的空气和"固定的空气"，但证实这两种气体彼此相关的，却是瑞士牧师、图书馆员和业余植物学家塞内比尔（Jean Senebier）。1781 年，他重复了前人的实验，然后开始自己做实验并记录结果。这位牧师的文章需要删繁就简（他的植物实验报告写了 2100 页），但是他取得了一个重大进展：要让叶片产生好的空气，必须为它们供应"固定的空气"。为了阐释这两种空气之间的差异，他提出，在植物的生长过程中，燃素从空气中脱离出来，融合到了植物中。

即便在塞内比尔为燃素构想一种新的角色之时，这种观念依然受到拉瓦锡（Afntoine Lavoisier）的攻击。拉瓦锡是一位卓著的法国化学家，也是法国科学院接纳的最年轻的会员。拉瓦锡重新定义了元素一词，用元素来指一种无法进一步分解成其他物质的化学物质。按照他的说法，燃烧与所谓的燃素无关，但是与一种元素，也就是他所谓的氧元素相关。氧气很容易与很多其他元素结合；这种结合过程，或

　　　　　　　　　　　　　　　　　　　　　　神奇的花园

者说氧化（oxidation）[①]，可能非常迅猛，在一瞬间释放出热和光，比如木材被加热的时候；也有可能非常缓慢，比如铁生锈的时候。理论的证据在于，锈铁看起来似乎失去了一种物质，但实际上称量起来比未生锈的铁更重。事实上，锈铁中除去吸收的氧气，重量与原来的铁完全一样。拉瓦锡写道，现代的化学家必须善于记录，准确地称量液体、固体和气体的体积与重量，追踪始终保持平衡的输入和输出关系。

1778 年，拉瓦锡向法国科学院介绍了具有革命性的化学理念，并出版他的杰作《化学元素》。普利斯特利始终没有接受拉瓦锡的"新化学"，英格豪斯则接受了一部分。但到 1796 年，塞内比尔成了一名信徒，他采用了这些新的概念和术语。现在他断言，叶子吸收了空气中的一小部分，也就是二氧化碳，并在阳光下将其分解成碳和氧。二氧化碳中的碳成为植物中的有机物质，而氧气则散发在大气中。塞内比尔虽然没有说出全部，但他是第一个用现代化学术语讲述光合作用的人。

尼古拉斯－泰奥多尔·索绪尔（Nicolas-Théodore de Saussure）1767 年出生于瑞士，拉瓦锡的著作出版时他年纪还小。他的父亲霍拉斯·本尼迪克特·索绪尔是日内瓦学院的自然科学教授，新的拉丁词 *geologia*，即"地质学"一词，就是此人提出来的。索绪尔的父亲发现了十五种矿物，并且成了一位著名的登山探险者。他在家里教育自己的长子，并带着孩子一同徒步穿越阿尔卑斯山，进行科学考察。

---

① 拉瓦锡用 oxidation 一词来描述一种元素与氧结合的化学反应。后来，oxidation 被重新定义为任何一种原子的最外层电子与另一种原子结合，从而带正电的反应过程。

这些探险的目的是研究海拔高度与空气密度的关系，以及其他问题。旅途极为艰险，有一次他们的搬运工为了劝说这父子俩下山，不得不扔掉了远征探险中的必需品。这种不同寻常的教育很适合索绪尔。他对新化学萌生了极大的兴趣，尽管这对他的社交发展可能没什么好处。成年后的索绪尔腼腆谦逊得要命，虽然他的成果让他年纪轻轻就获得了日内瓦学院的教授职位，可是他永远没法站在学生和讲台前面。然而，他是个杰出的实验家，一个超级优秀的化学记录员。当时有了更好的仪器，再加上他运用仪器的卓越能力，他在测量植物的气体交换时，可以测算到百分之一盎司的体积与重量。

索绪尔最着迷的是植物生理化学，他整合出了现代对光合作用基本过程的描述。他指出，在阳光下，碳在叶片中固定下来的同时，周围空气中的二氧化碳消失，取而代之的是氧气。此外，植物中绿色的部分积极地将碳转化为有机物。换句话说，叶片吃空气。他发现，植物成长时，大气中的二氧化碳是植株增长的最主要来源。当时人们仍然认为，是土壤中的矿物质为植物的增长提供了原料，但实际上，来自土壤的矿物质远低于植物增长总量的5%。索绪尔解释了为什么在黑暗中植物的所有部分都释放出二氧化碳。植物也像动物一样会呼吸，这就是说它们使用氧气燃烧碳基的糖，为生长提供动力，调配气味、制造杀虫的树脂，并进行其他基本活动。从实质上来说，根和种子也像我们一样"呼吸"。事实上，叶子即使在白天也会略微进行呼吸。只是它们在阳光下吸收的二氧化碳远多于通过呼吸释放的二氧化碳，因此我们很容易忽视它们的呼吸。

这位精明的瑞士化学"精算师"能精确入微地进行测量，由此他

　　　　　　　　　　　　　神奇的花园

发现了化学书中的一个错误。叶片摄取的碳的总量和根系吸收的矿物总量，并不等于植物增加的总量；一株植物的重量大于其吸收的碳与矿物质重量的总和。他意识到，剩余的重量源于水。

归根结底，赫尔蒙特是对的，或者至少说对了一点：植物由水构成。尽管由根部吸收的水有 99% 以水蒸气的形式从叶片散发出去了，但是还有约 1% 的水融合到植物的成分中。虽然极其少量，但是至关重要。水分子被太阳的能量分解，释放出氢原子，用于合成为植物提供能量的单糖（葡萄糖）分子。索绪尔不知道，植物制造的氧，地球上一切多细胞生命所需要的氧，全都来自水中的氧，而不是像当时所有人以为的那样来自二氧化碳中的氧。值得注意的是，最后这个关于光合作用的基本事实，直到 20 世纪 30 年代才由斯坦福大学教授 C. B. 范尼尔发现。

1804 年，索绪尔出版他的杰作《植物生长的化学研究》。同年普利斯特利去世。跨越三十年，叶子的角色已经转变，从偶然属性变为本质属性。非同小可的光合作用——利用光能制造有机化合物的过程——被揭示出来了。

真正弄清阳光是如何将二氧化碳和水转变为碳水化合物的，则是另一个问题。

吃空气的叶子

17

植物蛞蝓

我曾在南佛罗里达州立大学西德尼·皮尔斯博士（Dr. Sidney Pierce）的实验室见过一英寸长的海蛞蝓。这些动物非常可爱，不像常见的棕色蛞蝓。它们在十加仑水族箱里清澈的水中巡游，看起来就像半透明、叶缘带波纹的鲜绿色生菜叶。有一小片"生菜"的边缘在前面的玻璃上起伏不定，在荧光灯的白光下，我能看清一对鼓起的绿色的角。这只蛞蝓很可爱。它是皮克斯动画工作室制作的蛞蝓。

水族箱里没有什么别的东西，只有皮尔斯豢养的小兽群。或者应该说是小作物？因为这些小东西就像植物一样依靠光合作用生长，非常健康，大概也很开心。过去八个月以来，除了从上面的灯泡中倾泻下来的光子之外，它们没有吃过任何东西。还记得传说中那种生长在高加索平原上的植物与羊羔的神秘嵌合体"植物羊"吗？这种海蛞蝓（*Elysia chlorotica*）*及其少数亲缘种，正是"植物羊"在现实生活中的表亲。它们是真正的嵌合体，部分是海蛞蝓，部分是藻类。

---

* 又名绿叶海蜗牛。

神奇的花园

我被这些"生菜叶子"的舞蹈吸引了，但我知道皮尔斯博士的时间有限。我们到实验室旁边他的办公室里小坐了一会儿。他告诉我，他正在考虑退休。但是对于像他这样鹤发童颜、精力无穷而且态度有点激进的人来说，这是不大可能的事——任何前来敲他办公室的门、询问如何拿到更高学分的学生，得到的警告都是，唯一的办法就是考试拿到好成绩。他是一位"职业的生物化学家"，同时也是马里兰大学生物系的前任主任、旧金山大学的在职教授，著有大量无脊椎动物生物化学方面的文章，以及一部无脊椎动物解剖学教科书。此外，他已经成了"海怪"专家。时不时地，世界上某个地方有一团巨大的胶状黏液被冲上某处的海滩，发现者不可避免会好奇这是否是深海中某种未知生物留下的痕迹，这时人们就会到皮尔斯博士这里来寻找答案。同样不可避免地，皮尔斯会宣布这种东西没什么神奇的，通常就是一团腐烂的鲸脂。他是著名的神话终结者，这让我感觉到某种反讽，因为过去二十年来，他一直在努力证明一种从科学上来说似乎不可能的生物，亦即一种光合作用动物的存在。

皮尔斯的办公室里一片凌乱。他正在捆扎文件，打算去马萨诸塞州科德角半岛的伍兹霍尔海洋生物实验室待一段时间，进行每年夏季的研究。他告诉我，在伍兹霍尔，大约二十五前，两个研究生带给他第一份能进行光合作用的海蛞蝓标本。

"这两个学生把标本带来之前，虽然这家实验室研究当地海洋环境大概已经有一百年了，但是没人知道海蛞蝓生活在科德角半岛附近。我当时正在研究生物的耐盐性。奇怪的是，这些完全生活在海洋中的生物反倒是我见过的耐盐性最强的生物，它们能忍受各种环境，从淡水一直到像死海中那样的咸水。这非常引人注意，因为海蛞蝓基本上就是一团在沼泽地上爬行的没有任何保护措施的黏质物。所以我在汇报我们关于耐盐性的研究和放映幻灯片时，重点突出了海蛞蝓。那次汇报演讲后，好几年都有人跑来跟我说，'讲得很好，可是你瞧瞧那些蛞蝓！那些蛞蝓是绿色的。你这个傻瓜，干吗不研究那个呢？'最后，我听取了建议。"

皮尔斯不是第一个研究海蛞蝓的人。20 世纪 60、70 年代，一群科学家研究了欧洲的一种海蛞蝓，想弄清它的颜色是否意味着它可以利用光能进行光合作用。（普遍而言，绿色的动物，不管是鱼、爬行动物、两栖动物还是鸟类，之所以看起来是绿色的，都是体表有一层黄色色素反射蓝光的结果。）如果欧洲海蛞蝓确实进行光合作用，其颜色必定来源于绿色的叶绿体，也就是植物体内利用光能将二氧化碳和水转化成葡萄糖的细胞器（*organelles*）。科学家发现海蛞蝓体内确实有叶绿体，这在动物中是前所未见的。这些小小的光合作用发生器是如何进入动物体内的，在当时是一个有趣的谜。科学家们开始调查。第一步是从海蛞蝓体内取出叶绿体。

"当然，他们马上遇到了黏液问题。"皮尔斯解释说，"海蛞蝓能产生大量的黏液。它们几乎就是该死的黏液。海蛞蝓的无水黏液包就在它的皮肤下面，当你把它放进搅拌机里研磨时，无水黏液包碰到水就会炸开来，形成一大团这种鼻涕一样的东西。你用离心机提取不出任何东西。"

"研究人员还没解决黏液问题，就发现了虫黄藻（*Symbiodinium*）。这是一种共生藻类——整个藻类，不单是它的叶绿体，都住在一些无脊椎动物，如珊瑚和巨蛤的体内。珊瑚礁白化在当时正成为一个大问题。研究人员指出，当珊瑚虫面临压力时，它们的共生藻类就会逃走。珊瑚虫无法再得到藻类产生的碳水化合物和氨基酸，就会白化并死亡。这个团队因为这项成果出了名，于是彻底放弃了关于海蛞蝓的研究。绿色的海蛞蝓被搁置了很多年，直到我重新开始研究。"

皮尔斯和他的研究生必须做的第一件事是驯服黏液。他们尝试了一系列研发出来治疗囊性纤维化的合成药物。囊性纤维化是一种人体疾病，患者的肺部和消化道会积聚大量的黏稠液体。最后，他们找到了一种也能防止海蛞蝓的黏液分子凝成一块的药物。接着，他们就能将海蛞蝓打散拌匀，用离心机处理这团黏性物质并分离出其中的叶绿体了。

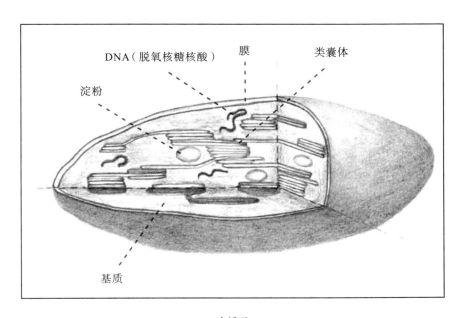

叶绿体

叶绿体中充满了类囊体（*thylakoids*）和基质（*stroma*）。类囊体看起来像一大堆扁平的绿色小囊，基质则是环绕在其周围的凝胶状物质。

在类囊体的外层，光合作用开始进入第一个阶段——光依赖阶段。类囊体的膜上吸附着色素，多数主要是叶绿素。这些色素像调频天线一样接收可见光的能量。（叶绿素吸收红光和蓝光，并将绿色波段的光波反射回来，这就是为什么叶子看起来是绿色的。）白天，当光子撞击这些色素"天线"时，就会爆发电子流。这些电子流中有一些被束缚在临时储存能量的三磷酸腺苷（ATP）分子的化学键上。还有一些将水分解成氢和氧，其中一些氢融合到另一种储存能量的化合物烟酰胺腺嘌呤二核苷酸磷酸（NADPH）中。至于氧气，有一些被植物细胞用来提供动力以分解储存的糖，就像在动物细胞中一样；而大多数则渗入大气中，成全我们的伟大利益，供我们呼吸。

植物细胞利用 ATP 和 NADPH 来满足直接需求，比如让化合物透过细胞膜的活动。但是这些分子中有一些被用于光合作用的后半部分——不依赖光的阶段，这个阶段发生在基质内。白天和夜晚都会产生这个阶段，在此过程中，植物利用能量分子，将氢气与二氧化碳结合起来，生成葡萄糖。（你或许会记起高中生物课上学到的卡尔文循环，但是我没有。）

一些葡萄糖转化为另一种糖，也就是化学活动性较弱的蔗糖。蔗糖穿过韧皮部，用于产生新的细胞成分，或是以诸如甘蔗茎或水果的形式储存下来。将一百个左右的葡萄糖分子串在一起，就成了淀粉。淀粉储存在植物各处的薄壁组织中，但最引人注目的是以块根的形式，比如土豆和胡萝卜。淀粉很容易氧化，以供植物生长所需。在一些植物中，蔗糖转化为脂肪酸并储存在富含油料的种子中，例如葵花子、油菜籽和花生。将数百到数千个葡萄糖分子编织在一起，就得到了纤维素。这种坚韧的物质构成细胞壁以及谷物的壳，美其名曰"膳食纤维"。

　　动物不能进行光合作用，因为我们缺少进行这一过程的两大要素。其一，我们没有叶绿体。其二，我们缺乏负责生成酶——最主要是核酮糖（RuBisCO）——的基因，而光合作用中的化学反应需要酶的催化。将光合作用视为一台弹球机，即使我们以某种方式获得了那个匣子（带有基质和类囊体的叶绿体），我们也仍然缺乏弹球鳍状肢、保险杠和螺线管（酶），以及写好的游戏指导手册（DNA）。

　　这就给我们带来了问题：绿色海蛞蝓细胞中的叶绿体是如何设法运作的？首先，皮尔斯告诉我，他的海蛞蝓必须至少先吃一顿藻类，然后才能进行光合作用。它们喜欢滨海无隔藻（*Vaucheria litorea*），这种藻看起来像半透明的绿色稻草。刚孵化出来的棕色"蛞蝓"爬上一根"稻草"，在上面吸食，像小孩从果汁盒里喝饮料一样，将这种无隔藻属植物的叶绿体吸进嘴巴里。叶绿体随后留在海蛞蝓的肠道细胞中，这些细胞在海蛞蝓全身各处形成网状导管。吃了一顿无隔藻，蛞蝓就变绿了，再不需要吃任何东西——除了太阳。

　　皮尔斯说，如果海蛞蝓只活几天，或者活几个星期，它们摄入的那些叶绿体将能存活足够长的时间，让它们捕获所需的全部太阳能。但是海蛞蝓能活九个月甚至更久，类囊体中的聚光装置不断受到光子的轰炸并失去电子，因而出现损耗，需要定期修护。植物和无

植物蛞蝓

隔藻等藻类的叶绿体自身含有一些DNA，这不同于植物或藻类本身的DNA。叶绿体的DNA指导一些叶绿体蛋白合成。但指导叶绿体运行，包括进行叶绿体修复的绝大部分DNA，都寄存在植物或藻类的DNA中。这就是为什么叶绿体不能在细胞外面生存。它们依赖自身的DNA以及整个生物体的DNA。那么，海蛞蝓叶绿体中的类囊体是怎样设法修复的呢？

　　皮尔斯不得不考虑到，有一种可能性是根本不需要修复。也许海蛞蝓并不修补残损的叶绿体，而是再吸收一些叶绿体来填补损失。为了验证这个假设，他把海蛞蝓浸泡在放射性氨基酸中，让它们在里面游动，放射性氨基酸正是组建蛋白质和酶的积木块。几个星期后，他发现海蛞蝓"很热"。海蛞蝓已经依据自身的DNA编码指示，从放射性氨基酸中制造出了新的备用品。出于某种原因，藻类的DNA融合到了海蛞蝓的基因组中。事实上，皮尔斯和他的学生们最终证明了，海蛞蝓可以完整地制造出作为光合作用基础的16种酶。他也证明了，未孵化的海蛞蝓卵含有进行光合作用的基因，这意味着海蛞蝓制造叶绿体蛋白的能力是天生的。它们只需要先吃一顿叶绿体来快速启动这一程序。

　　此前还从未有人证实过功能性的遗传基因能在分类学上不同的界——就这里而言，是植物界和动物界——之间转移。皮尔斯和他的团队殚精竭虑，鉴定出永久性嵌入海蛞蝓体内的特定藻类基因。皮尔斯说，这个过程"就像在大海捞针，而且连这根针长什么样子都不知道"。其他研究人员也重复了皮尔斯的实验结果；几乎毋庸置疑，无论看起来多么不可能，海蛞蝓都是植物与动物的水生嵌合体。这就像有人证明了"植物羊"的存在一样。

我在想，进行光合作用的能力不只对海蛞蝓有用，对人类来说或许也是一种有用的属性。我的皮肤苍白，在我们这个臭氧层枯竭的时代很危险，我很容易被晒伤。如果我能将藻类的 DNA 融合到我的基因组中，在我的表皮上制造叶绿素，那又将如何？我将能沐浴在阳光下，不用担心晒伤。更理想的是，我不必费神去做饭。再或者，我可以把那些糖分存储下来，在寒冷的冬夜燃烧，从而节省燃气费。我将赋予"变成绿色"一词以新的含义。我向皮尔斯提出这个问题。

"做梦。"他笑着说。

随后，我进一步思考了这个问题。只要我们有捕捉阳光的技术，一个小时内照射在地球上的太阳能就足够了。我们将能供应人类一年所需的全部能量。植物只把极小的一部分能量转化成了生物质能，部分原因在于叶绿素和其他植物色素所能捕获的光的波长范围很窄，仅在 400 至 700 纳米之间。（抵达地球的太阳能有一半以上属于红外和紫外波段，对植物无用。）虽然光合作用是一大壮举，几乎为地球上所有生命提供了能量，但是其效率很低。太阳的光波范围很宽，叶片只将其中约 5% 转化成能量储存下来。因此，光合作用意味着用巨大的、水平的光线捕捉面，也就是大量的叶片，去为一小群活体细胞提供能量。你可能会想，大树又如何呢？不要被它们的个头迷惑了，它们庞大的植株中只有约 1% 是消耗能量的活细胞。

我把自己比作街头一棵壮观的老橡树。这棵树的树冠幅度大约为 50 英尺，我采用佐治亚大学的金·科德尔博士（Dr. Kim Coder）提出的公式，推算出这棵树要用总面积约 8000 平方英尺，也就是近五分之一英亩的叶片来为它的活细胞供应能量。如果我能把一株藻类植入我的表皮内，我就有不到 20 平方英尺的皮肤可以进行光合作用，而不管什么时候，我暴露在阳光下的只有一半的皮肤。另一方面，我体内含有相对来说数量可观的细胞，既有我自身的细胞，也有寄居在体内的微生物细胞，其中大部分都是活的，而且都在努力工作。如果一个绿色的我从上午 9 时到下午 3 时一直晒日光浴，我会收集到约 90 千卡*的能量。即使我坐着不动，我估计每天也要燃烧约 1400 千卡。我要单凭吸收阳光存活，最低限度每天必须晒 90 个小时的太阳。

因此，这个理由充分说明了为什么植物没有大脑、喝水觅食不需要肌肉运动，也不需要参阅房中术。如果说有哪种动物能依靠光合作用生活，那也只能是一英寸长、半透明的蛞蝓了。这也难怪，因为蛞蝓的英文俗名 "slug" 就源自英文的 "sluggard" 一词（意思是 "懒汉"）。

---

* 1 千卡 =4184 焦耳。

18

千万年难得一遇

皮尔斯的海蛞蝓体内的叶绿体，以及藻类和其他植物，都有其自身的 DNA，这绝非偶然。叶绿体的祖先是蓝细菌（也称"蓝绿藻"，有些混乱），一群古老的细菌。它们独立生活，在世界上各大海洋表面四处漂动，依靠随时可得的阳光和二氧化碳维持生活，并通过裂变来增殖。

约 30 亿年前，或者说在地球形成 15 亿年后、蓝细菌出现 3 亿年前，地球看起来与今天截然不同。那时出现的大陆远小于我们今天所知的大陆，而且大部分淹没在海水中，只有几小块荒芜的土地露出了海面。由于富含铁离子，海洋呈现出一片绿色，而且温度堪比温泉。天空因活火山中喷出的二氧化碳、氨和甲烷而显出朦胧的橙色。整个星球上，无论是在水中还是大气中，都没有游离的氧。所有的氧原子都与其他元素相结合，其中主要是水中的氢和二氧化碳中的碳。在这片奇怪的海洋深处，有一些生活在海底富含矿物的热流中的单细胞细菌和古菌。它们通过使膜中的元素共同起反应来获取能量，并利用释放出的一些能量来满足自己简单的代谢需求。在这些单细胞生物（原核生物，希腊文 *prokaryotes*，读音是 pro-CAR-ee-oats）中，有一些窃取电子的细菌。原始水域中充满了硫铁混合物，电子就是从中释放出来的。还有一些单细胞生物，尤其是古菌，在让从地核逃逸出来的氢与二氧化碳反应生成甲烷的时候，攫住了一点点能量。

大约 27 亿年前，演化出了一种新型的细菌。这些细菌漂浮在接近绿色海洋表面的地方，它们不是通过让各种化学物质共同反应来收集能量，而是利用从太阳流向地球的光子的能量，从周围水域的各种化合物中夺取电子。这些光合细菌有一些从硫化氢中夺取电子，还有一些青睐氢分子，但是我们所关心的那些——所有种类的蓝细菌——都是通过分解水来攫取电子的。

蓝细菌将这种电能转化为 ATP。随后它们耗尽 ATP 来将氢质子与大气中唾手可得的二氧化碳分子捆绑在一起，从而生成糖。糖堆砌成坚韧的墙壁，让蓝细菌同水域环境分离出来，同时也构成蓝细菌细胞壁外面厚厚的胶质衣。这层外壳对于生活在海洋表面的蓝细菌至关重要。这个时期紫外光线还没有被臭氧层过滤掉，如果没有这层外壳，它们的 DNA 就会被烤焦。每次蓝细菌分解水分子，它都会打嗝似的冒出一个微小的泡，将极其微量的氧释放到水中。

蓝细菌的生活很安逸。它们没必要追捕猎物：它们就漂浮在它们的两种"食物"，也就是水和大气中的二氧化碳的边上。能量供应也是无限的。它们一再分裂，种群加倍增长，与此同时，它们分解水，将二氧化碳固定在细胞膜中，并将一丁丁点的氧气排放到水中。蓝细菌的数量变得不可思议地大，但是你得知道：如果一种细菌在早晨六点钟太阳升起的时候开始分裂，在理想的条件下，日落时分种群数量将超过 340 亿。数亿年过去后，蓝细菌变得如此繁茂，在远海中形成了泥浆似的漂浮的垫子。在贫瘠大陆海岸边的浅水区，垫子堆积起来，夹杂着一层层薄薄的泥土和死细菌，形成了枕状、穹顶和巨大的礁石状结构。这种在浅水水域中露出水面的结构，被称为叠层石（stromatolites）。如果你能够扫描 25 亿年前的地平线，你所看到的将不是水或贫瘠的岩石，而是叠层石。在更深的水域中，垫子堆积成圆锥状和柱状，高度可达一百英尺。

蓝细菌产生的氧气立即与海洋中溶解的大量的铁结合在一起。慢慢地，海洋生锈了，数十亿吨的氧化铁层层堆积在海床上，厚达半英里。（我们今天所有的铁矿石都是在这个时代形成的。）最后，约 22 亿年前，所有游离态的铁，以及海洋中的其他缺氧金属，如锰，都已经被氧化了。氧气第一次从海洋中冒出来，飘进大气中，于是"大氧化事件"开始了。空气逐渐明净，天空和水变成我们今天看到的蓝色，平流层形成了保护性的臭氧层。那些依靠铁与硫的反应来维持生活的原生生物，有许多已经灭绝了；还有一些物种受到游离态的氧气毒害，要么消亡了，要么被驱逐到缺氧的海洋深处。但那些促使氧气与碳基分子产生反应的细菌兴旺起来。

然而，最善于利用这种新燃料的并不是单细胞细菌。在 30 亿年前到 20 亿年前之间，海洋中又出现了一种微小的生物——真核生物（eukaryote，读音为 yoo-KAR-EE-oat）。它很可能是在某个时候由两种单细胞个体融合而来。不像单细胞细菌或古菌，真核细胞有细胞核；细胞核自身有膜，包裹着成对的丝状染色体。真核生物以更复杂的方式增殖，它（通过有丝分裂）生成两个相同的子细胞，（通过减数分裂）使遗传物质减半，从而产生只携带一个染色体的配子。然后，来自两个不同个体的配子融合，形成混合了父体与母体基因的新个体。结果表明，这种有性繁殖为生物多样性大开方便之门，爆炸性增殖的真核生物产生了过去和现在的所有多细胞生物，最终也包括我们。①

真核生物还有一个新的特征：不像细菌那样具有牢固的细胞壁，它的细胞壁由柔韧而有活力的网状纤维构成。柔韧的细胞壁意味着真核生物可以伸展和弯曲，从而包裹住其他生物，将其吞噬。约 20 亿年前的某一天，一个真核生物吞噬了一种通过利用氧气代谢糖类来维持生活的细菌（可能与引起斑疹伤寒的细菌相关）。这个真核生物本该分解细菌。但是出于某种原因，这一次，这份餐点消化不掉。猎物不仅在捕食者体内生存下来，而且大量繁殖，其子孙后代也在寄主的后代体内生存下来。共生关系形成了，寄主为细菌提供氧气和糖分，细菌使之产生反应，为寄主提供能量。结果表明，这种关系虽然源自一次吃得不愉快的大餐，但是持久，而且极其富有成效。被吞噬掉的细菌变成了线粒体——这种细胞器是多细胞生命体内的内燃机。

接下来，约 16 亿年前，在这些消耗氧气的真核生物中，有一种生物撞见蓝细菌并将其吞没。这一次，也正是这一次，蓝细菌没有被

---

① 关于真核生物的起源，还有很多是不为人知的，多种理论争执不下。融合可能发生在两种细菌之间，更有可能发生在细菌和古菌之间。最近的基因测序提出了一种可能性：真核生物可能也具有来自第三类多细胞有机体的基因，但这类有机体在现代没有留下后代。三种有机体融合的理论听起来非常不可能，但是它能解释为什么真核生物仅仅在某个时刻演化出来，而且成为所有多细胞生物的祖先。现在，所有的多细胞真核生物都能通过有丝分裂和减数分裂进行有性繁殖。（细胞通过有丝分裂一分为二，也是真核生物的生长方式。）关于有性繁殖是在何时、如何以及为什么形成的，还有很大争议。真核生物的演化史还远未弄清。

真核生物消化，存活下来。没人确切地知道这是如何发生的，但是近期发现的证据显示，有第三方介入。罗格斯大学的生物学家巴塔查亚（Debashish Bhattacharya）的研究表明，另一种个体出席了这次特殊的宴会，而且在同一时间被吞掉了。那是一种类似于衣原体的细菌性寄生虫。这种独特的融合使蓝细菌得以在捕食者的体内生存。寄生虫没有活下来，但是它的某些基因被融合到宿主的基因组中。（这听起来不太可能，但其实不然。细菌很容易彼此交换基因。这种"侧向基因转移"*是细菌能快速演化并对抗生素产生抗性的部分原因。）寄生虫的基因形成了一条关键的输送带，它们将蓝细菌产生的糖分快速传送给宿主细胞。蓝细菌不仅幸免于难，而且还能繁殖。它的后代在真核生物的后代体内生存下来，捕捉阳光，组建碳水化合物，将营养传输给寄主，并释放出氧气。时间久了，蓝细菌的一些基因转移到寄主的细胞核中，转移得多了，客人就不能独立生存了。蓝细菌已经变成了永久居民——叶绿体。[①]

　　早期在远海漂游的光合真核生物，也就是我们现在所说的藻类，在河流三角洲与河湾的淡水浅水区找到了一个特别有利的栖位。在这里，它们能得到附近岸边岩石风化带来的大量矿物供应。快速推移至5亿年前（当我们说几亿年前而不是几十亿年前的时候，是不是感觉

---

* 　lateral gene transfer，又称横向基因传递，是指在有差异的生物个体之间，或单个细胞内部的细胞器之间进行的遗传物质的交流。

① 　不要为从前自由放养的蓝细菌哭泣。它的后代出现在植物界所有成员的体内，如今占据了地球表面的 75%，从沙漠直到高山森林，而且占全世界生物量的 90%。至于那些自由生活、没有躲进真核生物体内的蓝细菌，其后代已经分化成 6000 多个物种，出现在地球上几乎每一个多水或潮湿的栖位上。总而言之，地球上每年产生的新的生物群中有一半——55 亿吨的生物量，都归功于蓝细菌。

几乎就像在说昨天？），有些淡水藻类柔弱的细丝掉落在潮湿的沙地上，通过在富足的港湾固定下来而繁茂生长，不再随着风和潮汐而漂浮不定。藻类繁殖成集群，像被子一样漂浮在水面上。它们也同早先登上陆地的真菌形成了共生伙伴关系（见第 10 章）。稳固下来的藻类数量增多并出现分化。约 4.5 亿年前，它们中间有一些全部转移到陆地上，成为植物界两大分支的祖先。

一个分支是苔藓植物，包括今天的苔类、角苔类和藓类。苔藓植物与地面保持着紧密的联系，几乎就像藻类离不开水一样，因为它们像藻类一样，无法将水向上传输到它们的身体各处。它们也需要潮湿的环境，因为它们的精子必须游动才能与卵细胞融合。由此产生的组织发育成一种结构——孢子体，孢子体随后释放出孢子飘浮在空气中。另一个分支是维管植物，其中包括现在陆地上所有的其他植物。顾名思义，维管植物有导管，能将液体输送到植物各处。

最早的维管植物身形也比较矮小。虽然它们能让水分在体内传输，但是它们的细胞没有外壁来防止水分流失。（它们是从水域环境中移民过来的，先前根本不需要这些。）因此，长高要冒着风干死亡的危险。但是，如果说低俯矮小是不错的生存策略，那么，对繁殖来说则不太有利。像苔藓植物一样，早期的维管植物全都靠孢子繁殖，植株将孢子发射得越高，它的基因就更有可能广泛传播。所以，矮小的维管植物开始演化出清楚的蜡质表皮层。事实证明，更高的个体不仅更有可能产生更多的后代，而且更有可能达到成熟并进行繁殖，因为没有邻居来遮蔽它们。维管植物向着太阳奔跑的比赛开始了。

界限分明的表皮层释放了维管植物的潜力。它防止植物内部的水分蒸发，同时允许光线到达叶绿体。然而，完全不渗透的表皮会阻碍植物吸收大气中的二氧化碳。解决方案是气孔。而且，如果那些毛孔能够打开和闭合，不是很好吗？气孔打开，就能最大限度地吸入二氧化碳。在中午炎热干燥的时候或者晚上植物无法进行光合作用的时候，气孔闭合，就能最大限度地减少水分流失。

其实，最早期的维管植物之一，早已灭绝的库克逊蕨（*Cooksonia*）就具备这些属性。库克逊蕨是一种仅有几厘米高的纤细植物。它由一根细长的绿色茎轴构成，茎轴二歧分枝，形成两根直立的、没有叶片的绿色的茎。茎轴和茎上都布满气孔。每个气孔周围都有两个香肠形的"守

久已灭绝的库克逊蕨

卫细胞"。"守卫细胞"通过吸水和排水而产生膨胀和收缩，改变气孔的大小。库克逊蕨这种微小的植物大约出现于 4.25 亿年前，然后推进到欧美大片土地上。到 4 亿年前，类似的物种加入了库克逊蕨的行列，有些高达两英尺，而且分枝更加繁复。这些植物倾向于密集聚生，它们紧紧地挤在一起，脆弱的茎秆相互扶持。微小的螨、蜈蚣和现代蜘蛛四分之一英寸长的先驱们，都在这片微型景观中匆匆爬行。

这些植物都没有叶子。并不是库克逊蕨和它的同伴们无法长出叶子；制造叶子不需要历史上仅此一次的融合，也不需要罕见得堪称神奇的无法被消化的细菌。负责制造叶子的主要基因，与那些制造枝条的基因一般无二。这意味着植物制造叶子的能力同它们本身一样古老。不，这些植物之所以没有叶子，是因为它们没有理由花费宝贵的碳水化合物去制造和维护叶子。那时候地球上大气中二氧化碳含量大增，比例为百万分之 4000（4000ppm），比今天高十倍。少量具有光合作用功能的茎，足以满足植物对碳的需求。而叶子将会成为一个弱点，因为在这种温室气候中，叶子会捕获过多的太阳能，造成植物过热。即使我们假设叶子上充满了气孔，在那个时代，植物的根系也仍然只是一些细丝，过于孱弱，无法运输大量的水以便叶片通过蒸发冷却。所以，库克逊蕨和它那些同伴都是"裸身前行"。

那个时代的杆状植物其貌不扬，但它们正在逐渐对脚下的地面以及头顶的空气产生影响。它们的根系可能很纤细，但是通过与菌根合作，它们不断地风蚀岩石，逐渐释放出矿物质分子。有氧微生物群落兴盛起来，并以新的地被植物枯死的根系和倒伏的茎为食。这些微生物呼出的二氧化碳滞留在一层新的腐殖质中，与雨水混合，成为碳酸。这种温和的酸进一步加速了岩石的风化。与此同时，暴露在空气中的硅酸钙和硅酸镁与二氧化碳反应，慢慢地，慢慢地从大气中吸走数十亿吨的气体，将其封存在有机化合物中。大约从 4.15 亿年前的泥盆纪时代开始，到 3.5 亿年前结束，地球上二氧化碳的含量减少了60%，大幅下跌到 1600ppm。随之而来的是温室效应减弱，地球温度下降。

随着大气中二氧化碳含量水平的下降，植物可以安全地捕获更多的太阳能而不至于过热。那些已经分布广泛的微小的叉状植物，长出了更多的枝条。这要归功于一类基因的突变。我们称之为 KNOX 基因。当 KNOX 基因表达出来时，茎直线生长。当基因沉寂时，茎产生侧向生长。随着环境的变化，定期转向 KNOX 的突变被自然选择所青睐。植物有了更多的茎进行光合作用，就能获得更多能量，攫取更多的二氧化碳，并将其转化成更多的植物组织和更多的气孔。由此形成更多的茎，随后茎上

蕨类植物的小叶。最初可能是细胞沿着绿色的小枝边缘分裂，促使叶片组织的"蹼"形成。

又分出更多的茎。另一些现在备受青睐的突变使茎上的一些光合表皮组织得以从茎上伸展出去，在利用阳光的事业中获得竞争优势。最终，茎与茎之间的组织相遇并合为一体，这种演化很像鸭子的祖先在脚趾之间产生蹼的过程。由此产生的具有代表性的叶子，是蕨类植物的小叶（*pinnule*）。

尽管单个小叶很小，但是它们共同收集的太阳能远多于光秃秃的茎，所以有叶片的植物能长得更高。到泥盆纪时代晚期，世界上最早的森林——实际上是丛林——形成了，以令人眼花缭乱的多种绿色植物覆盖着大地。灌木一般的蕨类植物在林地上密集地生长。还有一些蕨类植物长成了棕榈树的大小和形态。木贼（*Equisetum*）长着竹子一样的节，每个节上伸出一圈针状的叶。这类植物能长到十层楼高。（普遍来说，它们的后代形态没有变化，但是现存种类只有 3 到 10 英尺高。这些经受了大量气候变化考验的幸存者，如今成了园丁们的噩梦，几乎任何除草剂都无法根除或影响它们。）在大地上占据主导地位的是石松类植物（*Lycophyta*）。它们的树干直径为 6 英尺、高 140 英尺，比一棵成熟的橡树粗 1 倍，高度也与之相当。（这些巨人中唯一的幸存者是石松［club mosses］。）有些种类的根细长，像踩着高跷似的，这是对当时常见的水洼环境的完美适应。在泥盆纪的尾声，第一种真正的树木——古羊齿属（*Archaeopteris*）出现，并繁盛起来。它的树干由木质素和纤维素形成的同心鞘构成。（树蕨的树干由错综的茎组成；木贼的树干中空，就像竹子一样；而巨型的石松有坚硬的外壳，内部却是海绵状的。）我们会觉得古羊齿属植物看起来很古怪：树干顶部冒出侧枝，支托着像蕨类植物一样的叶片。树高约

25 英尺，根系前所未有地发达，比更高大的石松和树蕨的根系庞大得多。

到石炭纪时代末期（3.6 亿年到 3 亿年前），地球在 1.5 亿年中已经成为疯狂的光合植被的家园。陆地上到处覆盖着绿色植物，从覆盖着苔藓的土壤表面，到参天巨木的树冠层，垂直方向上的每一个栖位都被占据了。植物将氧气当作废料排出，从而改变了大气成分。那时候空气中氧气含量高达 35%，而今天仅为 21%。氧气改变了生活在

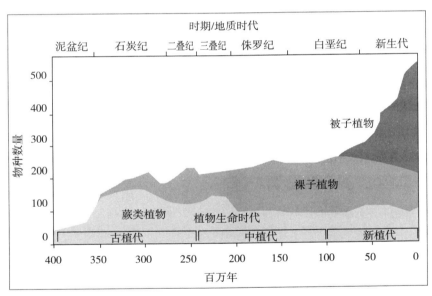

最早期的植物不需要叶子，因为泥盆纪有大量的二氧化碳。在石炭纪时期，随着氧气含量水平增加，植物能获取更多的营养，从而形成了森林。在三叠纪时期，裸子植物中的一个分支——针叶树，在炎热干燥的气候中存活下来。不过，它们叶片窄小，生长缓慢。叶片较大、生长迅速的种子植物在白垩纪占据了主导地位。

图表由 Kenrick、Davis 和 Niklas 授权使用。

千万年难得一遇

这个幽深的绿色世界中的动物。曾经在库克逊蕨丛中急速穿行的微小动物群的某些后裔，已经演变出相对庞大的体形。有着乌鸦般翅膀的蜻蜓从空中掠过，3英尺长的千足虫和小老鼠那么大的蟑螂跑过林下灌木丛，还有2英尺长的水蝎在浅水水域中拖曳而行；两栖蝾螈有鳄鱼那么大。

在那 1.5 亿年中，每一分钟，树干、树枝、根和叶子都一直在生长、死亡和腐烂。有些地方的土壤变成了一米甚至更深，足以支撑越来越庞大的根系。植物生长和死亡的速度，超过了分解的速度。（原因尚不明确，不知道是因为细菌的功能还不足以分解富含木质素的木材，还是因为植物材料陷进了缺氧的沼泽中，而那里没有分解者存活。）在漫长的岁月中，那些植物被掩埋、挤压，最终变成了我们今天所烧的煤炭——"石炭纪"的名称正是来源于此。考虑到在库克逊蕨演化出来之前，陆地实质上已经荒芜了41亿年，叶绿体几乎可说在一夜之间改变了整个地球。它们稳定地吸收二氧化碳，用太阳能分解水，并将碳、氧、氢吸附在一起构成糖分子，由此创造了我们熟悉的世界。

19

树 的 韧 性

难道不总是这样吗？美丽的山胡桃树没到年纪就死了，而我们邻居的树，也就是栽在房屋边上的一排邋里邋遢的莱兰柏树（*Cupressocyparis leylandii*），却似乎万古长青。

在我们附近郊区的社区里，大多数人房前屋后的土地面积都不到四分之一英亩。我们接受了这个事实，那就是除了有灌木丛和后院的围栏稍作阻隔，我们一眼就能望见隔壁的院子和彼此的生活。比如说，当街对面的道格正在睡觉的时候，我知道他的报纸正裹在塑料包里，躺在他家门前的台阶上；我比汤普森先知道麻雀在他家屋檐下筑巢；路易斯隔着后院的围栏告诉我，有一天半夜我们家的狗把一只浣熊撵上了树。爱丽丝七岁那年，有一次鲍勃在街道对面冲我喊，向我报告爱丽丝正在我们屋顶的斜坡上玩耍。不过，我们北边的邻居是一位物理学教授，恰如其分地有着爱因斯坦式的头发，还有一位优雅的法国太太。他一直坚定地要求拥有私人生活，于是二十多年前，他在他们家房前屋后都种植了莱兰柏树苗。

如果有条件自然生长，莱兰柏树能长到高达 50 英尺，而且十分茂密，呈标准的圆锥形，从底部 15 英尺的直径逐渐缩减，到顶端聚成一点。但是因为这位教授仅隔 3 英尺就种一株树苗，所以这些树没能长成那样。树木下半部分被遮蔽得太狠，底下的枝条已经枯死了。因此这些作为我们房屋分界线的树木，现在看起来就像 30 英尺高的篱笆桩，仅上面三分之一的地方有枝条。这些枝条拼命地寻求不受遮蔽的阳光，主要向南北两个方向伸展（树木沿东西方向排列）。在冬季，湿漉漉的雪花必然是单独的一两棵树没法承受的，我们醒来就会发现这些树喝醉酒似的歪倒在我们的屋顶上。春天，我们隔壁那位户外工作人员用电线把那些倒伏的家伙与屹立不动的同伴们连起来，重新排成一列。尽管如此，那些被大雪折腾得怪模怪样，然后又被捆扎得像关牲口的围栏一样的莱兰柏树，还是年复一年地生存下来。

这些树木给我们的屋顶带来危险，但更多是对我的精神造成威胁。我们的房子靠近房前一小块空地的边缘，柏树在这里看起来很阴郁。一个暗淡的冬日，出于对光线的渴望，我在浏览器的搜索框里输入了"如何杀死莱兰柏树"。我发现我绝非第一个对它们起杀心的人。据 BBC 杂志说，莱兰柏树已经成为"郊区的祸害"和"邻里冲突的代名词"。2001 年，在威尔士的阿斯克河畔的塔勒邦特（Talybont-on-Usk），57 岁的兰迪斯·伯登（Llandis Burdon）在一场因莱兰柏树引发的争端中遭到枪杀。英国政府于 2005 年估测，邻里之间因这些高塔般的树木引起的无法调和的争端多达 17,000 件。在英格兰，《反社会行为法》的第八部分——有时也被称为"莱兰柏树法"——规定，如果有人的树篱引起邻居的抱怨，政府有权强制要求房主降低树篱的高度。

从我在互联网上搜到的内容来看，莱兰柏树不容易被杀死。直接砍倒这些野蛮的家伙并不能杀死它们：它们的树桩会像水螅似的，迅速产生很多新芽。互联网上一份帖子建议用软管绕着树桩，埋在土壤里，往里灌水（他没说要灌多久），把根淹死。还有一些人建议在地上撒大量的岩盐，杀死那些"迦太基人"*。

这些柏树难以被降服，是有缘由的。莱兰柏树是松柏目（Coniferales）的成员，而松柏目是因石炭纪晚期新的深厚土壤而出现的木本植物中的一个分支。从那时起，针叶树历经温室和冰室气候、潮湿和干旱环境、山体动荡和几起灾难性的小行星碰撞，一直存活至今。而很多不那么坚韧的物种都在这些事件中被消灭了。远古时代的同伴们大多已经灭绝，或是数量减少到只剩下若干代表，但是针叶树如今还有 630 个代表种。世界上最古老崇高的一些树就是针叶树，其中包括目前活着的最高大的树（一棵 380 英尺高的红杉），以及最古老的树（一株 5000 岁高龄的狐尾松）。在某种意义上，更古老的是生长在瑞典的一棵云杉。这棵树的可见部分只有 13 英尺高，但是它的根系伸展出一条新的根而取代了老根（在老根死亡约 600 年后），因此它已经活了 9500 多年。

针叶树属于石炭纪晚期演化出的一群新的植物——裸子植物（gymnosperms，读作 JIM-no-sperms）。裸子植物不通过孢子繁殖，相反，它们有种子。孢子是单细胞，而种子中包含胚胎。打开一颗受精并已经成熟的种子，你会看到胚胎上的根、茎和一两片叶子。胚胎

---

* 相传罗马人战胜迦太基人后在迦太基人的地里撒盐，让他们的土地寸草不生。

外面包裹着一层多细胞的种皮。种皮内还包裹着储藏碳水化合物的胚乳，胚胎依靠胚乳中的养分生长，直到叶片长大，足以用来吸收太阳光。裸子植物虽然具有更大、更复杂的种子，但是它们必须消耗更多的储备能量来生产种子。这样一来，它们就不能像蕨类植物产生孢子一样结出那么多种子，但是任何一颗种子，都比所有的孢子更有可能存活下来。

起初看来，这种权衡不说绝对成功，也算是一种切实可行的策略。最早期的针叶树很小，其中有些看起来很像常见而且通常非常纤细的室内植物小叶南洋杉（Norfolk Island pine）。它们有类似的针状叶，稀疏且含有树脂的枝条也同样呈螺旋状从纤细的树干上伸出来，但是它们的球果更为原始。从石炭纪末期，经过二叠纪（约 3 亿到 2.5 亿年前），有少数针叶树延续下来。随后，突然之间，在二叠纪结束时，松柏植物数量剧增，多样性爆发，并主宰了地球的植物群。

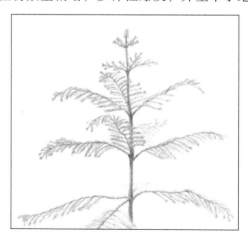

小叶南洋杉

　　　　　　　　　　　　　　　　神奇的花园

为什么呢？首先，一场一直蓄势待发的地质事故发生了。地球上的大陆一直在随着构造板块移动，板块碰撞形成了从地球的一极延伸到另一极的超级大陆"泛大陆"（Pangea，又称联合古陆）。结果导致海洋循环模式中断。随着地球两极冰川的形成，海平面下降，而曾经充满多种海洋生物的清浅而温暖的大陆架变成了土地。在赤道周围，许多内陆潟湖和沼泽完全干涸，被沙丘取代。中北和中南纬度的土地变得温和，像今天一样有了不同的季节，包括寒冷的冬天。

　　接着，一颗直径 6 英里、体量相当于珠穆朗玛峰的小行星在澳大利亚西北海岸附近与地球相撞，制造出一个直径 125 英里的大坑，使空气中产生了大量遮蔽光线的尘埃。植物和藻类因为无法在阴霾下进行光合作用而死亡，进而饿死了很多依靠植物和藻类生存的海洋生物、两栖类生物、爬行动物以及昆虫。随后，西伯利亚的火山爆发喷出大量熔岩，覆盖了至少 150 万平方英里的区域，面积比欧洲还大。而熔岩喷发时穿过了世界上最大的煤田，携带着大量二氧化碳和二氧化硫冲进大气层，滞留的热量致使气候骤然变暖。暖空气使永久冻土融化，甚至使寒冷的海底升温，进而释放出海底封存的一种特别有效的温室气体——甲烷。

　　这些事件的顺序及其相对的重要性尚有争议，但结果是毫无疑问的。我们知道，生命在二百万年间大举灭亡，而无论死亡以何种形式和何种顺序到来——气体中毒、冻结、燃烧、饥饿、窒息和脱水——就地质时间而言都不过是一眨眼的工夫。这场因众多事件交汇而形成的灾难，被称为"二叠纪末期大灭绝"，或者通俗点说，就是"特大死亡"。海洋生物中 96% 的物种灭绝，地球上至少 90% 的生命死亡。

在二叠纪末期和三叠纪初期（2.5 亿年前），地球上大多数地方炎热干燥，生物多样性减少到令人吃惊的地步。

只有一类针叶树在"特大死亡"中幸存下来，但是这类植物，也就是伏脂杉科（Voltziaceae），有足够的理由存活下来。它的针叶非常适于炎热干燥的气候。这些叶片表面积较小，而且有大量的蜡质物质包裹着，能抵御干燥。叶片上的气孔陷入针叶表面下方，进一步减少了蒸发。由于此时大气中二氧化碳的浓度已经增加，这些叶子仍然能够获得足量的气体。这类针叶树兴盛起来，形成多个家族，至少包括 2 万个种。很多种类都很高大（有些高达 200 英尺，比一棵橡树还高 2 倍），短短的枝条从顶部向下方辐射，看起来像巨大的瓶刷；还有一些像现代的红杉，树干高耸粗大，仅从顶端伸出一些硬邦邦的枝条。有些演化出了应对高盐度环境的能力，就像现在的红树林一样；还有一些为了在个体生命短暂的泛滥平原上生存下来，一两个季节就能结出球果。少数种类的形状像圣诞树一样，让人想起云杉和冷杉。到约 2 亿年前，针叶树主宰了陆地，占到世界植物种类的 50%。

随后，在恐龙的全盛时期，也就是约 1.4 亿年前，太阳底下出现了新的东西。第一批有花植物，即被子植物，在热带地区演化出来，并迅速分化和扩张。成功的秘诀在于它们的叶子：被子植物的叶片宽大扁平，表面积更大，比叶片狭窄的针叶树所能采集到的太阳光更多。此时空气中二氧化碳的含量水平已经下降，而这些新的叶片能获取更多的气体。它们能制造出更多的糖，生长也更快速；尤其是在幼苗和树苗阶段，它们能遮蔽生长速度较慢的针叶树。针叶树最终放弃了大片领土，主要在那些对大多数被子植物来说过于寒冷，或是土

神奇的花园

壤贫瘠、不能提供被子植物所需的大量养分的地区存活下来。今天，所有种类的植物中有 75% 是被子植物，针叶树占 15%，而蕨类植物（pteridophytes）——包括蕨类、木贼和石松——构成了剩下的 10%。面积最大的成片针叶树林集中在山区地带、高纬度地区，生长于石质土、黏土或酸性土壤中。

在幸存下来的针叶树种中，有两种北美的本土物种：大果柏（Monterey cypress，又称香冠柏、蒙特雷柏）和黄扁柏（Nootka cypress）。野生的大果柏仅生长在蒙特雷附近和加利福尼亚州的卡梅尔凉爽而多石的海岸线一带。大风将它们塑造成扭曲的形态，而在摄影作品中最经典的就是它们在雾中半隐半现的样子。这些拥有约两千年历史的标本，是以前广阔的森林所留下的一切。其中有些树已有两千年的历史。黄扁柏具有传统的金字塔形的外观，叶片十分独特，一束束地从枝条上垂下来。它生长在从加利福尼亚最北端到阿拉斯加南部海岸线一带的高海拔地区。

大果柏（左）黄扁柏（右）莱兰柏（中，两种柏树不可育的杂交种）

这两种威严的树种正是莱兰柏树的亲代，而莱兰柏树是两者不可育的杂交种。这两种树在本土栖息地上是绝不会相遇的：最南端的黄扁柏生长在蒙特雷一带 400 英里以北。但是在 19 世纪中叶，利物浦的银行家克里斯托弗·莱兰（Christopher Leyland）将位于威尔士南部的一处庄园，作为结婚礼物送给他的侄子约翰·奈勒（John Naylor）。奈勒花费重金翻修房屋，并聘请了一名景观设计师来布置花园。设计师采用了各种异域树木，包括大果柏和黄扁柏，这些树种植得非常密集。1888 年，一颗杂交种子发芽并成长起来。第二年，奈勒去世，他的儿子克里斯托弗继承了庄园并把自己的姓改为莱兰。此后克里斯托弗·莱兰将六棵幼苗带回他位于什罗普郡的府邸。在那里，幼苗迅速长成大树，即莱兰柏树。因为莱兰柏树是不可育的，所以我们家院子边上那排艰难求存的树木，都是用克里斯托弗·莱兰那些树上的枝条扦插得来的，是那些树的直系后裔。

　　当然，我从来没有试图害死邻居家的莱兰柏树；谋杀超出了我的限度。此外，这些大树唤起我内心一种根深蒂固的敬畏感——神话和民间传说告诉我，并不单我一个人有这种感受。无论如何，我知道莱兰柏寿命并不长，隔壁这些树正在自然地走向死亡。事实上，我的邻居已经预料到这一点，就在这排树里面，他已经种植了长长的一列灌木。这种灌木是南天竹（Nandina domestica），这种开花植物将会长成规规矩矩的 6 英尺高的树篱。这意味着，就在马里兰这个地方，我将目睹远古的历史重演：被子植物取代针叶树。

神奇的花园

20

神奇的草

深冬季节的某一天，当你在杂货店里拿起几盒樱桃番茄（Cherry Tomato），看商品标签上标注的产地时，你会发现大多数来自墨西哥。这是有理由的：墨西哥气候温暖，光照期长。还有一些商品来自加拿大，是温室里长出来的。奇怪的是，这类商品的标价是相同的。加拿大的果农必须支付供暖费用，如何能与完全不需要其他成本的墨西哥果农竞争呢？2011年夏天，我动身去加拿大安大略省利明顿的金字塔农场寻找答案。农场的主人迪安·提森（Dean Tiessen）拥有37英亩的温室蔬菜园。我从底特律往东南方向开车约一个小时，一进入农场的办公区，迪安就跳出来迎接我了。他看起来健康而帅气，45岁左右，黑黝黝的头发冲天而立。

如果说有人祖上就是务农的，迪安就是这样，他的先祖是18世纪60年代应俄国叶卡捷琳娜大帝邀请到乌克兰南部定居并进行现代化农业生产的荷兰门诺教派的农民。他们在那里留下来，一代接一代地从事农业生产，直到1917年俄国十月革命爆发。土地集体化以后，他的祖父母逃往加拿大，并在利明顿定居。他们在1.5英亩的温室里种植无籽黄瓜和番茄。这家农场于20世纪50年代传给了迪安的父亲，大约十年前由迪安、他的兄弟以及两个表兄弟接手。他们将一家专供当地市场的小农场，变成了供养三个大家庭、雇用一百多人，向北美各地销售商品的大产业。如今，金字塔农场在对价格高度敏感的全球市场上竞争。

那么加拿大人是如何取得成功的呢？迪安拉开一间温室的大门，让我进去参观。忘掉番茄丛吧。我所看到的是由番茄藤搭建成的一面8英尺高的密密实实的墙，番茄藤从温室的一端爬到另一端，长到了60英尺长。藤上结着厚厚的番茄，最大、最红的在底部，青色的小番茄在顶上。透过这面墙，我看到另一面墙，就在这面墙后面几英尺。迪安告诉我，每间温室里有大约一百面番茄墙——他说的是一百排，但是就体量而言这种说法有失公允。

这些番茄以最集约化、最高效的方式生长。我们来看看每一面墙的基部。忘掉土壤吧，我们看看一面墙的底部。每隔一两英尺，就有一根像绳索一样粗的番茄藤从填充在混凝土地板窄槽中的泡沫板上伸出来。水分和营养物质通过黑色的细管流进每个泡沫板中。在上面，一根水平的电线从温室一端拉到另一端，就位于柱顶横梁的下方。每根藤都有一根线牵引着它往上生长。每隔两周，顺着水平电线将卷轴移得更远，把线放长约2英尺。每星期，一名工作人员站在升降梯上，将新长出的番茄藤缠绕在线上，让它向头顶的电线延伸。随着生长，每根番茄藤的顶端离基部越来越远，最终顶端将偏离基部60英尺。线不断放长，有效地降低了番茄藤底下部分的高度，这样，一根根平行的、绳索般粗壮的番茄藤上叶片繁茂，缀满果实，极其缓慢地

神奇的花园

从地板一直爬升到天花板。

在番茄藤的顶端，冒出了新的叶子和一簇小黄花。我顺着一根番茄蔓往下数，共有八簇番茄。最上面的番茄小而绿，依次往下，一簇比一簇成熟。到大约膝盖那么高的地方，番茄长得又熟又大。在温室里，我听见空气循环扇传来低低的嗡鸣，但那也可能是番茄全力生长发出的声音。这里的每一片叶子都是绿色的、健康的，每一个果实都毫无瑕疵。

迪安告诉我，现在他在 1 英亩温室内种出的番茄，可以跟墨

这些番茄藤最终会长到 60 英尺长。

西哥农民在户外 47 英亩土地上生产的一样多。过去十年中，得益于温室技术和育种过程的改进，他已经把每英亩的产量增加到 3 倍。在作物选择上他也做出了优化，仅种植边际收益更高的特种番茄，包括 26 个祖传番茄品种。他唯一不能改进的是加拿大的气候，以及伴随而来的燃料需求。大约有 40% 的生产成本来自能量，每增长一点支出都会让他头疼。相比竞争、枯萎病、虫害和劳动力成本等问题，能源价格的波动才是最让他难以安眠的。

"1967 年之前，我父亲一直靠烧煤来给温室加热。"迪安告诉我，"后来炼油在休伦港这片区域成了一项产业，他就开始烧'燃油'，

也就是炼油过程中最后留下来的黏稠的油。到我开始干这行的时候，已经出现了使用天然气的设施，我就一直在天然气和煤炭之间切换，煤炭便宜的时候再回来烧煤。接着，2001 年，所有燃料价格飙升。一个季节，我们的供暖成本就从每英亩 3 万美元涨到了 10 万美元。"

"情况很糟糕，我想找替代品，最后考虑使用木材。周围没有森林，但我找到了一些建筑垃圾，那些东西本来是要当垃圾填埋的。每次看到有人拆房子，我就会过去问能不能把木材拖走。有一段时间相当不错：我把能源成本降到了每英亩 2 万美元。但是很快，大家都去找这种东西，工地上的人也不给了：这成了一种商品。接着变得稀缺，价格就上涨了。幸运的是，到那个时候煤炭已经便宜了。现在我烧的是天然气。"

迪安解释说，大约五年前，由于对未来燃料成本缺乏"远见"，烧木材的经验启发他去考察生物能源。如果他能自己种植生物燃料作物，他或许能使能量成本长期固定下来，晚上也能睡个好觉。能量成本固定下来，他或许就能与买家签订长期销售合同，这将会吸引买家。他考虑到，如果二氧化碳排放也能像二氧化硫那样，形成一个限额交易系统（cap-and-trade），他或许可以出售他的碳排放信用额（carbon credits）。

2006 年，他参观了欧洲的生物农场。英国人和德国人在种植生物质能植物上比北美人有更丰富的经验。他们致力于用玉米发酵生产的酒精来代替汽油。迪安考察了栽培柳树、杨树、日本虎杖（Japanese knotweed）、柳枝稷和芒草的农场。日本虎杖在美洲其实是一种入侵物种，因此行不通。柳树和杨树虽然能快速成林，但是也需要三十年才能收获。在此期间，作物可能会毁于病害、虫害或火灾。柳枝稷是原产于北美平原的一种多年生草本植物，大可以一试。但更有吸引力的是芒草，一种原产于亚洲和非洲的多年生草本植物。在德国，研究人员对一种名叫奇岗（*Miscanthus giganteus*）的杂交种进行试验并取得了成功。这个变种能长到 12 英尺高，每英亩的生物质产量至少是柳枝稷的 2 倍。

在迪安看来，这种作物还有其他吸引人的地方。它不仅是多年生植物，而且被证明特别坚韧持久。迪安看到，德国试验田里的芒草已经生长了二十年。在日本，人们数世纪以来栽培芒草用来铺盖屋顶，有些芒草群落已经有两百年的历史。因为奇岗是一种不可育的杂交种，所以不会结种子，更不会逃出农场去入侵邻居家的土地。它也不会像野葛（kudzu）那样靠攀爬拓展殖民地：经过二十年，丹麦试验田里的奇岗群落仅扩张了几英尺。如果这种作物不管用，我们也很容易根除它。害虫对它坚韧的叶片没兴趣，过了第一年，它就长得极高极快，盖过了与之抢夺养分的杂草。芒草可以留在地里，变成枯黄的稻草色，直到深秋甚至春天，等闲置的收割机和打包机来采收。它在寒冷的天气里待得越久，就变得越干，这样就越容易燃烧。捆好的芒草扔在地里几个月也不会烂掉，所以也没有存储成本。

与北美为了生产乙醇而种植的玉米不同，芒草在过于陡峭、过于沙质化，或是土壤肥力太低，不适合用来种庄稼的边角料土地上，也生长良好。在秋末，芒草会停止光合作用，将茎干和叶片中的营养物质传输到地下，这意味着芒草地不需要太多肥料。奇岗并不是专利产品，可以免费获得。唯一的缺点在于，似乎还没有人指明如何有效地种植这种植物，所以种植初期成本将会很高。但是迪安认为他能克服这一点。他刚从欧洲回来，伊利诺伊大学的教授、世界领先的芒草研究人员斯蒂芬·朗（Stephen Long）给了他几根根状茎，让他在安大略省做试验。

迪安带我到外面去看由那些根状茎生长出来的一片芒草地。从远处看，这块地让我想到美国西南部地平线上突然耸立出来的块状台地，只不过，这里不是赭石色和淡棕色，而是翠绿和深绿的色调。走近了才发现，这片台地原来是茂密而笔直的茎秆，茎上缀满了刀片一般的叶子。整个丛林在早晨的微风中摇摆和颤抖。迪安给我留了一分钟的拍照时间，他自己走到前面去，站在土地边上。我把迪安也拍摄进来，他身高 6 英尺，而那些植物显然已将近他身高的 2 倍了。这还只是 7 月中旬。奇岗，确实名不虚传。*

迪安和我站在土地边上，更仔细地打量那些植物。我能看清那些深绿色的叶片上沿叶片中脉有一条薄薄的白色条纹。茎秆分成许多节，叶片从每个结上伸出来。迪安用双手抓住一根茎靠近基部的地方，使劲一拉，将其从地上连根拔起。他小心翼翼地尽量不去碰叶片，因为上面撒了一层颗粒极小的硅石，这是为了预防害虫和其他小型食草动物。（他不好意思地告诉我，他最近把妻子惹怒了。因为他让两个小儿子在芒草地里玩捉迷藏，晚上他妻子用天然镁盐［Emsop salts］给孩子们泡澡的时候，小孩子身上那些看不见的小伤口刺痛起来，弄得他们大喊大叫。）他从茎秆上折下大约 8 英寸长的一段递给我，看起来像是一块粗粗的、长满节瘤的根。他解释说，这不是真的

---

* 　奇岗的种加词 *giganteus* 意思是巨大的。

　　　　　　　　　　　　　　　　　　　　神奇的花园

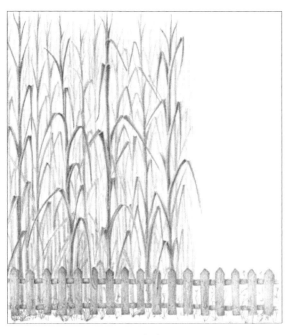

一片奇岗丛

根，而是根状茎，一种在地下横向生长的茎。根状茎分节，每个结上都有庞大而短粗的芽。芽要么长成新的根状茎、须根，要么长成一根新的茎秆，这取决于它们所接收到的激素信号。假以时日，许多芽都会成为新的茎秆。

　　虽然采收来做生物燃料的是坚韧的茎秆，但是芒草的叶子才是这种植物成功的关键。在地球上的植物群中，草本植物是后来者。它们出现在6500万年前，也就是白垩纪后期恐龙消失的时候。没有人知道草本植物到底为什么在地质年代后期才演化出来，但是气候变化很可能发挥了作用。当时，大陆内部的高纬度地区变得越发干旱，火灾频发。草本植物对火的适应性很强，因为它们的芽尖贴近地面，甚至在地面以下，避开了火焰，所以它们当季就可以再生。相比之下，木本植物要么直接被烧死，要么过许多年才能恢复过来。

后白垩纪时代大型哺乳动物的演化也对草本植物的演化起到了帮助。5500 万年前，植食性的有蹄类动物，即现代马、羚羊、牛和骆驼的祖先，不断啃食灌木和小树的嫩芽，使那些木本植物生长不良或是凋零枯萎，从而为草本植物开辟了更多的领地。植食性动物也会啃食地上的草本植物，但是牧群一走，草又冒出头来了。到 1000 万年前，温带地区到处是广阔的草地，很像现在的北美大草原、欧亚大陆草原、南美无树大草原和南非草原。

大约在这个时期，在赤道附近更炎热、干燥的环境下，一类新的草本植物繁盛起来——你或许会称之为超级草类。这类植物就是现在重要的粮食作物甘蔗、玉米、小米和高粱，以及竹子和（瞧！来了！）芒草。它们成功的关键在于重新发明了光合作用。

大多数植物和更早期的草本植物都以"碳三"（C_3）模式进行光合作用，虽然也很成功，但是在生理上有一个弱点。在将二氧化碳气体固定到糖分子的过程中，有一个步骤需要核酮糖 -1,5- 双磷酸羧化酶 / 加氧酶（RuBisCO）的参与。但是，RuBisCO 经常犯错误，它固定的是氧气而不是二氧化碳。植物需要释放出这些氧气，在此过程中就会损失一些刚刚捕捉到的碳。在炎热天气下，问题更加严重。植物通过蒸发作用从叶片上流失的水分比根系所能吸收的更多，这时它们需要节约水分，因此气孔会自动关闭。气孔关闭后，被 RuBisCO 固定的多余氧气无法逃逸出去并累积在叶片中。在炎热的环境条件下，

神奇的花园

碳三植物几乎无法合成糖类。

热带地区的某些草本植物演化出一两个巧妙的解剖学和生理学特征，摆脱了这种低效的模式。1966 年，科学家才发现这些碳四植物形成了一种新的生化途径。它们首先将碳合成为四碳化合物，而不是三碳化合物（因此称碳四和碳三）。这种化合物被泵入叶脉周围的束鞘细胞中。碳四植物的束鞘细胞本身能进行光合作用，而碳三植物的束鞘细胞则不然。更重要的是，碳四植物的这些细胞能凝聚比空气中浓度更高的二氧化碳。因此，RuBisCO 接触到更多的二氧化碳分子并与之反应，从而合成更多的糖。由于氧气无法透过束鞘细胞，所以不会出现固定太多无用氧气的情况。

总而言之，碳四植物学会了如何在艳阳高照的日子里多生产粮食——大约多出 40%。这就是为什么它们虽然只占世界全部植物种类的 1%，却构成地表 20% 的植被，并且生产出陆地上约 30% 的碳；这就是为什么世界上最可怕的 18 种杂草中有 14 种是碳四植物（马唐和藜，说的就是你们）；这也是为什么芒草是制造生物燃料的首要候选者。不仅如此，事实证明，在碳四植物中，芒草格外擅长储集碳，哪怕是在安大略省的寒温带气候下。春天，芒草的根状茎冒出新芽，比必须依靠种子发芽的玉米，甚至是柳枝稷，都要早好几个星期。对它来说，两周就是一个生长季，过完这两周后，它的叶子继续进行光合作用。看着眼前密不透风的叶子，我一点也不怀疑，芒草比碳四植物的叶片更多，总体的表面积也更大。

到 2008 年春天，同时采用微观组织培养和人工分蘖根状茎，迪安把朗博士给他的五根根状茎变成了数千根，种植在 60 英亩的土地上。一个生长季结束时，迪安拥有的奇岗数量已经是伊利诺伊大学的十倍。迪安希望，到 2014 年底他的番茄农场将会实现能源自给。

实现能源自给所带来的心理安慰是显而易见的，但是种植芒草有商业价值吗？迪安用 400 英亩生产力较差的土地来种植芒草，他同附近的农场主签订合同，余下的让他们来种植。迪恩估计，用芒草生产 10 亿焦耳能量的成本是 4.2 美元。天然气虽然目前比较便宜，每 10 亿焦耳的成本也约为 6.5 美元。而且生物燃料不需要用特殊的炉子来燃烧。至少在理论上，芒草燃料更胜一筹。

环境也是首先要考虑的。燃烧煤、天然气和自石炭纪时代以来埋藏在地下的石油，会将温室气体二氧化碳排放到大气中。冬季燃烧芒草虽然也增加大气中的二氧化碳，但是春夏季芒草在生长过程中会吸收二氧化碳。迪安生产芒草能源唯一要用到的燃料，就是收割打捆的时候烧的一点点柴油。他希望三年后他的农场将接近碳中和。在二氧化碳含量正以前所未有的速度增加的今天，这是一项重大的成就。

种植芒草还能带来其他环境效益。随着夏季芒草的生长，底下的老叶脱落。落叶逐渐腐烂，最终变成碳和养分重新回到土壤中。而在此之前，厚厚的落叶层还能为小型野生动物提供理想的庇护所。落叶能减缓土壤中水分的蒸发。芒草的地下部分与地上部分大小相当，这意味着它对地下生态学起到重要的影响。芒草多年生的根系深深地扎入地下，使土壤疏松，为蠕虫和昆虫提供养分，并增加有机物质，促成丰富的地下生态系统。在环境影响方面，这种作物像多年生小麦一样，堪称土地研究所的"圣杯"。更理想的是，它能长在自矜自贵的小麦不愿意生长的地方。

丹麦、西班牙、意大利、匈牙利、法国和德国已发起多项研究和商业化项目；欧盟计划，截至 2050 年，欧盟国家 12% 的能源将来自芒草；美国农业部正在资助一些项目，预计将种植 10 万英亩芒草；英国石油公司最近为伊利诺伊大学的芒草研究投资 5 亿美元。

我对新生物燃料的前景总体上很感兴趣，芒草让我着迷。迪安告诉我，为安大略省一户普通人家供暖，可能需要 1 英亩的芒草。于是我在心里为我梦想中的房子添加了一大片的芒草。当然，在那个梦想的国度里，我不必担心邻居家的莱兰柏树压到我的屋顶。芒草无法满足我们的全部能量需求，你不能直接把芒草放进燃气缸里。然而得益于一百年来演化过程中的精微调整，每片叶子都是将太阳光转化成能量的神奇工具。

第四部分

———————

花

21

花园里的激情

大约 30 年前一个周六的中午，我的发小儿艾米和她刚从医学院毕业的未婚夫约翰，准备在那天下午四点举行婚礼。第二天他们就会离开华盛顿，开着卡车去密歇根——约翰要在那儿开始他的住院医师生涯。约翰和艾米的姐妹以及朋友们不约而同地来帮他们搬家——有的在厨房忙碌，有的在走廊打包装箱。客厅的家具妥善地放在他们的花园公寓里，但是卧室连下脚的地方都没有，被塞得满满当当。自行车和越野滑雪板、大量的松木书架、绿色的牛奶箱、塞得圆鼓鼓的垃圾袋、行李箱、背包、覆盖着气泡纸的带框海报、堆成小山的纸箱，这些东西都整整齐齐地贴着紫色标签，上面有艾米用神秘的手写斜体字作的标记。

同时，婚庆公司的工作人员在后院搭起了一个帐篷并安排了 75 位宾客的桌椅。这将是一顿百乐餐*，沙拉碗、耐热玻璃分发盘和面包篮在小厨房的橱柜上一字排开，更多的餐具还在后面。香槟和葡萄酒盖着冰放在冰箱里，冰箱上还贴着艾米三年级时的涂鸦。现在唯一缺

---

* 百乐餐：每位参加者自带一道菜的聚会。

少的就是鲜花了。

正在这时，有人敲响了前门，一个笑嘻嘻的出租车司机递给艾米一摞长长的绑着白色缎带的亮白色盒子——花到了。这份厚礼是约翰住在檀香山的继母贝蒂坐飞机带过来的，酒店同意帮她冷藏这些盒子以保持新鲜。这时我们这些刚好在场的姐妹团和朋友们，都聚在客厅围观艾米打开盒子。她不知道会看到什么，因为贝蒂没有问过他们想要什么花，也没有告诉他们可能是什么。姑娘们发出了惊叹：盒子里的东西十分丰富，第一个盒子里是一束白色石斛兰，淡紫色的星爆般的细纹顺着狭窄的花瓣细细流淌；另一些盒子里是可爱的有着深紫色圆形花瓣的传统蝴蝶兰；还有一盒装的是精致的黄色花朵。艾米打开了最后三个盒子中的一个。里面是长长的绿色的茎，顶着红色心形塑料盘一样的花。花的中心是肉质的粉色花序，跟我的中指差不多粗，但稍长一些，呈 90 度直角伸出来。我们先是惊呆了，然后哄堂大笑（原谅我词语匮乏）。最后两盒装的也是一样的花。

有人说："这是花烛。"

艾米说："不管它是什么，我都不会在我的婚礼上用像阴茎一样的花。"大家都赞同。

我去厨房找到花瓶并灌上水，等我回到客厅，只有兰花还留在那里等着婚礼上用。它们绑在一起比分开单放时更漂亮，对于即将到来的喜事也有着美好的寓意 *。

那是我参加过的最富有生气的婚礼（新郎穿一件边上有网眼褶皱的郁金香印花上衣，新娘子穿着绿色网球鞋），而且幸运的是，婚

---

* orchids 既指兰花也有称赞的意思。

神奇的花园

礼和搬家并不意味着友谊的结束。最近，艾米和我去波多黎各进行一年一度的冬季避寒旅行，我提到我在写花烛。我问她，贝蒂给她婚礼上带的那些花烛最后怎么处理了？她先是大笑，然后惊讶居然从来没告诉过我这件事。当时她爸爸已经在华盛顿市中心小而高档的泰伯德酒店（Tabard Inn）为新人订好了婚礼套房。泰伯德酒店是由三幢古老的联排别墅组成的，历史可以追溯到 19 世纪 80 年代，房间的装饰物有手工钩花地毯、陶瓷台灯、大理石面的梳妆台、绒布沙发，诸如此类。那天深夜她和约翰走进房间的时候，发现在盖着白色蕾丝床罩的桃花心木四柱床上，一片雨点般闪烁的红色纸屑中间放着花烛。

原来她的姐妹们那天下午偷偷溜出来，恳求酒店前台给她们房间钥匙，好做婚前装饰。艾米说，看到花烛的那一刻感觉很好笑，但是直到今天，她都觉得这种花有点儿黄色笑话的意味，看不出为何会有人喜欢它。

但是我爱花烛。

我所有的园艺工作都在室内进行，在光影摇曳的温室里。不在户外种植对我意味着避开了狗的呼吸一般湿热的空气，杀气腾腾的蚊子和蜈蚣——那对我来说是有一百条腿的怪兽。我的栽培土和装饰用的玻璃珠是用塑料袋装着送来的，喷壶嘴喷出的水里有我小心翼翼地倒进的一茶勺肥料。我的盆栽植物都不是本土物种。它们都来自南方，这也是我面临的挑战：在它们本不应该出现的地方营造出一个热带天堂。我不仅生活在错误的纬度，而且我家温室的顶棚还是朝北的。因此，观花植物很难养活，我的居家丛林以绿色为主，依靠丰富的纹理和形态而不是颜色取胜。纸莎草*的芦苇状细叶和帝王棕榈的掌状叶直抵天花板，文竹**簇生的柔茎在花盆上攀缘；西边的窗户上生长着一棵翡翠色的植物，叶子饱满而有光泽，这是一棵粉蕉（看起来很像鹤望兰，但从没开过花）；还有一棵祖父级古董仙人掌，这棵"笔杆仙人掌"绿色的虬枝盘曲，有着龙舌兰一样危险的尖刺，我需要戴厚厚的手套才能拨弄它。少数物种的叶片颜色相当多样。比如说，竹芋（祈福植物）的叶子上有粉色羽状脉纹，三色铁短剑一样的叶子上有从叶基延伸到叶尖的粉色、奶油色和绿色的条纹。多亏植物生长灯，我的柑橘树会开一周的白色小花，但花期也只有一周。

当夜幕早早降临，深色的窗户仿佛要吸走我身体的热量和心中的快乐时，我就需要真正的色彩来慰藉自己，这时我的依靠就是花烛。花烛属植物大概有一千多种，我种植的那些品种的佛焰苞***（那些看起来像单个巨大花冠的苞片的正确名称），可以把欧莱雅指甲油色卡上的每个颜色都呈现出来：信号灯红、路锥橙、深桃红、热情紫、情欲粉（噢，这个就不在色卡上了），以及各种火热的中间色调。苞片里面的肉穗花序，也就是中心像阴茎一样的柱体，也很浮华，有大红色和粉红色的混色，或者金色和奶油色的混色。花烛属植物并不满足于昙花一现，它们鲜艳的颜色要保持长达几周甚至数月。

艾米不是唯一不喜欢花烛属植物的人，泰德也欣赏不来。当我养的一打以上的花烛属植物同时盛放的时候，他说温室看起来像是顾客

---

* 纸莎草，生长于热带亚热带的高大挺水植物，可达到2—3米，是制作记录古埃及文明的莎草纸的原料，现成为观赏植物。

** 我们平时看到的文竹叶子其实是叶状枝，真正的叶子退化为鳞片状，着生于叶状枝基部。

*** 天南星科特有的佛焰花序中，肉穗花序被形似花冠的总苞片包裹，此苞片被称为"佛焰苞"。

神奇的花园

被抓了现行的妓院。我已经见识过这些花给客人造成的不安。在种着花烛属植物的温室里举行晚宴，可不像在有着甜美花朵的野外草甸上野餐。

　　当然了，连草地上白色的雏菊、粉色的三叶草*、象牙白的野胡萝卜花**、紫色的羽扇豆***，也都和性有关。它们漂亮的花瓣和微妙的香味都是诱人的暗号，邀请昆虫们进去品尝甜蜜的奖赏。现场唯一真正无辜的是昆虫，它在啜饮被花朵藏在底部的花蜜时，偶然间沾在身上的花粉会掉落在下一朵访问的花里。讽刺的是，当谈到花烛属植物时，让我们脸红的只是解剖学意义上支撑花朵的粗壮的肉穗。那些花太迷你，以至于用放大镜才能看到。只有人类的眼睛才看不出来，花烛属植物可谓花中谦逊的典范。

　　虽然欧洲有其他种类的天南星科植物（比如魔芋属植物的成员），但花烛属并非原产欧洲。斑叶阿若母（*Arum maculatum*）生长在北温带的欧洲，英文名为"Cuckoo Pint"。Pint 是 pintle 的缩写，在中古英语中是"阴茎"的意思。伏都百合（*Dracunculus vulgaris*）生长在地中海东部，特色是有两英尺长的深紫色花序。然而，这些花并没有启发中世纪或文艺复兴时的欧洲人把它们和生育联系在一起。（塞奥弗拉斯特关于北非人将椰枣雄株的花粉撒在雌株上的描述已经脱离了常识。）随着 5 世纪罗马帝国的衰落，掌管神圣知识和世俗知

---

*　粉花车轴草。

**　野胡萝卜花的直译是安妮女王的蕾丝，相传名字的由来是丹麦的安妮女王要求侍女以野胡萝卜花为范本做出精巧的蕾丝，针尖刺破手指的一滴血，变成了野胡萝卜花心的一点红。后来这种原产欧洲的植物随着她的孙女——不列颠女王安妮权力的扩张，在美洲也编织出细密的网。

***　也叫鲁冰花。

花园里的激情

识的人，都成了神职人员，没有哪个团体会把兴趣放在植物的性行为上。到了中世纪，对圣母玛利亚和贞洁的崇拜日渐增长，作家和艺术家把玛利亚与很多花的形象联系在一起；金盏花、玫瑰、木槿、紫罗兰、鸢尾、橙花，还有很多其他花卉成为圣母绘画作品上特定的装饰背景。以鲜花环绕圣母为特色的神圣空间被称为"玛利亚的花园"。12世纪，当天使报喜图中第一次出现天使加百列把白百合递给玛利亚的场景时，白百合成为象征圣母玛利亚的花朵。当然，生活在那个时代的人们不能想象，那些来自仁慈又纯洁的上帝的激励人心的花朵，实际上是纵情狂欢的邀请。

格鲁是古典时期以来第一个研究植物的性生活的欧洲人。他在《植物解剖学》中提出，雄蕊可能是雄花的生殖器官。花药可能充当"小鸡鸡"，而花粉囊制造出的小颗粒是"植物的精子"。他写道，当这些颗粒落到雌花的"种皮或子宫"中时，它们赋予了雌花一种"生殖属性"。细心观察的植物学家敏锐地得出了这种推测，但也只是猜想，格鲁并没有尝试通过实验来证实。著名的英国博物学家约翰·雷支持格鲁的观点，但同样权威的马尔比基反对。马尔比基认为种子发育的方式和花蕾一样。花蕾不需要受精就可以发育，为什么种子不可以？马尔比基写道，花粉不是精子，而是排泄物。

格鲁关于花朵拥有生殖器的设想并未引起注意。这毕竟只是一种想法，而且对大多数人来说是令人极为不安的。图宾根大学植物园的主管卡梅拉里乌斯（Rudolf Jacob Camerarius）是少数注意到这件事的人之一。卡梅拉里乌斯是比格鲁和马尔比基年轻一代的植物学家。他大约在17世纪90年代开始通过观察绿豆和豌豆种子内部胚胎的发育对花进行研究。和 90% 的开花植物一样，这两种植物有两性花，意味着植物上的每朵花都有雄性和雌性生殖器官，即雄蕊和心皮。（要记住雄蕊是雄性器官，只需要想想雄蕊［stamen］一词包含"men"，即男性。心皮和雌蕊在这里对我来说是同义词。）

雄蕊由细长的花丝和顶端生产花粉的花药组成。雌蕊从底部到顶部，分别由含有胚珠（ovules）的圆圆的子房、细长的花柱和一个叫柱头的平坦的王冠组成。卡梅拉里乌斯通过显微镜观察豌豆植物的花，发现它的胚珠最初充满了透明液体。

授粉后，胚珠中液体的量减少，出现了一个小绿点或小绿球。小球接着变成胚，上面有两片小子叶（cotyledons，发音是 ka-tull-EE-dums）与小小的根和芽。卡梅拉里乌斯意识到这些活动之间必定是有关联的。他猜测，花的花粉让它的胚珠受精，成为新的胚胎。

卡梅拉里乌斯用桑树和多年生山靛（dog's mercury，一种喜阴植物，密集地生长在欧洲的林地上）进行了一系列实验来验证他的假设。他选择这两种植物是因为它们是欧洲北部少有的雌雄异株植物，也就是说雄花和雌花长在不同的植株上。他认为，这样他可以轻松地清除对照组的所有雄性植株。当他清除雄性植株后，雌性植株的种子都没有成熟。接着他用雌雄同株的植物（同一棵植株上有着独立的雄花和雌花，例如玉米）进行了类似的实验。这两种类型的实验让他确信，如果没有花粉落在柱头上，植物要么不结种子，要么种子不育。他得出结论，植物界没有单性生殖。花朵有性行为。

他并没有因为异端学说而遭到雷击，并且在 1694 年，他给同事写的一封关于他的研究成果的信，发表在图宾根大学的学报上。A. G.

莫顿指出："很少有具有划时代意义的论文比这篇著名的《论植物性行为》更为鲜为人知。"然而，不管这条信息公布得有多么隐晦，它怎么可能一直没引起注意呢？

其一，卡梅拉里乌斯的结果有一定的不准确性。有时他的实验中会产生一些玉米和大麻的可育种子。（就玉米而言，野生的花粉可能飘入试验田并让胚珠受精。至于大麻，它有着奇怪的性行为：一般雌雄异株，但雌株有时会产生雄花或者两性花，让同一株上的雌花受精。）其次还有石松和木贼属植物带来的困难。它们好像有花药，但是没有心皮，花药怎么会成为生殖器呢？（看起来像花药的实际上是孢子体，也就是释放出孢子的器官。）更重要的问题是，卡梅拉里乌斯提出的花朵有性行为，这种观点在 17 世纪是令人厌恶的。此外，当时最有影响力的生物学家、世界一流植物学研究所巴黎皇家植物园的图内福尔（Joseph Pitton de Tournefort）明确表示：花药是排泄器官。20 多年中，很少有人进一步谈论花与性的问题。

随后在 1717 年 6 月 10 日早上 6 点，皇家植物园的植物讲解员，48 岁的塞巴斯蒂安·瓦扬（Sébastien Vaillant），站起来发表了演讲。瓦扬是代裕苏教授发言的讲师（Professor Antoine de Jussieu）。裕苏是医学博士，像法国所有的医学博士一样接受过大学教育，他的父亲在法国最兴旺的一个行会担任要职，是一位富裕的药剂师。伟大的图内福尔逝于 1708 年，而裕苏当时虽然只有 22 岁，却已经获得植物学教授的职位。在一个新植物园落成的典礼上，他原定要发表演讲，但是最后关头不得不去西班牙旅行。

被选来替他演讲的瓦扬是皇家植物园专业人员里的异类。他的同事都是贵族或高级资产阶级，而他是法国北部一个零售商人的第四个孩子。当他 6 岁的时候，父亲让他寄宿在一个牧师家接受宗教教育，并学习读写法语和拉丁语。瓦扬被证明是一名优秀的学生，在音乐上也同样出色。于是父亲攒钱让他去学大提琴和管风琴，希望这个有才华的儿子可以作为教堂的管风琴师谋生。瓦扬 11 岁时，成为蓬图瓦兹大教堂的风琴手，并为附近修道院的修女们演奏来换取食宿。

修女们去附近的医院工作时，允许她们的小乐师跟着。瓦扬经常溜进外科手术室观看操作。手术让他着迷，而外科医生感动于他的执着，借书给他，并给他一些人体部位让他晚上在自己的房间解剖——这算是非常不同寻常的初级水平的科学实践了。不久他就自学到足以当学徒的水平了。他不需要学术训练；和其他擅长挥舞刀子的专家，比如剃头匠一样，外科医生也被认为是商人。21 岁时，学徒生涯结束，瓦扬前往巴黎郊区找工作。这让他有机会去听皇家植物园关于医学和植物学这些交叉学科的公开讲座。

在这里，他发现了自己的使命。他遇见了图内福尔，并和其他学生一起参加了这位著名的教授每周组织的巴黎野外考察。瓦扬做了详细的野外记录，并以观察和细致的解剖（他对刀子得心应手）为基础，补写出详细的说明。皇家植物园的主管、出身贵族的法贡博士*对瓦扬的工作产生了深刻的印象，因此雇用他为秘书，兼任皇家植物园植物标本管理员。瓦扬 39 岁时，已经成为植物解剖和分类方面公认的能手，于是法贡任命他为植物栽培主管（因此他才有能力引进皇家植物园的第一个温室）和植物讲解员，负责向医学生和皇家植物园的

---

* Dr. Guy-Crescent Fagon，路易十四的私人医生。

其他访问者讲解植物的栽培及其用途。

　　瓦扬必须身兼数职才能拿到维持基本生活的工资，因为这些职位的薪水以酬金的形式支付，适合那些经济独立的职员。当然，单凭一个外科医生是绝对不可能获得教授职位的。

　　裕苏动身去西班牙之后，瓦扬贴出了他即将演讲的题目："植物性行为"。这意味着6月10日早上的露天剧场将座无虚席。瓦扬首先宣称花是植物最重要的一部分。雄蕊，著名的图内福尔眼中最低等、最低贱的植物器官，实际上是"最崇高的"。接下来他开始涉及隐晦的部分。雄蕊像雄性动物一样负责物种的繁殖。花药相当于睾丸。他说，对雌雄异株植物而言，雄花离雌花有一定距离，"雄性器官骤然拉紧或者肿大，芽叶被迫以惊人的速度打开。雄性器官只顾满足自己的暴力运送，一旦发现被释放，就会猛烈喷射出粉尘旋涡，到处散播繁殖。（然后）它们会精疲力尽。"如果是雌雄同株，"雄蕊无需这么行事匆忙且激情四射，……可以认为，它们的动作越慢，享受单纯的愉悦的时间就越长。"他说，我们清晨很容易在墙草属（*Parietaria*）植物上观察到这一切。但是如果你刚好错过了好戏，还有别的办法。假设"植物已经到了合适的年纪"，你可以用针尖刺激它们喷射。不管如何，喷射出的粉尘飞向雌性器官，它的"激情"沿着实心花柱行进，让雌花"肚皮"里的卵子受精。

　　他继续用一种过分拟人化的方式演讲。医学院的学生对这个演讲喜闻乐见，不仅因为它有挑逗性，更因为演讲者公然藐视古板机构的一切目光，这总是能让年轻一代兴奋的。瓦扬显然很享受他在舞台上的颠覆时刻。他很早之前就觉得图内福尔关于分类学的主要巨著，以及裕苏正在筹备的修订版，都是不充分的。但他未能说服他的上级进行任何更改。他从不怀疑自己可以和裕苏匹敌甚至更强，尽管教授有着较高的社会地位和专业身份。能坦率地说出自己的想法去反抗传统观点，无疑是很快乐的。我想那天早晨他感觉也像爆炸的花粉囊一样得到了解放。

裕苏一回来就被这个消息激怒了。那场演讲是对皇家植物园权威的冒犯，学生们想听到瓦扬的更多讲座，就是对裕苏本人的侮辱。法国科学院慑于图尔纳弗的批评，拒绝在法国出版瓦扬的演讲稿。演讲稿本来很可能要重蹈卡梅拉里乌斯那封信的覆辙，但瓦扬在法国之外也有朋友——英国生物学家威廉·谢拉德和荷兰莱顿大学的哈曼·波尔哈夫，他们关照务必出版法语和拉丁语的版本。没多久，瓦扬给波尔哈夫写信，津津有味地说道："我们的演讲制造了一场真正的冲击。"

这次演讲变得非常有名。1725年，当卡尔·林奈还是瑞典的一名学生时，他吸收了其中的主旨和精神。明显受瓦扬的影响，他写道："花瓣本身对下一代是没有作用的，而只作为婚床，伟大的造物主创造出了如此漂亮的婚床，并配上精心装饰的帷幔和香甜的气味，因此新郎可以在里面和他的新娘以更庄严的仪式庆祝他们的婚礼。一旦婚床准备好，就是新郎拥抱他心爱的新娘，任由自己投入到她怀抱中的时候了。"林奈以采用双名法、以拉丁文为生物命名和依据生殖器官对植物进行分类的方法而著名。在1735年出版的《自然系统》中，他基于对花的生殖器官的解剖细节，包括雄蕊和雌蕊的个数以及它们在花瓣里的相对位置，首次提出他的分类体系。这是一种公认的人为分类方法，而不是基于物种共有特征的自然分类法，但它很简单，并能使分类变得容易。

瓦扬非常幸运，因为他发表演讲前已经入选法国科学院。否则他无疑绝不会被批准了。1722 年他去世的时候，法国科学院拒绝依照传统为失去这名成员发表悼词。如果瓦扬能多活 20 年，他就会笑到最后：林奈以植物生殖器官为基础的分类系统，彻底让图内福尔的学说失色。

22

谁需要"罗密欧"?

到了 18 世纪中叶，大多数生物学家都认同花有雄性和雌性生殖器官并且两者间发生性行为，但这个过程的机制还是未解之谜。花粉究竟是如何让花的卵细胞"受孕"并创造出可育的种子？无法从解剖学和行为学上同哺乳动物做类比：没有人在哺乳动物的卵巢里看到过任何蛋或者卵。（冯贝尔 1825 年才在狗身上看到第一颗哺乳动物的卵子，而人类的卵子直到 1827 年才看到。）鸡鸭和其他卵生动物似乎提供了最恰当的研究繁殖的模型。公鸡和雄鹅的精液明显和后代的生殖存活率有关。不让公鸡进入鸡舍你就有鸡蛋吃，让它们去勾搭母鸡你就会得到小鸡。

精液怎么透过不渗水的壳使蛋受孕呢？对于植物来说，还有更多谜团。鸟类有泄殖腔，一个可以排出尿液和粪便的小洞；对于雌性来说，这也是让精液通往子宫的道路。如果花粉相当于精液，那么当风把它吹到雌蕊的柱头上时，它是如何到达子房让卵细胞受孕的？花柱看起来应该是和泄殖腔一样的通道，但是通过显微镜的观察，又表明花柱是实心的。花粉粒无法顺着花柱往下落。

既然精液不能穿透蛋壳，花粉不能通过花柱，人们就推断，精液和花粉一定有某种非物质力量可使雌性受孕。据受人尊敬的威廉·哈维在 1662 年的文章中所说，"毫无疑问男性的精液一定通过某种看不见的力量拥有致孕的能力，作用机制类似于磁力——铁与天然磁铁接触，本身就被赋予了吸引铁的能力。"还有观察者论述是"挥发的精神""发芽的火花"或者"精气"在对卵子起作用。没人质疑精液或花粉具有一种难以描述的作用。实际上，很难看出男性对于繁殖有何必要性。大多数人相信鸟蛋或者植物种子里有一个小到肉眼无法看到的雏形，或是雏形的无穷小且尚未拼装的零件。人们认为精液很可能只是快速启动雏形的成长。

　　进而形成了著名的"卵源论"：母鸡卵巢里即将发育成母鸡的无穷小的卵子中，包含有那只未出生的母鸡未来所有的后代。换句话说，卵源论者认为动物的卵子或植物的种子像一组俄罗斯套娃，每个个体里面藏着新的一代，准备在指定的时间出现。对于 21 世纪的人来说，这个理论听起来难以置信，而卵源论却是当时对繁殖现象最合理的解释。与卵源论相对就是后成论，这种理论认为完整的生物在卵子或种子中由无组织的原材料形成。后成论需要超自然的力量去操控孕育过程中每一天的每一个行为，从而魔法般地凭空生出事物。18 世纪的理性论者厌恶这个散发着中世纪神秘主义的腐朽气味的学说。他们持有相反的观点，认为上帝仅仅在创世的六天里干预过世界。当他在第五天和第六天创造生命时，他同时创造了它们所有的后代，把它们寄存在第一代生命的子宫、卵和种子里面。把架子上装满货后，他就退出了历史舞台，让它们自由发展。

1677 年，列文虎克重新解释了怀孕是如何发生的。列文虎克是一名荷兰布商，他制造出了优良的显微镜。他制作透镜的方法是在火中加热玻璃棒，将一端拉成细长的玻璃丝。打断玻璃丝后，将精巧的尖端接触火焰，让它熔化并形成一枚八英尺的透镜，然后他再煞费苦心地打磨。最后，他把透镜镶在黄铜片上的小洞里。这种显微镜虽然视野很窄，但是放大倍率高于胡克的显微镜。（我在巴黎圣母院试过列文虎克的设备。它功能强大得令人吃惊，但是非常不好用：我得把黄铜片举到眼球前，看的时候不能眨眼，因为睫毛会刷到黄铜片。）

列文虎克在制造这种显微镜上取得的成就是独一无二的。他没受过教育，只能用荷兰语读写，所以偏执地认为英国皇家学会那些更世故老成的人会窃取他的技术。当那些大人物问起时，他非常乐意和他们分享他绘制的新发现，但他从不回应他们参观设备的要求。1676年，他第一次给英国皇家学会寄送单细胞微生物的绘图，这也是人类第一次目击这些生物，列文虎克给它们起名叫微型动物。第二年，他用一台最好的设备来观察自己的一滴精液，结果看到关于新生命来源的一种新的可能性——毋宁说是数百万新的可能性——那就是精子。列文虎克断言，在这些新的微型动物圆圆的头部，各有一个小小的新生命等待诞生。"胎儿完全是由男性的精液形成的……女性的作用可能只是接受精子并提供营养。"列文虎克和其他"精源论"者主张，卵源论者关于生命形成的观点是正确的，但弄错了生命形成的位置。上帝把未来所有的人类放进了亚当的睾丸中，而不是夏娃的卵巢里。精源论很快赢得了一批自然哲学家的支持。更强大的性别——这些人正好属于其中的成员——创造新的生命，而女性只提供卵巢，不是更有可能吗？

1703 年，博学的英国男爵塞缪尔·莫兰（Samuel Morland）把精源论应用在植物界，提出花粉是"含有精液的植株的集合，只有把这些植株运送到每颗卵子里，植物才能受孕"。随着时间的推移，对精源论的怀疑出现。根据列文虎克的说法，100 万人类精子可以装进一粒沙中。如果每个精子里都有一个小生命，这意味着上帝依照其自身形象造人时挥霍得可怕。而且这让自慰行为变成大规模谋杀。春天乱飞的花粉数量多到足够给池塘披上一层黄色毛大衣，虽然不那么令人心痛，却是更大的浪费。鉴于自然并不厚爱年轻人——在 18 世纪初，伦敦差不多半数孩子活不到第二个生日——这种死亡率很难让人接受。

1740 年，当查尔斯·邦尼特（Charles Bonnet）发现蚜虫孤雌生殖（也就是繁殖过程中不需要雄性，雌性高效地克隆自身）后，卵源说重获新生。18 世纪中叶后科学家断言精子实际上是寄生虫，但为何只出现在进入青春期之后的男性身上一直令人费解。人们开始讨论其他可能性：或许精液的致孕能力藏在"寄生虫"游动的液体中。最受欢迎的理论是，新生命在卵细胞内驻留、预成形，精液里的液体成分让它成为真正的生物。

大约在这个时期，意大利科学家斯帕兰扎尼（Lazzaro Spallanzani）为这场迄今为止完全抽象的辩论提供了非常真实的证据。斯帕兰扎尼是一个和善的圆脸光头男，看起来有点像演员肖恩·沃利。他于 1729 年出生于意大利北部，父亲是一名律师，母亲交际广泛。20 岁时他开始在博洛尼亚大学学习法律，在那里，他的表姐劳拉·巴斯（Laura Bassi）是欧洲第一位物理和数学女教授。在了不起的巴斯影响下，他将研究方向转向物理学、化学和博物学，并获得哲学博士学位。他接受过教会任命并与两个教堂的会众保持联系，但他从来不会花很多时间在祭司的职责上。相反，他在离家不远处新成立的雷焦艾米利亚大学教授逻辑、形而上学和希腊语。他还阅读了著名的法国博物学家布丰伯爵的作品（有时候是和英国天主教神父、业余生物学家约翰·尼达姆合著的）。这些作品研究并阐述了自然发生说，该理论认为动物可以从非生命物质中自然发生。100年前雷迪（Francesco Redi）就证明了腐肉生蛆不是凭空出现的，而是蝇类产卵的结果。但是布丰和尼达姆认为，复杂的动物不会凭空出现，这个事实并不能排除微生物自发产生的可能性。他们认为肉眼不可见的小生物可能会突然出现在空气中。1750年，尼达姆声称他能用实验证实微生物的诞生。他将肉汤煮沸后加热十分钟——煮沸是当时众所周知的消毒方法——然后把肉汤倒进小瓶里，用塞子塞住。几天后，他发现微生物熙熙攘攘地出现在肉汤中。

持怀疑态度的斯帕兰扎尼在18世纪60年代初重复了尼达姆的实验，但对实验方法做出了重要调整。他把肉汤放在烧瓶中煮沸一小时（在抽出烧瓶内绝大部分空气之后，烧瓶中肉汤煮沸时就不会因空气膨胀而炸掉）。他还密封了烧瓶而不仅是简单地塞上塞子，同时设置了对照组，煮沸加热同样长的时间，但只塞上塞子。密封烧瓶里的肉汤一直保持无菌状态，只用塞子塞住的烧瓶里微生物多得像乌云密布。尼达姆对实验结果不以为然。他写道，这么长时间的沸腾，已经杀死了肉汤的"生长力"，破坏了瓶内空气的"弹性"，因而阻止了新生物的出现。在对原始实验进行一系列创造性修改后，斯帕兰扎尼满意地证实了他自己的想法，即微生物不会通过"腐败"自发地产生。微生物像其他所有生物一样，只能由生物诞生。[1]

斯帕兰扎尼的实验启发他去寻找其他生物产生、生长和繁殖的奥秘。他研究蝾螈与青蛙肢体再生的能力和蜗牛头部再生的能力。（它们确实能。）他成功地从一滴水中分离出单个的微生物，并观察它的萌芽或裂变复制。他可以让一些看起来好像干死很多年的微生物"复活"。他深入研究了不同物种的精子，观察它们在不同的运动状态下和在化学物质、气味、温度影响下的情形，以此弄清这些"精虫"到底是什么。他的实验方法十分精细：他几十次甚至上百次地重复实验，使用了对照组来试图证伪自己的结论，为实验结果寻找替代性解释并予以验证。他的写作很有说服力，由此他成了当时最顶尖的科学家之一，并在1769年接受了著名的帕维亚大学的教职。

他对精子的研究引导他思考精液对受精是否必要这个核心问题。如果是必要的，那受精是如何发生的呢？斯帕兰扎尼转向以水中的绿蛙作为实验对象。从来没有人认真观察过两栖动物的交配，大家想当然地认为，因为雄蛙紧紧地夹住雌蛙，所以青蛙受精一定像哺乳动物那样在体内发生。斯帕兰扎尼第一个认识到这是错误的，因为在青蛙交配过程中，雄蛙的精液射入水中，同时雌蛙排出一系列卵子，释放到水中。但雄蛙的精液有什么用，又如何起作用呢？

斯帕兰扎尼重点研究的是精气（*aura seminalis*）使卵子受精的命题。精气可以在空气中发挥作用吗？他把青蛙卵悬挂在盛有青蛙精

---

[1]　直到1895年，巴斯德（Louis Pasteur）才彻底否定微生物自然发生说。

液的玻璃盘的正上方，然而卵并没有变成小蝌蚪。精气可以在水中扩散吗？在这个历史上最迷人的实验中，他让雄蛙穿上塔夫绸防水紧身裤（我猜是粉色的），让它们和准备排卵的雌蛙一起游泳。

斯帕兰扎尼事后检查了雄蛙的裤子，能确定它们做出了雄蛙应有的反应，并没有受到正装的束缚。附近没有任何卵成为蝌蚪。通过这些数据，他本来可以直接得出结论：精液和卵子的直接接触是受孕的必备条件。万万没想到，他得出结论的是，蝌蚪已经在卵子中形成，而精液的作用是激励它们成长。怎么会这样呢？

首先，他是一个坚定的卵源论者。花了几年时间诋毁自然发生的神话后，他发现很难说服自己相信一个"无形的身体（不管是液体还是固体）"会变成一个有结构的生物。他认为一定有一个生物已经出现在卵子或者精液中，但是他通过显微镜观察精液，并没有发现微小生物。

两栖动物的繁殖怪癖进一步让他误入歧途。当蛙类或其他两栖动物的卵被刺破，表面受到破坏时，卵子的反应将会和精液穿透薄膜时一样。卵子开始分裂并很快变成蝌蚪，最终发育成青蛙——克隆了自己的母亲。斯帕兰扎尼在描述实验程序时指出，他用针或者铅笔处理蛙卵。他需要不时刺穿一个卵子，因为他需要记录未受精卵变成蝌蚪的过程。尽管并不是每个未受精卵都能变成蝌蚪，但一旦出现这种情况他就忍不住产生深刻的印象。他写道，蛙卵"像自然主义者假设的那样，不是卵而是真正的蝌蚪……蛙卵不过就是一群被包裹着的蝌蚪"。不仅如此，"受精卵和未受精卵之间没有本质区别"。之后他用类似的实验在几种蟾蜍和蝾螈身上证实了自己的发现。他总结道，

"雄性精液的喷射，是激活胎儿并使之发育的必要条件"，但与最初的形成无关。

如果蛙卵确实是沉睡的青蛙胚胎，那植物的卵细胞也同样是静止的植物胚胎吗？他用大麻、南瓜、菠菜等十多个物种做实验。和卡梅拉里乌斯一样，他努力摧毁任何来源的花粉，防止一切意外受精的可能。大多数时候他能成功地隔离他的实验对象，不让它产生有活力的种子。但有时即使把雌株隔离在室内，也会产生可育种。再一次，自然的怪癖要为此负责。像大麻和菠菜等物种，偶尔会产生雌雄同体的植株，导致结出种子。他不知道，他的南瓜雌花会被葫芦科南瓜属的其他植物授粉，比如西葫芦。对于某些植物而言，远亲的花粉不足以使卵子受精，但会起到针刺蛙卵的作用，刺激它进行孤雌生殖。他对实验对象的花粉可以传播多远也并没有概念：如果沾在头发或者衣服上，传播几百米甚至更远都是轻而易举的。斯帕兰扎尼进行了很多室外实验，所以他自信地宣称：方圆几米都没有大麻会威胁到他那些纯洁的大麻。但是谁知道，野性的"罗密欧"有没有悄悄潜入他紧闭的院门中？不管怎样，他确信，花粉像精液一样，在繁衍后代上只起到次要的作用——基于他的声誉，其他人也深信不疑。

要是斯帕兰扎尼遇到约瑟夫·戈特利布·科尔勒特（Josef Gottlieb Kölreuter）就好了。科尔勒特于 1733 年出生在德国西南部黑森林地区的一个小镇上，是一名药剂师的儿子。15 岁那年，他被附近的图宾根大学录取，在那里学习医学和植物学，并对当时所有关于植物性行为的实验发表了一份综述。获得学位后，他于 1759 年到俄罗斯圣彼得堡，作为博物学家在俄罗斯皇家科学院工作。那年皇家科学院设置了奖项，为对植物是否有性生殖这一问题提供新证据的最佳论文提供奖励。植物有性生殖论的狂热支持者林奈，提交了一篇文章，声称杂交证明了植物的有性生殖。（杂交就是两个不同物种的雄株与雌株交配的结果。）作为证据，他提供了几十种有着父本的叶子与表皮，和母本的果实与树皮的植物。他的论文为他赢得了 50 个金币。

林奈文章中最大的问题是，他所谓的杂交并不是杂交。在林奈看来，任何看起来像是两种植物的过渡状态的植物就是杂交种，以此为标准，则杂交种无处不在。（还好他没研究哺乳动物的杂交种，不然他肯定断定 30 磅重的豹猫是 100 磅重的美洲豹与家猫杂交生的。）科尔勒特震惊于林奈所谓的证据，他称这些证据为"过度兴奋的想象的早产儿"，并启动了第一项关于杂交的科学研究。

他从烟草这种雌雄同株的植物着手，用一种烟草的花粉为另一种烟草植株上去掉雄蕊的花朵授粉。并非所有杂交种都能成功繁殖出后代，但是一旦成功，就能持续繁殖表现出双亲形态特征的后代。在 6 年中，科尔勒特用 138 种不同的品种培育出 500 多种不同的杂交种，并使用对照组重复了几千次，仔细描述每种后代的性状。1761 年至 1766 年间，他出版了 4 份实验报告，该报告已经很明确地表示父本对后代的外貌贡献显著。但科尔勒特的天才工作并没有被人阅读和赏识，就像 70 年前卡梅拉里乌斯和 100 年后孟德尔的工作一样。

相反，关于繁殖机制的古老争论被喋喋不休地一再谈起。在 19 世纪的头一个十年里，德国科学家刚刚进入自己的时代，并发展出一个新的理论。基于拉瓦锡的新化学理论，他们的繁殖模式是一种化学反应。根据德国医生和植物学家卡尔·弗里德里希·冯·加特纳（Karl Friedrich von Gärtner）的说法，植物"花粉中的液体和柱头上的液体结合后到达胚珠，然后诞生胚胎"。植物的繁殖属于植物化学的范畴。

虽然受精的本质依然和以前一样模糊，但显微镜的改进揭露了花粉的非凡秘密。1822年，意大利一流的显微镜专家乔瓦尼·巴蒂斯塔·阿米奇（Giovanni Bottista Amici）仔细地观察马齿苋黏黏的柱头，发现已经有些花粉粒掉落并依附在上面。他写道，一颗花粉粒"突然间萌发出一种透明的管子"，伸入柱头中。他第一次看到的这种东西是花粉管，那是花粉粒的一个细胞，它落在可受精的柱头上，伸长并穿过花柱进入子房，随后通过胚珠表面的孔隙进入胚珠内部。（阿米奇无法看到这些，但是充满液体的花粉管成为两个精子游向胚珠的通道，一个精子与胚珠中的卵细胞融合形成受精卵，另一个精子与胚珠中的两个"极核"融合发育成胚乳，为胚胎输送营养。）关于花粉粒如何通过实心的花柱让种子受精这一难解之谜，答案终于出现了：它们用挖掘隧道的方式前进。

讽刺的是，阿米奇的新发现导致了精源论的复苏，更精确地说，是重塑。耶拿大学年轻的植物学教授马蒂亚斯·施莱登（Matthias Schleiden）在1838年成为现代细胞学说的共同创立者，这一学说主张一切生物都由细胞构成，新的细胞由旧的细胞分裂产生。施莱登把细胞学说嫁接在阿米奇对花粉管的发现上，提出花粉管运送了一个单细胞的胚胎到子房，在那里分裂并生长。伯尔尼大学的植物学教授魏德勒（Heinrich Wydler）在1839年写道："花药根本不是雄性器官，而是雌性器官：它是子房。花粉粒是新植物的胚芽，花粉管成为胚胎。"卵源论和精源论最奇怪的一点是他们悍然无视大家共同观察到的事实：后代往往有双亲的特征。

不管背后是什么机制，普通人都知道，"小明"轮廓分明的脸来自于他的母亲，而大长腿来自他的父亲。农民选育动物是为了得到毛皮更厚实的拉犁马、产奶更多的奶牛、更肥的猪和产更多蛋的母鸡。鸽迷们让他们的鸽子杂交是为了得到大小不同和羽色繁多的个体。1865年，孟德尔（对完全漠然的世界）指出，如果植物的卵细胞"只履行护士的角色，那人工授精的结果就应该只产生和提供花粉的亲本完全一样的后代"。但学者的理论被日常知识压倒了。达尔文在1859年的《物种起源》中写道："大多数生理学家都认为花芽和胚珠没有任何区别。"换言之，卵细胞内本来就有一个新生命，花粉只是（不知道用什么方式）唤醒了它。19世纪中叶，在格鲁首次提出植物有性行为的想法后又过了两百年，生物学家对其作用原理并没有更多的了解。

23

黑色矮牵牛

妈妈唯一种过的开花植物就是矮牵牛，她把那些花种在门口的大花盆里。孩提时我很喜欢它们喇叭一样的简单的花形，还有并不繁复的色彩：纯白色、"女主人"牌注心巧克力蛋糕一样的粉红色、蜡笔红色以及和我最喜欢的礼服颜色一样的亮紫色。我的任务是修剪开败的花，妈妈说这样可以促使更多的花开放。矮牵牛的叶子黏糊糊的，但花瓣比绒布还要柔软和轻盈。它们看起来是友好且渴望取悦于人的花朵：整个夏天它们无忧无虑地不断盛放，像是受到花季里本能的喜悦鼓舞一样。

我今天在西芝加哥外的鲍尔园艺公司总部的展示园看到的矮牵牛，不是我妈妈的矮牵牛。她门口的花盆里不会出现这样的花瓣。这些花瓣完全是黑色的，不像其他所谓的黑色花那样闪现出一丝深紫。唯一的色彩是小喇叭最深处一个明黄色的点。它就像太阳发出的所有光子不幸接近这朵花朵形成的黑洞并被吞噬后萃取出的最深处的精华。

那是 8 月下旬的一天，我在这个壮观的花园等着会见黑色矮牵牛的育种者任建萍博士。我发现花园入口处的大花盆中混种着纯白色和大红色的矮牵牛。除了殡仪馆的工作人员，我无法想象还有谁会愿意在花园中种满黑色矮牵牛，但是混合种植的效果就像 X 夫人[*]一样妩媚动人。黑色矮牵牛可以是性感的。

任博士找到我，然后我们一起穿过花园和大厅往回走。她已经答应带我去看她的育种温室，我们开车大约 20 分钟即可到达。萍（她坚持让我叫她的名字）有着一头浓密的黑发，剪成古灵精怪的风格，爽朗爱笑，步伐充满活力，一口流利的英语略带一些口音。她坦诚得可爱。她也是美国最重要的育种者之一，负责鲍尔公司的矮牵牛项目，这是该公司最畅销的产品系列之一。

萍 1998 年在中国读完大学后来到美国。在康奈尔拿到博士学位后，她从 2001 年开始在鲍尔培育我童年就知道的传统矮牵牛。她加入了近两百年来致力于操纵和改善矮牵牛的育种者的队伍中。1834年，一个名为阿特金斯（Atkins）的英国苗圃主人以两种刚从南美运来的矮牵牛为亲本，培育出了杂交矮牵牛（*Petunia hybrida*）。亲本中的腋花矮牵牛（*Petunia axillaris*）茎直立，花白色，有狭长的花管，像中世纪使者的号角。腋花矮牵牛散发香味，吸引它的主要传粉者鹰蛾，鹰蛾的长喙能到达生产花蜜的花管深处。另一种亲本紫花矮牵牛（*Petunia integrifolia*）具有匍匐生长的习性，花紫罗兰色，花管较粗，没有香味。它们的传粉者主要是蜜蜂，蜜蜂被紫花矮牵牛的颜色所吸引，胖胖的身躯可以在粗大的花管中活动自如。（花管也为幽会的昆虫提供临时的新房。）在野外，这两种花即使生长在一起也

---

[*]　油画《 X 夫人》又名《高鲁特夫人》，萨金特的作品。画中人穿着黑裙。

不会杂交。鹰蛾只在黄昏时分活跃，主要依靠香味觅食，很少跌入无香的紫花矮牵牛。大多数蜜蜂无法钻进腋花矮牵牛狭窄的花管。小的蜜蜂偶尔会在白天同时访问两种花，所以我们可能期待出现一些杂交种。但是没有育种者干预的话，它们很少杂交。为什么呢？这两个物种是完全相容的，不管花粉粒落在谁的柱头上都可以萌发花粉管。但是如果紫花矮牵牛和腋花矮牵牛的花粉粒同时落在腋花矮牵牛的柱头上，腋花矮牵牛的花粉管会在沿着花柱的赛跑中取得胜利，更快地抵达子房。同样，在紫花矮牵牛的柱头上，紫花矮牵牛的花粉管会赢得胜利。这种主场优势使物种的纯粹性得到了保障。还有很多别的因素阻碍了杂交，最重要的原因是不相容的染色体数目。但是在这两种矮牵牛之间，花粉的同种相异性才是自然杂交的终结者；只有当育种员在实验室中确保这两个物种在杂交时不存在竞争才行。

1837 年，约瑟夫·哈里森（Joseph Harrison）在《英国花卉汇览》杂志中写道，育种者已经在温室中通过两两杂交创造出很多迷人的色彩变化，包括"浅粉色花瓣带有深色中心，艳粉色花瓣带有深色中心，白色花瓣带有深色中心，还有其他纹理等"。从那时起，世界各地的育种者改良了阿特金斯的杂交种并使它成为世界上最受欢迎的园艺植物之一。通过反复杂交、精心选择和同系繁殖，加上偶然的突变，人们已经从根本上改变了本来只有紫色和白色的矮牵牛。现在一些品种有着重瓣或者边缘深折的花瓣，很难辨认出是矮牵牛的花。育种者把黄色从基因库中分离出来，打造出众多的形态，包括条纹、星星、双色、斑纹、斑点、对比强烈的边缘（红边白花），以及色彩过渡像特纳的日落一样的"晨光"。1837 年花冠（也就是通常说的花朵）直径三英尺的矮牵牛就让哈里森印象深刻，到了 20 世纪，育种者已经培育出七英尺的。矮牵牛现在开花更多、分支更丰富，更耐旱，对真菌具有更强的抗性。它们柔软的花瓣过去很容易被大雨打落，现在变得更坚固。然而直到二十年前，市场上的所有矮牵牛还有着一个共同的特征：直立生长。

1995 年，鲍尔公司推出一种铺地型的新型矮牵牛，叫作"波浪"。这是日本麒麟啤酒公司的育种者开发出来的。作为四季开放、花朵能覆盖地表的矮牵牛，波浪打开了一个全新的市场。在花坛里种上一棵，开花时就可以覆盖方圆四英尺的地面。2001 年萍来到鲍尔公司工作时，重点是培育矮牵牛。萍告诉我："说实话，当我分配到普通矮牵牛组时，我有点沮丧。大家都知道普通矮牵牛是什么样。但既然这是我的任务，我就要做出成果，所以我工作很努力。"一种新的花色或者新的品种只是鲍尔这样的商业育种公司的目标之一。鲍尔卖种子给那些热衷于购买各种不同的花但希望花蕾同时开放的苗圃批发商。苗圃把花出售给零售花店和大型超市，这些地方都喜欢有一系列花色的花（比如耐高温的"疯狂"系列矮牵牛）同时盛放。早春开花的矮牵牛也需要专门培育，因为那个季节的花朵可能会挤在其他植物中。他们重视花开得多又紧凑的品种，这样可以在昂贵的温室空间培育尽量多的植株。这些因素对买鲍尔种子的苗圃批发商来说和新的花色一样，甚至更重要，萍由此找到了改进的空间。

萍把我带到明亮的矮牵牛温室，她在这里评估新的亲本，培育有前景的杂交种。在商业温室里，齐腰高的宽桌（或者说长凳）上挤满了花盆，很难区分不同的个体。更大的、充满活力的健康样本被慷慨地摆在和温室一样长的窄桌上。每个样本都有空间肆意生长，并按照它的意愿去绽放。长凳上的花是根据颜色和每组内的色调摆放的。如果从温室的屋脊往下看，一条条长凳就像油漆店的样色带，从一段摆到另一端。我们沿着以勃艮第颜色为主题的长凳开始走，接着路过放满不同深浅的红色花朵的长凳。萍走过一个接一个过道，路过摆着淡紫色、深紫色、藏蓝色、天蓝色、桃红色、淡粉色和深粉色花的长凳，我落在了后面。她解释着植物育种背后一些错综复杂的遗传学原理——每个花盆都贴着一张白卡纸，上面写着一串字母和数字，以显示这棵植物的品系——但我沮丧地发现我很难集中精力去听。视觉的刺激是压倒性的。实际上，我所能做的就是忍住不去抚摸华丽的花瓣或者用脸颊去蹭它们。一朵琥珀色的花和太妃糖的颜色一模一样，我强忍住去咬一口的冲动。突然间一条信息闪过我看呆了的大脑：萍创造出的植物中，每1000种就有999种注定以成为堆肥告终。除了萍、她的助手和我，我面前这些美丽的花儿不会被任何人看到。

当我们越过奶油色和白色矮牵牛时，出现了一段受人欢迎的插曲，就像两道大菜间口感清爽的冰糕——一簇绿色矮牵牛。我意识到我从来没见过绿色的矮牵牛。萍说这不奇怪，因为绿色矮牵牛是几年前才培育出来的。她说："我们得从这里开始，因为讨论黑色矮牵牛就必须提到绿色矮牵牛。"提到绿色矮牵牛，还得从2003年鲍尔的一个客户、明尼苏达州的一家苗圃批发商给她打电话说起。他买了鲍尔的"白色超级瀑布"系列的种子，这是一种直立品种，开花可达五英尺。结果他发现一件奇怪的事情：一棵植物开出了绿色的花。他打电话来问，鲍尔公司有人对这种绿色矮牵牛感兴趣吗？萍感兴趣。她让苗圃商把植物寄给她，她发现那株植物的花是浅黄绿色，几乎就是黄绿色。颜色并不特别有吸引力，植株的结构也不太好。"非常松散而且分枝少。"萍说。尽管如此，她还是想获得这株个体的基因。鲍尔从苗圃商那里得到了许可。

开绿色花的植物显然是不寻常的，叶子和茎因为叶绿素才呈现绿色，而花的目的不是制造能量，而是吸引传粉者，花冠需要从叶子的背景中脱颖而出，就像醒目的霓虹灯一样。具有绿色花瓣的花朵一般以演化失败告终。它们可能不太会抓住传粉者的眼球，因此不太可能产生后代。（风媒植物，例如草和树，不需要用妖娆的服饰来打扮自己。）不过，当植物的花瓣中有一点叶绿素时，或许在生存竞争中稍具优势。看着白色矮牵牛的花瓣，萍说，当花蕾微微张开的时候，你会看到没完全成熟的花瓣有点绿色调。未成熟的花瓣中的叶绿素对植物整体的光合能力有一点贡献。随着花蕾成熟并完全打开，叶绿素分解，花瓣呈现出白色。萍解释说，明尼苏达州那株绿色矮牵牛是因为基因突变阻止了叶绿素的分解。

萍根据她的遗传学知识精心策划了一个把绿色矮牵牛与不同亲本杂交的方案。一开始并没有什么乐趣，但最终"在难以置信的色彩范围里，出现了各种各样新的色彩。大多数颜色看起来脏脏的，而且并不漂亮——有种看起来像旧的蓝色牛仔裤。但意义是，很多颜色从未在矮牵牛中出现过"。矮牵牛继承每个基因的两个副本，一个来自母本，一个来自父本。所以，基因（即其中的等位基因）将以何种形式在个体中表现出来？是母本的还是父本的？当孟德尔在1865年和1866年杂交豌豆的时候，他专注于两个特性：植株高度和豌豆的纹理。他很幸运，豌豆植株的高度（高株或矮株）由一种基因决定，而豌豆的表皮（光滑或褶皱）由另一种基因决定。更幸运的是，就这两种属性而言，两对等位基因——高茎的基因和表皮光滑的基因——都有一个是显性的而另一个是隐性的。当一株豌豆遗传了一个高茎的等位基因和一个矮茎的等位基因，表型就为高茎。"光滑型"的基因比"褶皱型"的基因更有优势。只有在遗传了两个隐性基因时，豌豆才会表现出隐性性状。

孟德尔很幸运地选择了豌豆作为实验对象。高度和表皮遵从最简单的"孟德尔定律"的遗传模式。幸好他没用腋花矮牵牛和紫花矮牵牛来做他的杂交实验。要不然，他得到的子代将不会按 3 比 1 的比例开出白紫相间的花朵，而是全部开粉色花。这样一来他很可能永远不会得出"孟德尔遗传法则"。19 世纪那些粉色矮牵牛的出现归功于"不完全显性"，即没有哪一种颜色以压倒性的优势盖过另一种，所以出现了两种颜色的混合。另一方面，如果孟德尔用鲍尔的绿色矮牵牛和某些粉色矮牵牛杂交，他所得到的子代可能会类似于"至雅柠檬双色"品种，一种花瓣具有斑纹并带有绿色和粉红色块的矮牵牛。他会发现"共显性"基因，两个等位基因都是显性的，因此两种性状都会表达出来。条纹、星条和红边白花的类型都涉及共显性基因。

培育不同花色的矮牵牛需要靠直觉、植物遗传学教育再加上长期的经验。花色素可分为三大类：叶绿素（产生绿色）、类胡萝卜素（黄色和橙色）和类黄酮（主要是红色、紫色和蓝色）。众多类黄酮中还有"辅色素"，这些色素在我们看来是无色的，但是会使其他颜色发生改变。一株矮牵牛有约两打的"结构性"基因负责指引产生颜色或辅色素的众多必要步骤。它还有另外两打"监管基因"决定结构基因何时以及如何发挥作用，或者说"表达出来"。有了这些基因，再加上每个基因呈现出两个不同的等位基因，仅仅是孟德尔遗传就能产生数量众多的花冠颜色和色调。加上部分显性和共显性基因的影响，形成的颜色种类很可能是天文数字。还有其他因素会影响颜色，包括花瓣表皮细胞的形状和色素细胞的酸碱度值。矮牵牛色素细胞的酸碱度值改变 10%，颜色就会由红变蓝。

这还只是色素的遗传性，我们还没考虑到花纹。一种叫 MIC 的调节基因会产生共显性效果。MIC 基因开启叫作花青素的红蓝色素。如果 MIC 基因不开启，不管植物的 DNA（遗传物质）中潜藏着什么其他的颜色，花朵也只能呈现出白色。如果在花苞中的花瓣开始形成时，MIC 基因很早就被激活，那就会产生带白色细条纹的深色花朵。如果激活得晚，就会产生宽瓣带白色星星的花纹。因为 MIC 基因受环境因素——光线、湿度和温度——的影响，而且同一株植物上花蕾的生长速度也不同，所以你会发现同一株矮牵牛能开出纯色的、带细条纹和星状纹的花朵。

所以，尽管我在萍的温室中看到的是一朵简单的粉色矮牵牛，但复杂的基因遗传影响了它的外观。杂交后，隐性等位基因中任意一种亲代未表达的颜色都会突然显现出来。2005 年的一天，萍把带黄色星状纹的紫色矮牵牛的花粉撒在了带白色星状纹的酒红色矮牵牛的柱头上。在结出的 200 多颗种子里，有一颗发芽长大后绽放出真正的黑色花瓣。萍说："我们看到它时，都很吃惊。它是黑色的，完全是黑色的。大家都不敢相信。"

当萍检视黑色矮牵牛的亲本谱系时，她意识到为什么会这样了。黑色矮牵牛的亲本除了具有酒红、紫色、白色和黄色的基因，还包括整个色谱的基因，甚至突变为绿色的基因。通过基因重组，这株矮牵牛可以表达彩虹所有的颜色。由于每一种可见光的波长都被吸收，没有光线反射出来，人眼就什么颜色都看不到了。

把"黑色天鹅绒"推向市场花了五年时间。无论是再次用亲本杂交还是用两株"黑色天鹅绒"子代杂交，都无法保证种子的"质真"，也就是说，总是产生完美的黑色花的幼苗。这意味着，迄今为止，这品种必须用扦插而不是种子繁殖，也就是说采用一种劳动力密集型的、更昂贵的方式。

访问结束时，我告诉萍我打算回家时买些"黑色天鹅绒"，但她说现在这个季节买矮牵牛已经太晚了。她给了我一棵原本准备用作堆肥的小苗，我把它放在纸箱里带上了飞机。在飞机上，一朵柔软的深黑色花凋落了，我灵机一动开始解剖它。（想想我已经痴迷多深：午夜的花开激发的不是诗意，而是解剖的好奇心。）我戴上眼镜，把花剖开。这至少对我来说是个发现。那一点灿烂的黄色，那些被困在花的黑洞深处闪耀的光子是什么？实际上，那只是紧紧挤成一束的五个针尖大小的花药，里面装着明黄色的花粉。没有什么魔法，也没什么神秘的，这只是矮牵牛的生殖器。

24

令人憎恶的谜 *

为什么会有花朵，花是如何形成的？4 亿多年前，植物开始登上陆地，它们在统治陆地的 2.5 亿年间并没有开出一朵花。为什么要开花呢？花是昂贵的。萼片，花瓣，形成颜色的色素，产生气味的有机化合物，创造这些花哨的服饰和复杂的香水需要消耗大量能量。如果不需要开花，植物本可以用那些碳水化合物来生产更多种子或长得更高，这两种策略在生存竞争中都是行之有效的。此外，裸子植物身上似乎也没有和花对应的结构。花似乎凭空出现，自然生成。尽管如此，世界上现存的植物物种中至少 75% 都有花，从橡树微小的棕色疣粒到水稻绿色的小穗状花，再到玫瑰富丽的多枚花瓣。

1879 年达尔文写道，被子植物开花的原因和机制，是个"令人憎恶的谜"。这个谜至今尚未完全破解。部分困难在于花朵通常非常脆弱，凋零后很容易散落并腐烂。因此，早期花朵的化石记录极其稀少。近年来，演化生物学家认为现存物种无油樟（*Amborella*

---

trichopoda)* 或许有助于解决这一难题。

　　没人会卖给你一束无油樟的花。因为这种膝盖高的灌木开出的奶油色、米粒大小的花没那么好看，不会引起情人的心跳。如果你想买一株无油樟（比如你想写相关的文章），很不走运，也买不到。这种灌木非常稀有，仅自然生长在位于南太平洋的新喀里多尼亚岛上的云雾森林里。美国只有少数温室栽培无油樟，极其难以维护，室内栽培下也很难开花。尽管无油樟其貌不扬又难伺候，它最近还是吸引了大量的关注。它很可能是现存植物中与最早的开花植物亲缘关系最近的植物，据哈佛的威廉·弗里德曼教授说，"这种植物是被子植物和裸子植物之间缺失的关键一环。"

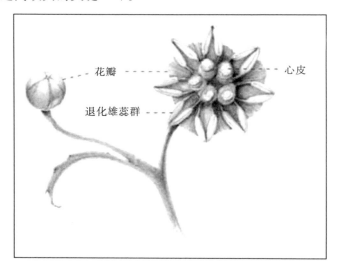

雌花不可育的退化雄蕊群中的花粉囊（以及雄花的雄蕊），
与针叶树球果鳞片顶端的花粉囊有关。

––––––––––

* 尚无正式的中文译名，也有人称之为互叶梅。

大约 1.4 亿年前，在白垩纪初期，一种新的植物类型，即被子植物，从靠种子繁殖的不开花的裸子植物中演变出来——那些裸子植物主要是当时覆盖着大部分陆地的针叶树。第一种被子植物开创了一个新的类目：无油樟目。不久之后，又出现一类姊妹植物，就是睡莲目，后来演变为现代的睡莲。接着第三类出现了，这些就是木兰藤目植物。木兰藤目迅速演化并分化成众多开花植物，至今总计有将近 25 万至 40 万种（具体取决于分类系统），从黄瓜到紫罗兰，再到榆树。而无油樟目今天只剩下无油樟这个唯一的代表，它是现代开花植物中与其裸子植物祖先差异最小的。它是恐龙时代遗留下来的活化石。

那么，关于被子植物的演化和扩张，无油樟有哪些不得不说的故事呢？萍可能会说，谈论被子植物就是在谈论性。裸子植物大多是雌雄异株。

不过，银杏树是少数非针叶的裸子植物之一，既有雄性器官也有雌性器官。在针叶树中，雄球花和雌球花可能分别长在不同的树上，但是，更多是长在同一棵树高低不同的枝上。（雄球花的花粉囊在鳞片的上边缘，释放花粉后立马萎缩坠落。雌球花受粉后，会在几个月到两年内继续增大，直到掉落。）另一方面，大多数被子植物是雌雄同体，雄蕊和心皮在同一朵花中。

每当谈论到植物性别时，无油樟就处于令人困惑的境地，它像是解剖学上由裸子植物到被子植物的过渡状态。有些时候，它像针叶树一样，在同一植株上有着独立的雄性和雌性生殖器官。雄花上只有雄蕊，但雄蕊长得和现代的雄蕊不一样。现代雄蕊具有花丝，顶端长有两个花粉囊，而无油樟雄蕊的两个花粉囊长在扁平宽阔的花瓣边缘，看起来非常像针叶树雄球花上的鳞片。但同时它们也有些花**看起来像**是雌雄同体的，既有心皮也有雄蕊。然而这些雄蕊是不育的，是**退化雄蕊**。

这些花（实际功能是雌花）是怎么同时拥有心皮和非功能性雄蕊的？对于无油樟的讨论还在继续，但第一步也是最关键的一步，是所有开花植物的这个共同祖先的"全基因组复制"。裸子植物（像人一样）是**二倍体生物**，意味着它所有的细胞核中都有一整套完整的基因组。（二倍体表示其基因组由一套成对的染色体组成，而相互配对的染色体分别来自它的两个亲本。）

当全基因组复制后，突变植物及其四倍体后代在其细胞核中有两套基因组。这些植物马上就成为生存竞争中的赢家。它们现在有备用的基因用于试验，这些备用基因可以自由突变，而不危及个体的生存能力。如果一个多余基因的突变携带的是优势，突变就会被遗传。如果多余基因发生的突变没有价值，它就会被丢弃。如今，大多数种类的开花植物都不止一套基因组，数千种植物还有十几套乃至更多套基因组。有多套基因组的植物被称为**多倍体**，跟基因组数量较少的近缘类群相比，多倍体植物往往有更大的植株，开更复杂的花，结更大的果实。人类在耕作和栽培中对多倍体植物的选择，决定了植物的演化。比如现代培育的草莓是八倍体，它们的果实太大以至于需要被切成四瓣来吃，而野生草莓则是二倍体，或者至多是四倍体，果实只有豌豆大。植物育种者在培育园艺花卉时，通常选用拥有双倍基因组的花卉，以此来获得花瓣数量增加一倍的花朵。在无油樟出现之前的时代，双倍的基因组只意味着基本形态和功能上的一种新的适应性。这种适应性对叶子演变为五颜六色的花瓣以及保护花蕾的萼片是至关重要的。基因冗余也是同一朵花中能发育出雄性和雌性器官的关键因素。

在那个时代，裸子植物的性别一定已经是微妙可变的。只有四个类群的裸子植物活到了今天，但它们中的一些成员有着有趣的性别差异。一些裸子植物成熟后会改变性别。雄性银杏偶尔会变态成雌性，给城市居民造成极大困扰。（银杏树是非常受欢迎的城市行道树——有些强大到在广岛核爆炸中幸存了下来——但雌株的种子会把路面弄得脏污泥泞，并散发出难闻的呕吐物或腐臭的黄油气味。）地中海柏木开始是雌性，但后来会变成雄性。很多针叶树的雄球花长在较低的枝上，雌球花长在较高的枝上，但云杉和几种松树的球花位置是相反的。因此，当裸子植物的基因组第一次增加一倍，并且充满了更多尚未定型的基因时，性别就有了超乎寻常的可塑性。无油樟的花只有单性花的功能，但有着雌雄同体的外观，这并不算令人震惊的试验结果，因为无油樟本就是众所周知的跨性别者。

无油樟和后来的被子植物的最重要的创举之一是把种子封入子房。裸子植物的果实都没有子房，已受精胚珠是"赤裸"的，只覆盖着一层薄薄的保护膜。被子植物的子房保护胚芽免受脱水和物理伤害。有些植物的子房膨大到可以作为水果食用。如果你是植物并且希望自己的种子远距离传播，利用果实是个不错的方法。动物把果实送入消化道内，然后把胚芽排泄在远离其亲本，同时又有富氮肥料的地方。从植物学上来说，谷物和坚果也是果实。只是它们的子房干燥又坚硬。

那么，子房是从哪里来的呢？还是通过基因复制。子房是心皮最底端的部分，而基因分析发现心皮是变态的叶子，通过折叠和边缘融合形成覆盖在种子上的第二层防水层。事实上，无油樟的心皮上有条可见的接缝，是叶子没有完全融合的证据。可食用的果实不是被子植物传播种子的唯一方式。多亏了那些增加的基因组，种子演化出了毛刺状、钩状、羽状物以及黏液等外部构造来把种子送得更远。等到几百万年后，被子植物的种子将会到处搭便车。

大约80%的被子植物由昆虫传粉，其余大部分利用风来传粉。我曾经猜想风媒传粉是最先演化出来的，因为这看起来对被子植物和裸子植物来说都是最简单的方法，也沿袭了裸子植物的传粉方式。然而事实并非如此。在石炭纪，昆虫已经爬入裸子植物的雄球花去寻找花粉这种高营养食物。这些古代的小偷不会浪费时间和精力去访问没有花粉的雌球花。无油樟和随后的被子植物的创举是把小偷变成媒人，用来连接雄蕊和雌性的心皮。无油樟雌花里的雄蕊是不育的，但它们能作为诱饵吸引饥肠辘辘的昆虫，那些昆虫访问过真正的雄花之后，会无意间将花粉掉落在雌花不育雄蕊旁边的柱头上。

1.4亿年前第一只爬进无油樟的昆虫只是想搜寻花粉，并没有期待找到花蜜。花蜜和蜜腺这些位于花基部的特化腺体，还没有演化出来。达尔文可能认为蜜腺是另外一个令人憎恶的谜，因为它们的出现似乎也莫名其妙。花蜜是叶片制造出的浓缩糖，通过韧皮部遍及整株植物。韧皮部（让我吃惊的是，居然不是木质部）也为花朵传输水分。有一种猜想是，在韧皮部给花朵运送水分时，伴随着花的发育，水压也会增加，有时会从花的基部渗出一点汁液。你可能觉得花的基部的渗水问题是个缺陷。毕竟流失的是来之不易的能量，这本可以供植物用来生长和修复。但是，正如从根尖的韧皮部漏出的水分可以用来支援菌根一样，花朵韧皮部漏水的补偿优势是：昆虫更喜欢访问那些不仅能提供花粉晚餐，还能附赠甜饮的花朵。随着时间的推移，那些像存货富足的酒吧一样一直有甜饮供应的植物，花朵基部的结构发生突变，演化为蜜腺。花瓣和气味也随之演化得更有吸引力，这是为了保证昆虫餐厅的位置不再难以寻觅或是难以落脚。

25

卑鄙的性

在演化生物学的基础研究上，关于达尔文的"小猎犬号"旅行以及他于 1859 年出版的《物种起源》，已经有大量文献。许多人不知道的是，他出版这本书时已经 50 岁了，他将余生大部分精力投入到了植物学研究中，撰写了 5 本植物学方面的专著和 70 多篇论文。如果他没有以关于演化的重要见解而闻名的话，他也会因为在植物学史上的重要成就而知名。

达尔文对生物学的热爱萌芽于童年的家中，也就是有着田园风光的什罗普郡芒特宅。芒特宅有足够大的花园供他和五个兄弟姐妹一起玩耍，还有以科学方法培育苹果树的果园。达尔文的母亲（在他 8 岁时去世）还会在温室培育热带植物。在一幅绘于 1815 年的肖像画中，6 岁的达尔文脸颊红润——在遥远的未来会长成浓眉络腮胡的科学家——弯着胳膊抱着红色的花盆，里面种着黄色的花。收集自然物是那个时代的潮流，达尔文小时候是狂热的甲虫收集者。据说他很早就对植物的生长机制充满好奇心，他后来还讲述过他小时候告诉另一个小男孩，他可以"用彩色液体给花浇水来制造五颜六色的西洋樱草和报春花"。

达尔文在爱丁堡大学医学院开始了他的大学生涯，但手术室的血腥和混乱吓到了他，因此他转到了剑桥大学神学院，为当神父做准备。（他回顾这个选择时觉得很讽刺，"想想正统教派对我的批判是多么激烈！"）他在大学的三年算不上努力，也承认自己在数学上"进步很慢"，在预备学校学的拉丁语和希腊语已经忘光了，他去听大部分课都是"意思意思"。他唯一经常去上，至少上了两遍的课，是牧师兼植物学教授约翰·史蒂文斯·亨斯洛的课。"我和亨斯洛变得非常熟悉，"他后来写道，"我在剑桥后半段的日子里，我常和他长距离散步，因此被一些教师称作'和亨斯洛一起散步的人'。"在亨斯洛的影响下，他之前对昆虫收集的热情冷却，转而对"采集植物"燃起了热望。他开始想象未来成为一个教区的乡村牧师，这份工作的吸引力主要在于有大量空闲时间让他去追求植物学和其他博物学方面的爱好。首先，虽然他把德国探险家亚历山大·洪堡长达 3754 页的 19 世纪初南美荒野旅行纪事读了又读，他还是希望能亲自踏上探索之旅。他原计划去加那利群岛，行程泡汤了后，亨斯洛帮他找到一份工作——作为博物学家跟随"小猎犬号"的船长出海。船长此行负责收集全球海岸线的航海信息。这艘船在 1831 年启航。

1835 年 9 月，近五年的航行快要结束时，达尔文来到了太平洋上厄瓜多尔的加拉帕戈斯群岛。亨斯洛告诉过他，海岛往往是奇特的植物聚集的地方。对于这一有趣现象，牧师通常归因于神圣的造物主。的确，当达尔文在加拉帕戈斯环岛探索时，他看到了"岛屿特有种"的生动展示。他依照亨斯洛的指示勤勤勉勉地收集开花的植物标本，并详细标注发现地点。他注意到，不仅植物有岛屿特有种，不同岛上的嘲鸫长得也各不相同。虽然他不确定这是同一物种中的不同亚种还是不同的物种，但他已经开始认真思考它们之间差异的重要性。

达尔文在 1836 年 10 月回到英国，把他采集的标本交给专家鉴定。没出几个月，鸟类学家约翰·古尔德告诉他，加拉帕戈斯群岛上他原本以为是美洲拟鹂（American Blackbirds）、蜡嘴雀（Grosbeaks）、燕雀（Finches）和鹪鹩（Wrens）的鸟，实际上都是不同种类的雀。这些鸟不是同一物种的不同的品种，而是独立的物种。达尔文在他的自传里写道："1838 年 10 月，我开始系统研究，15 个月之后偶然读到马尔萨斯的人口原理。作为一个长期持续观察动植物的习性，随时准备欣赏无处不在的生存斗争的人，我马上想到，在自然资源有限的情况下，有利的变化倾向于被保留，不利的变化倾向于消失。这样的结果就是新物种的形成。"两年后，他顺利搞懂了自然选择是如何应对变化来创造、修饰和灭绝物种的。

然而，演化和植物的一些问题困扰了他。自然选择运作的先决条件是有一部分变异的个体。他知道，这些变异来自外表差异非常大的亲本杂交产生的看起来和双亲不同的后代。但如果这是真的，那么当时人们所理解的开花植物的繁殖方式肯定是错的。所有人都假定——亨斯洛也告诉过他——两性花是自交的。否则为什么花瓣里的心皮和雄蕊只相隔几毫米的距离？但是达尔文意识到，如果有些花是自花授粉的，种子将产生和亲本相同的后代。（他不知道随机的基因突变也会产生变异。）这样个体间不会有变异，不同个体间的健康程度也不会有差异，从而就不会有自然选择发生，也没有物种演化。显然，这

神奇的花园

些假想都没有发生，大家都看到了开花植物还在疯狂地演化出新物种。因此，达尔文不得不重新思考开花植物繁殖的本质。他后来写道，在1838年到1839年的夏天，他"开始研究在昆虫帮助下的异花受精……1841年11月在罗伯特·布朗的建议下，我购买并阅读了C. K. 施普伦格尔那部精彩的著作《在花朵的形态和受精中发现自然的秘密》，因此对植物繁殖的兴趣大大提高"。

那本鼓舞人心的书出版于1793年，比达尔文写这段文字的时候大约早50年。它的作者克里斯琴·康拉德·施普伦格尔当时43岁，靠一小笔退休金独自生活在柏林的一所阁楼上。在一年前，他还是一所学校的校长。因为他的健康状况不佳，医生建议他进行户外运动，自此他开始着迷于开花植物，尤其痴迷于授粉之谜。

多亏了科勒鲁特，那时候大家都能理解昆虫帮助花朵受精，但是科勒鲁特认为昆虫的到访是偶然的。他认为昆虫授粉是偶然发生的，对物种的繁殖肯定不是必要的。昆虫授粉对于雄花和雌花分开的雌雄异株植物可能更重要，但对于两性花，他认为这是个次要的策略。施普伦格尔发现，昆虫授粉绝非偶然和意外。事实上，"自然已经为这种受精方法安排了花朵的整个结构。"首先，他意识到"花冠某些地方的颜色和其他部位不同，在蜜腺的入口处通常有斑点、图案、线条或特定颜色的点"。这些"蜜源向导"是引导昆虫得到奖赏的方法。香味是另一位向导。他写道，夜晚开的花，有着"浅色的大花冠，这样才能在黑夜中吸引昆虫的目光。如果花冠不明显，它们会以强烈的气味来弥补这个缺点"。

授粉的来龙去脉不是科勒鲁特的首要兴趣，他的观察也并不十分严格。他只观察了一小部分物种，而施普伦格尔研究了近五百个物种，为了破解"行为背后的本质"，他会在很多物种的自然栖息地连续观察好几天。授粉可能发生在黄昏或者夜里，或者几天内仅出现一次，只持续几秒钟。（兰花可以绽放数月，因为它们高度特化的授粉者需要花费很长时间才能找到它们。）蚊蚋和小苍蝇是隐秘的传粉者，你得睁大眼睛盯着花开，不然会错过传粉。通过足够长时间的观察，施普伦格尔发现几乎总能等到授粉者。科勒鲁特被那些没有昆虫到访也能结出种子的植物所误导。他没有想到去测试种子的可育性，但施普伦格尔测试了，发现它们不可育。昆虫对被子植物的繁殖是必不可少的。[1]

施普伦格尔克服种种困难，最终做出了一个革命性的发现。在自然界中，两性花"不能由自己的花粉授精，而只能由另一朵花的花粉授精"。首先，解剖学上的证据不利于自花授粉。尽管一朵花里花药和柱头距离很近，但它们并不经常相互触碰。通常两者的高度不同，减少了接触的可能性。成熟时间则是另一个问题：花朵的花药成熟后才能释放花粉，成熟的花粉是柱头受精的充分必要条件。这种非同时性，或者叫作雌雄蕊异熟（dichogamy），就是为了防止自花授粉。

施普伦格尔也终结了那些牵强的花蜜理论——看过他的书的人都会终结这些理论。有些植物学权威认为花蜜的作用是为子房中发育的种子提供养料，并声称昆虫窃取花蜜的行为会伤害花朵。还有些人认

---

[1] 其实有相对较少的植物——例如豌豆和花生——进行自花授粉。其他植物，比如黄豆，如果异花授粉失败，就把自花授粉作为备用方案。（顺便说一句，花生的坚果，实际上是完成受精的花的子房，它的茎会继续生长，同时向下弯曲，直至把子房推进地下，果实在地下成熟。）

神奇的花园

为花蜜对花朵很危险，蜜蜂取走花蜜是为了保证有源源不断的花粉。这些人认为，如果花蜜没有被采集走，就会聚集变厚，破坏果实的发育。施普伦格尔知道并非如此。"花蜜是为了花朵而生，就像弹簧是为钟表而生。如果让花蜜和花分离，剩下的那一部分花朵就是无用的；这样会毁掉最终的目标，也就是结出果实。"

不论施普伦格尔提供了多少翔实的数据，同时代的植物学家根本无法理解这些令人不安的概念。这位不知名的业余植物爱好者认为造物主把雄性和雌性器官放入同一朵花中——这对不能站起身来四处走动去寻找配偶的植物是极其明智的安排——然后阻止它们结合，这太荒谬了。除此之外，他捏造了一个复杂的系统，在这个系统里昆虫在寻找花蜜时会无意间带来远处花朵上的花粉。这个理论看起来滑稽可笑。施普伦格尔无法做出辩护，因为他不能指出这种复杂的社交方式对花朵有任何好处。此外，异花授粉会让人想起杂交，众所周知，杂交品种往往不育，比如驴。有位专家把他关于花的理论称作"引人发笑的童话"。他的书从未被翻译成英文（至今译本仍是不完整的），他本打算写的第二卷也从未动笔。达尔文口中"可怜的老施普伦格尔"于1816年去世，他如此默默无闻，以至于如今没人知道他葬在哪里。

达尔文这时已经有能力去欣赏施普伦格尔的工作，因为这位德国业余植物爱好者证实了他的怀疑。施普伦格尔的数据，再加上达尔文在航海中收集到的信息，从科学文献中获得的属种表，与动物饲养者的交谈，以及从阅读中搜集的例子，帮助达尔文精炼自己的理论，并在1851年开始起草《物种起源》。8年后当这本书出版时，他的成就已经远远超出了施普伦格尔。施普伦格尔之前曾意识到"自然界厌恶一成不变的自花授粉",但没有找出原因。而达尔文找到了。相比自花授粉,异花授粉能产生更多、更强壮的后代。杂交后更强壮的后代所具有的遗传性状,包括雌蕊和雄蕊在不同时间成熟的性状,都能够提高存活率。

听说阿尔弗雷德·罗素·华莱士已经完成手稿并提出非常相似的理论之后,达尔文仓促地出版了《物种起源》。这本书出版后,与之相关的信件淹没了达尔文,他还需要不断回答相关的问题。1860年,他转而研究植物,具体来说是兰花,不仅为求得精神上的安慰,也是想为他的理论收集更多证据。在他关于兰花传粉的著作《兰花不同的结构是为了让不同的昆虫传粉》(1862)中,他写道:"这是自然界的普遍法则,高等的生命需要不定期地和其他个体杂交……有人指责《物种起源》提出这一理论但没有给出充足的事实。在此我希望了解更多细节后再做出说明。"

在伦敦东南达尔文的家乡附近的乡村,生长着大量的野生兰花,他把野生兰花移植到自己的花园。在充分调查了英国的品种后,他的兰花种植扩展到了更复杂的热带品种。19世纪的英国,昂贵的玻璃温室已经成为富人身份的象征,收集异域兰花成为上层阶级的爱好。一些贵族甚至雇植物猎人去热带搜寻。达尔文的人脉广、人缘好,因此总有人给他一些非同寻常的标本。

他收集了十几种兰花,但这只是兰科大家族中的一小部分。兰花总共有25万余种,生活在除南极洲外每个大陆的各个生态位,包括地下。兰花的差异性令人叹为观止:它们看起来像水壶、拖鞋、蜜蜂、奇怪的海葵、蜘蛛、卷曲的缎带、鸭子的侧脸、长耳驴头，还有的像茉莉、藏红花、紫罗兰和豌豆花；它们有除了纯黑色外的各种颜色和间色；它们可能没有气味，或是有腐肉臭味或一丝醉人的香水味。兰花重量最轻的不到28克，最重的巴布亚兜兰则重达1吨。兰花在面对自然选择进行演化的过程中看起来太过放飞自我。这些充满想象力的结构是如何帮助兰花艰难地存活下来的？达尔文的朋友兼首席传播官托马斯·赫胥黎曾经问过："没人梦想过找到一种结构和颜色是以实用为目的的兰花吧？"

达尔文想过，并以令人信服的案例说明，兰花是"调整演化"的惊人典范，它有着这样的迭代过程：一点小的调整促使受精成功率略有提高，然后重复这个过程，有适应性的后代的数量增加，并在种群中传播这种适应性。尽管兰花的外表非常多样，但它们都有共同的基本解剖学结构：3个萼片，3个花瓣（其中一个是唇瓣，是传粉者的登陆地），还有合蕊柱。合蕊柱是手指状的单体器官，雄蕊和雌蕊融合到了一起，柱头表面以及从细长柄顶端伸出的亮黄色花粉团（花粉块）都在这里。兰花的策略是以花粉团来吸引昆虫进入花朵。花粉团及柄紧贴来访者身体的某个部分——头、腹部、背部或喙。几秒钟内，花粉团柄迅速枯萎或扭曲，当昆虫进入其他花朵时，花粉团精确地粘在柱头表面，正好错开合蕊柱的雄性部分。达尔文意识到，花朵每个看似无用的褶皱，颜色和斑纹，气味及奇怪的突起，都是经由自然选择的塑造来为生殖功能服务的。

他相信这是自然选择的结果，因此自信地预见到一种奇怪的飞蛾的存在。一位朋友送给他几株马达加斯加的明星物种大彗星兰

（*Angraecum sesquipedale*），这种兰花约 15 厘米长的花朵上有着蜡白色的花瓣，散发出强烈的辛香，基部还有一条"绿色的、长度惊人的像鞭子一样的距"。什么昆虫才能通过长达 30 厘米的狭窄弯曲的距，采到底部的花蜜和花粉块？他试图用针和猪鬃伸入花中，没有成功。只有把和花距一样长的线戳进去才能抵达花蜜。由于花是白色的并有刺鼻气味，传粉者一定是飞蛾，而且喙应该有 30 厘米长。他还推测飞蛾应当很大，因为他发现必须给柱头施加很大的压力才能让花粉块掉落。

他的预测受到昆虫学家的嘲笑，因为从没有人看到过有这么长的喙的飞蛾。但 1903 年这种飞蛾被发现了。给大彗星兰传粉的是一种大型天蛾，它有着 12 厘米长的翅展和 30 厘米长的喙。它的喙平时卷缩成蚊香状，一旦看到或闻到特定的花，长长的喙就像听到集会的号角一样展开，让液体流进喙的内部。这种蛾被命名为非洲长喙天蛾（*Xanthophan morganii praedicta*）。

达尔文认为兰花以花蜜的形式给予传粉者回报，虽然他看到过关于无蜜腺花的报道，但他觉得没有证据来证实。当然，昆虫逐渐学会不把时间浪费在没有回报的物种上。那些能够识别并避开无蜜花的昆虫会留下更多的后代，并在种族间传播它的这种测谎能力。

这次，达尔文低估了兰花拟态的精确度。大约三分之一的兰科植物都是骗子，承诺以午餐招徕访客但不提供任何食物。有的兰花会模拟没有丝毫亲属关系但充满花蜜的物种的外观。约翰·阿尔科克（John Alcock）在他那本有趣的书《对兰花的热情：植物演化中的性与欺骗》里写道，驴耳兰已经演化到外貌和豌豆家族成员相似度极高

大彗星兰和它的传粉者非洲长喙天蛾

的程度了。粉釉兰有五个闪着光泽的亮粉色花瓣，看起来像许多草地上提供花蜜的野花一样。这些兰花可能并不总能欺骗所有的蜜蜂，但实际上它们也不需要这样做。它们的花粉块中有数以百万计的微小花粉粒，远远超出豌豆花药中花粉的数量。兰花只需要少数蜜蜂来帮它们运送数量庞大的花粉。同时，它们通过放弃制造花蜜来保存能量。

蜜蜂兰（蜂兰属成员）的诈骗手法不是靠虚假的食物承诺，而是打着交尾的幌子。蜂兰的唇瓣演化成雌性蜜蜂头部陷进花朵时屁股的样子，当雄性蜜蜂看到散发着特殊香味的雌性蜜蜂毛茸茸的球状屁股时，它们就会像得到了"正是你喜欢的那类处女"的信号，冲过去试图交尾。（如果你想看到野外的情形，可以在网上搜索蜜蜂和蜂兰假交尾的视频。）体验极差地和花交尾一分钟后，它就放弃了，飞去寻找下一位更满意的伴侣，不知不觉中带走了蜂兰的花粉。

研究表明蜜蜂飞离一段距离后才会再次尝试。为什么它不接着在邻近的花上尝试呢？并不是因为尴尬的雄蜂想避开先前羞耻经历的目击者，而是因为兰花在演化中形成的香味的复杂性。经过演化，每种蜂兰都能制造出精确的烃类混合化合物来模仿它需要的特定传粉雌蜂所产生的 12 种以上的化合物。通过这种方式，蜂兰可以保证懊恼的雄蜂会寻找同种的另一朵（伪装成蜜蜂的）花，把花粉携带到可以有效传播的地方。但如果沮丧的雄蜂只移动到同一株植物的另一朵花上，蜂兰就不能实现交叉传粉的目的。因此，蜂兰有另外两个招数来确保"爱慕者"移动得更远。维也纳动物研究所的研究员发现，蜂兰（Ophrys sphegodes）与传粉对象"交尾"后，这朵花会立刻产生一种新的芳香化合物，忠实地模拟雌蜂顺利交尾后释放出的法呢基己酸化合物。这种信息素到附近，很快就会让刚交尾失败的雄蜂赶过去。在另一种兰花中，雄蜂能感受到不同的植株制造出的与性相关的化合物组合中的微妙变化——或许是多几个 8 号化合物的分子，或少几个 10 号化合物的分子——以避开已经让它失望过的花。

　　为什么自然选择会让雄蜂浪费时间去与花幽会？雄性蜜蜂似乎陷入了困境。那些对兰花骗子反应最快，并且成功击败竞争对象，找到了真正的雌蜂的雄峰，能够最成功地将基因传递给下一代。由于雌蜂的数量远多于狡诈的兰花，总体来说因偶然失误而和花朵交尾的雄蜂，能战胜那些磨磨蹭蹭、努力分辨的雄蜂。兰花能让饥渴的雄蜂满意。它仅靠性感的裙子和对味的香水，就吸引了一个狂热的传粉者，而且有很大的可能性把花粉传递到正确的花上。

26

香味和性

    达尔文没机会欣赏到兰花对气味异常精确的模仿。因为直到 20 世纪 70 年代中期，科学家才通过气相色谱质谱仪，梳理出每种独立的有机化合物的香味并测量这些化合物的含量。玫瑰即使不叫玫瑰，闻起来依旧是甜的，园艺科学家现在可以确定产生这种甜味儿的每种化合物。我从佛罗里达大学戴维·克拉克教授那儿了解到，玫瑰、兰花或者矮牵牛的芳香不再是难以形容的了。8 月我在戴维的办公室兼实验室大楼后面的一个实验温室里遇到了他。戴维是个开朗的人，有着健康红润的肤色，看起来就像来自阿巴拉契亚地区种老式矮牵牛的人。他带领了佛罗里达大学的一个研究小组，致力于通过生物技术与常规育种相结合来改良植物和蔬菜作物。矮牵牛是他工作的一大重点，我们从他正在研究的植物开始参观。矮牵牛忍受不了佛罗里达 8 月的炎热，所以室温保持在凉爽的 26.7℃。我原本期待华丽的展览，但看到的全都是在微风中轻轻颤抖的白色花瓣和细长花管。它们很好，但绝不是我去园艺中心列入购物单的首选。

    戴维的矮牵牛在美学上不是令人兴奋的样本，但在科学上是。差不多在过去十年，花园矮牵牛已经变成了"模式种"，研究人员用它来研究更广泛的生物类群的生命现象。矮牵牛与番茄、马铃薯、烟草、茄子、辣椒等属于同一科（茄科），而那些都是除玉米、小麦和大豆等行栽作物之外最有经济价值的农作物。科学家通过深入研究矮牵牛来改善那些滋养躯体以及灵魂的作物。

戴维种的矮牵牛是矮牵牛和"米切尔二倍体"的杂交品种，作用等同于医学研究中的小白鼠。大部分"米切尔"的基因组被解码，使得抑制或添加基因来探索其功能变得容易。"米切尔"和野生的夜香矮牵牛很像，有着产生大量挥发物的大花朵。（挥发物是很容易从液体变为气体的物质，这都是为了更便于让你闻到。）由此产生多种香味，成为香味生物化学考察的理想课题。

"米切尔"的香味来自十几种复杂的化合物，包括丁香油、风油精味儿的根汁汽水*、冬青和玫瑰精油。玫瑰精油无疑是化妆品和香水工业中最重要的挥发物。遗憾的是——收到过温室玫瑰或在花园弯腰嗅过玫瑰的人都不会意外——玫瑰精油的基因代码虽然还在基因组中，但已经不再表达。昂贵的眼霜和"香奈儿五号"中使用的玫瑰精油来自西洋蔷薇和大马士革玫瑰，主要在保加利亚种植，每 0.45 公斤的售价约为 4000 美元。并不是商业玫瑰育种者有意消除玫瑰的气味，但是在选育品种的颜色、形状、寿命、抗病性等多种性状的时候，气味已经在不经意间流逝。

茄科食用植物的花都没有明显香味，但它们的果实中都有芳香化

---

* 又叫沙士，一种用木质根和树皮煮汁经发酵成的无醇饮料，最初是用檫木（产于北美东部的一种樟科植物）的根制成的。

合物。同样的分子存在于茄子、辣椒和番茄中，飘到空中去吸引传粉者。香味分子在果实中做什么？果实演化出吸引动物帮它们传播种子的手段，其中糖和蛋白质具有重要的吸引力。一些蛋白质中含有动物必不可少的氨基酸——"必不可少"意味着动物自身不能合成，为了生存就必须要吃植物。苯丙氨酸就是这样一种氨基酸，它也是矮牵牛的香味以及番茄中复杂的化合物的组成部分。果实的颜色意味着"我成熟了"，香味则意味着"我对你有好处"。

当然，吸引你去吃番茄的是你预期的味道，而不是番茄本身的香味。不过味道很大程度上来自于香味，因为我们的舌头只能接收到甜酸苦咸鲜或香辛这几种味道。（捏住鼻子时，你连草莓果泥和菠萝果泥都尝不出区别。）美味的番茄的成分之一是玫瑰精油。戴维的实验室帮助鉴定老种番茄里玫瑰精油的基因，并试图把基因转入"米切尔"矮牵牛，这样矮牵牛的花就会闻起来像玫瑰。

这种基因的剪切和拼接产生了基因改造或者基因改良（GM）植物。在 20 世纪 80 年代中期和 90 年代，转基因植物似乎是农业的未来。科学家们的愿景是把维生素、氨基酸以及其他好东西都拼接到水果蔬菜的基因组中。遗传特异性带来的繁殖限制已经成为历史。植物的育种都发生在培养皿中。"很多传统育种者都是在那个时候退休的，"戴维说，"他们的职位被克隆基因和突破天然物种壁垒创造植物的分子生物学家替代。"

事与愿违。一些主要作物确实拥有了抗除草剂、抗病毒、抗害虫、抗严寒和干旱的性能，但转基因食品的出现让一些人很不安。在美国，人们设立了法规，确保转基因食物不会危害健康及环境安全。

　　　　　　　　　　　　　　　　　　　　　神奇的花园

不管法规是否能实现目标，不管备受争议的转基因作物是否有危害，毫无疑问的是，研究经费和为了符合联邦与各州政府机构的各项法规所必需的文档管理造成的成本，都不容小视。据世界银行计算，为一个转基因玉米品种申请准入的费用在 600 万美元到 1500 万美元不等。即使是非食用作物，要获得批准也很昂贵。比如为了把番茄的基因编辑进去，增强一种粉色的波矮牵牛"玫瑰香水"的气味，戴维说育种者要花费 100 万美元——这还只是为了得到这种特定的粉色。包含拼接基因的波系有 20 多种花色，育种者必须为每种花色获得批准。

"如果有几千平方公里的苗圃和十几亿人民币的产值，研发和法规方面的成本就可以赚回来，"戴维说，"但是美国整个矮牵牛市场的价值只有三四百万美元，这还是按零售价格。此外，矮牵牛品种的平均市场寿命是五六年，也可能七年。然后，消费者就会想要点不一样的东西。不管怎么样，你就是没法让利益相关者感兴趣：培育更好闻的粉色矮牵牛价值多少？"一般情况下，转基因对商品作物才有意义。改善花卉和蔬菜仍然是常规育种者的领域。

然而科学家已经改变了传统的育种，现在他们用分子生物学的工具和基因组测序的数据武装自己。假设你是一个育种者，你拥有带非凡香味的矮牵牛和没有香味的耀眼粉绿星矮牵牛这两种专利。你会想到，如果粉绿星矮牵牛有薄荷味，会很好卖。多亏戴维的实验室，现在你知道了白色的矮牵牛产生十多种芳香化合物，包括薄荷醇及其所占的比例。你也知道了哪个基因负责制造哪种香味，以及这些基因位于矮牵牛染色体的哪个位置。现在，你可以在实验室里用酶剪掉这些基因，然后用 DNA 重组技术让它们繁殖。然后你可以将这些基因插入土壤农杆菌中。最后，用这些细菌感染你的粉绿星矮牵牛，以此转移芳香基因。

一旦得到你满意的转基因矮牵牛，你不去种植它，而是磨碎它的叶子，进行 DNA 分析，看看大致哪些白色矮牵牛的香味基因已经在粉绿星矮牵牛的基因组上着陆。然后可以开始用老式方法来繁殖，通过把白色矮牵牛的花粉传送到粉绿星矮牵牛的柱头（反之亦然），收集授粉的花结出的种子。在过去，你将不得不播种成千上万的种子，浇水施肥，提供有空气调节装置的温室，直到它们两年后开花，然后去看哪棵杂交植株看起来漂亮并且闻起来有薄荷味。然而今天，你只需要等五周，等种子发芽后，每棵幼苗摘取一点叶子磨碎，进行 DNA 分析，看哪个个体的 DNA 与你在实验室创造的转基因植物匹配。你仍然需要种植这些个体去看哪些枝条最强壮，开花最繁盛，种子最多，等等，但是开发时间和成本都显著减少。

克拉克和他的同事正在进一步推进这项研究。2009 年，佛罗里达州立大学发起了植物创新项目，把来自戴维实验室的一个团队，和食品科学家、心理学家、营销专家召集在一起，想要改变育种过程的前端。

"我们创造出这种大而明显的黄花，不再是因为育种者想要，而是因为我们认为消费者会买；我们在设法弄清消费者的偏好。以番茄为例，我们准备找出他们喜欢什么口味。"

这个项目已经推出了一个番茄新品种。创新团队找回了老种番茄和一些收集来的自愿样本，评估它们并解释评级的理由。然后他们找出了这些口味的生化成分（也就是它们的芳香化合物），并确定了

神奇的花园

化学成分的基因代码，开发出转基因模型，然后用传统方式培育它。2011 年通过这个流程产生的番茄，叫作"李好吃（Tasti-Lee）"。还有一些正在开发中的番茄，用来满足不同地区人们的喜好。新的花儿也陆续出现，但人们对花的偏好更复杂，因为花的颜色影响人对气味的预期。比如，一种橙色矮牵牛有冬青味儿会很奇怪，但是有玫瑰香味的粉色矮牵牛或是散发苏格兰烟味儿的黑色天鹅绒矮牵牛或许会很吸引人。

当我们离开温室时，戴维提出让我看看他的锦紫苏育种项目。我不是特别感兴趣。首先我要赶飞机。其次，培育锦紫苏为的是叶子，而不是它们不起眼的花，但我来这儿是为了完成我的花卉研究。最后，我不喜欢锦紫苏。我记得的锦紫苏是一种沉郁的褐色和深绿相间的小植物。尽管如此，由于戴维看起来很热情，我很欣赏这种热情（我本人有时也沉溺其中），所以我同意跟他去看看。

戴维的锦紫苏种植在附近的室外育种田里。走到那里时，我问他为什么走上园艺这条路，是否一直对植物感兴趣，他大笑着说："我来自田纳西州东部，我的父母是离开煤矿的一代。我父亲在化工厂工作，母亲是个裁缝，但是我们家还有一个农场作为副业。我父亲过去常把我放在路边卖豆子。我从不介意在花园里工作，但工作总是没完没了。我整天想的都是离开农场。"

戴维和他的姐姐是家族中第一批上大学的。在田纳西大学，他开始主修工程——这也是他姐姐曾经的专业，当时他姐姐已经在惠普开始了成功的职业生涯——但是他讨厌这个专业。有一天，他认定大学不适合他，于是在当地海军征兵办公室报了名，然后回到房间收拾行李。当朋友进来发现他在做什么时，就逼他保证在辍学之前去尝试一下其他专业。他拿起课程目录翻阅，看到了园艺学，一无所知就决定选其为新专业。他上了两次课后，就知道找到了自己的使命。

当我们抵达两千平方米的锦紫苏田时，我惊呆了。佛罗里达炽热的阳光照亮了数百株齐腰高的色彩最为缤纷的植物。这些锦紫苏一点儿不像我见过的那些暮气沉沉的植物。有些叶子有着桃红色的中心和紫色的边缘，有些叶子中心是树莓色的椭圆形，外面环绕着香草绿，然后是石灰绿，有些叶子是黄绿色，带有深锯齿，有些叶子是天鹅绒般的紫色叶子，带有草绿色褶边，此外还有橙色镶边的锈色的叶子、心形的纯紫红色叶子、带血红色点的浅绿色叶子、巨大的蝴蝶形状并带有粉红叶脉的红叶子和看起来像混合水果冰沙的叶子。看着成行的锦紫苏，就像在看马蒂斯金碧辉煌的室内画——蓝白格子桌布配黄绿花椅子，再配上红白条纹壁纸，在此基础上还要再增加一百倍。

我目瞪口呆并且惊呼出声。戴维微笑了起来，开始指出他的最爱。很明显他全心都在锦紫苏上。他很不好意思地说："你知道，我在大学职业生涯的第一个八到十年是进行分子生物学测序。后来有一天，我的一个学生说她不想做分子生物学，想去做常规育种。因此我们开始研究作物，寻找那些遗传变异性最强的，结果找到了锦紫苏。那大约是十年前了，我们的锦紫苏项目一开始只是简单的老式育种，逐年变得越来越大。"

戴维在颜色、样式和大小上对锦紫苏进行了革命性的改变。我没记错，锦紫苏就是小而暗淡的，直到戴维开始对这种作物进行开发。传统的锦紫苏是用种子传播的。为了产生种子，它们必须开花。为了开花，它们不得不动用叶子储存的能量。一旦开始进入生育阶段，它们就停止生长，基部叶子脱落。到了夏末，它们只剩光杆，变得丝毫没有吸引力。

戴维开始培育不开花或者花少且花期晚的锦紫苏。他想让植物原本用来制造生殖器官和种子的能量都用来制造色彩多变的叶子。任何做这种尝试的锦紫苏个体在野外都死掉了，到了戴维的花园里却是赢家。戴维经过多年选择，发现红蓝花青素色素可以保护叶子免受紫外线伤害，从而产生彩虹般的叶子颜色，尤其是在植株不囿于繁衍后代的时候。此外，有些植株永远不会达到开花期，可以蓬勃生长到秋天，有时高达六英尺。当然，戴维的植物都是通过根插无性繁殖，所以比传统品种贵六倍。尽管如此，几大种植商——鲍尔、赢家公司和先正达——现在获准销售戴维的品种，园丁们也乐意为长寿、绚丽、无花的锦紫苏买单。

第五部分
———————
前进、向上和后来

27

天堂里的麻烦

当我离开查尔斯和苏姗农场的柑橘苗圃时，查尔斯答应会让我及时了解我的"百果树"的生长进度。我们在接下来的几个月里偶尔聊天，他时不时用手机拍照发给我，我可以看到树枝越来越长、越来越坚固。然而一年之后，美国农业部仍未施行允许查尔斯把树运给我的规章。[①] 我开始感到内疚。农民的生意要靠柑橘和蓝莓，而不是培育植株。后来查尔斯提到，佛罗里达州有个人曾打电话给他，说想买这棵"百果树"，除了内疚我更添了担心。我不能让这棵树与我失之交臂。

我没法把这棵树带出佛罗里达州，至少不能在可能被逮捕的风险下带出来，但我可以在州内挪动它。我寡居的母亲 84 岁，生活在佛罗里达州迈尔斯堡，送到她那里是我的备选方案。如果她愿意帮我保管这棵树，至少我可以享受定期探访它的时光。也许总有一天，我可

[①] 2013 年，只有少数几家大公司能够满足美国农业部的要求，开始将树木输送到州外。柑橘黄龙病目前有望得到治理。得克萨斯农工大学的植物病理学家艾克里·迈瑞可博士，已经把菠菜的基因转接到柑橘树上，菠菜基因赋予了柑橘树抗病性。这些转基因树木（包括哈姆林甜橙）在佛罗里达州进行实地测试。但正如《科学美国人》所说，这种疾病依然很可能意味着"橙汁的终结"。

以把它带到北方。我不太确定她会同意我的计划，园艺对她已经不像以前那么有吸引力了。如果我建议她照顾一棵普通的橘子树，我猜她会拒绝。但这是一棵精心设计的树，我想我可能有机会。

20世纪40年代我母亲上中学时，是唯一修工科的女生。她有动手天赋而我没有。年轻时结婚生了两个孩子后，她是最初的电话黑客之一：当美国电话电报公司还是垄断企业，对每户的分机收取额外费用时，母亲大人想出了如何额外接入电话线接口。她对挫败"贝尔大妈"*很是兴奋，我家的每个房间都有电话，包括地下室楼梯的小储藏间。我5岁的时候，父母在地下室合伙开创了家具制造公司。所有的邻居都把楼梯间布置成有着电视、吧台、乒乓球台或者台球桌的娱乐室，我家则布置成了有着成堆的木材、一袋袋水泥和台锯的木工车间。他们的产品是一列混凝土浇筑、镶嵌有矩形石板的咖啡桌。（我认为这些桌子体现出一种包豪斯美学。）他们还用胶合板做可拼装的床和沙发，他们的产品出现的时间远远早于宜家。他们的手工产品远远不止家具。我小时候的衣服大部分是我母亲缝的。他们还一起铺砖，围绕庭院精心建造了栅栏，做了封闭式的门廊和百叶窗式的橱柜墙。我们家不需要专业的画家、管道工或电工。

母亲大人认为每个人都和她一样心灵手巧，于是在我12岁的时候为我组织了一场冰雕生日派对。她在地下室支起木架台，每位客人发一块25磅（约11千克）的冰块。我们从家具店挑选冰雕工具，主要是螺丝刀，还有锥子、锤子和油漆刮刀。（没有人受伤，简直是奇迹。）她还教我使用缝纫机，让我用笔记本内页纸来练习缝上下直线。

---

* 指美国贝尔电话公司。

当我学会了之后，她在当地一家衣料店给我报了缝纫课。最主要的成果是一条未完工的米色灯芯绒裙裤，在我的衣柜里挂了好几年。我喜欢选择面料和剪裁，并且能顺利缝完长缝。但接口的细节、镶边、扣眼和褶边都太令人沮丧，于是我又回去——正如我父亲所说——写"诗歌"。

　　我父母是务实型的乐于解决问题的人。我猜他们认为园艺是一项疲弱的活动，就像诗相对于户外。不过，院子仍然被照顾得很好。母亲大人把被房子挡住光的侧院改造成了岩石花园。在她开始动手之前工程就已经完成了一半：建筑商在那里倾倒了一些挖出来的材料和建筑废料，然后填土覆盖住了。土壤的深度刚好可以养活富贵草和玉簪。她让有斜坡的后院长成低矮的灌丛，其中的优势物种是野生的银柳（又名银芽柳、褪色柳、猫柳），早春时会出现柔软可爱的灰色"小猫"*。同样超前于她的时代，她屡次提到她为鸟类创造了天堂，不过我怀疑灌木丛掩盖了她讨厌照顾植物的真实想法。

　　我 13 岁的时候，我父母爱上了帆船运动，买了一艘 14 英尺长的小帆船"翻车鱼号"。母亲大人抛弃了矮牵牛、灌木丛和玉簪，每周末全家开着红色大众甲壳虫，后面拖曳着帆船，到切萨皮克湾划船。我们一家四口挤在一条船上，分量并不比一个帆船运动员大多少。妹妹乔安妮会和我争夺桅杆前面狭窄的位置，在那里不会被吊杆击中胸部。

　　父母的爱好并不让乔安妮和我感到愉快，特别是当我们长大后。对我们来说，帆船运动意味着在炎热无风的日子，在摩托艇的尾流中

---

* 指具有短茸毛的花芽。

颠簸，而帆拍打着桅杆发出啪啪的声音。"讨厌鬼"，父亲会嘲笑路过的波士顿威拿钓鱼艇（Boston Whalers）。但是我很钦佩那些裸着上身的少年和穿着比基尼的女孩，他们经过时头发在身后飘扬。我也很喜欢游艇。我想象里面有空调，并且想知道航行时是否足够平稳，能让我在里面看书。我的皮肤缺乏黑色素，这决定了我在那些没有有效的防晒霜的日子里需要靠长袖衫和帽子来遮挡太阳，否则睡前会起水泡。6月之后，甚至轻松的游泳也因为水母出现而不能进行。我们被炙烤得无聊，只是偶尔被突降的吓人暴雨打断，伴随着刺得皮肤生疼的雨和让人毛发竖立的闪电；我敢说闪电会击中船的金属桅杆，然后我们变得像炸软壳蟹一样。

在我们十五六岁的时候，当父母升级到能够驾驭19英尺长的"水手号"帆船，即一种带有船舱和私人厕所的度假船时，他们终于同意我们待在家里，我们成了快乐的留守儿童。我们的父母成为更加坚定的水手：在接下来的25年里，他们不停地更换越来越大的船。父亲一到退休的年纪就和母亲把他们的房子挂牌出售，卖掉家具，打包了几箱行李放在我的阁楼上，然后驾驶着38英尺长的"奋进号"在近岸内航道一路向南。他们缓慢又心满意足地走遍佛罗里达州，穿越加勒比地区，在他们的观鸟名单上补充新种，并顺道拜访当地的桥牌俱乐部。直到他们七八十岁时，我母亲的关节炎致使他们结束了游历。他们搬到迈尔斯堡一个没有院子的公寓里。

我说这一切不过是想表明，我不知道面对一棵构造奇巧的"百果树"时，我母亲的好奇心能否胜过她在照料植物上兴趣的缺乏。我欣慰的是，好奇心赢了。她同意接手，但是有两个条件：她不对照料的结果负责；我要精确地告诉她怎么做，包括什么时候浇水。

后面这个要求本来会让这个协议没法实现，因为我生活在千里之外。但是我们——我、母亲和树——很幸运，我在浇水上已经有了很多思考。我在 10 年间照顾过 50 多种室内植物，不过仍然有些因为脱水而死。（我太担心让植物面临过度灌溉的风险。）我知道我每天的第一件事应该是在我的园子里巡视一周，举起花盆，用手指测试土壤的干燥度。但浇水是件苦差事，而我又是严重的拖延症患者，我总是想着我可以再晚一点去巡视我的领地。我说，晚一个小时又有什么关系呢？当日子一天天飞逝，我终于注意到咖啡叶子不知道为什么无精打采的，我的竹芋（prayer plant，英文字面意思为"祈祷草"）匍匐在地，不是因为虔诚，而是脱水了。

我下定决心不让类似的情形发生在我的"百果树"身上，并准备采取预防措施。我知道自己本性难移，所以决定通过科技来预防脱水。我在园艺网站上乱逛的时候，看到过电子水分测定仪的广告，有一个叫"植物呼唤你"的组装包，可以在线购买。买到之后，组装仪表，接上插头，插入盆栽植物的土壤中；然后，据发明者称，一旦土壤变干，该设备就会通过短信或社交工具让你知道。我为这个发明里的电缆、电源线和路由器倾倒，马上订购了整套工具包。当我打开"植物呼唤你"的盒子时，我看到了漂亮的卵圆叶形翠绿色电路板，两根检测水分的细长金属探针，几十个五颜六色的晶体管、电阻器、电容器和发光二极管。我自己是没有希望组装好了，但是我有办法。我的法宝是有计算机系博士学位的表弟丹尼和他聪明的女儿——13 岁的罗西。丹尼和罗西同意焊接组件，完成电路板的组装。一周后，他们带来了组装好的设备。我把探针连接在电路板上，插入白鹤芋干裂的土壤里，然后把线接入墙上的插座，接入无线路由器。一分钟后，这棵植物给我的手机发了条短信。

它通知我的社交账号："紧急！给我浇水！"

我倒进去一杯水。

"谢谢你为我浇水！"它回应道。在接下来的几周里，白鹤芋定期给我推送最新的土壤含水量：

"目前含水量 84%。"

"目前含水量 72%。"

"目前含水量 24%，需要水。"

我浇了一杯水，但是这次收到了"你没有浇够！"。

"植物呼唤你"成了唠叨鬼，唯一让它住嘴的办法就是浇水。我爱死它了。丹尼教我如何对设备的脚本重新编程。高科技真是潜力无限。

我下一次去佛罗里达，就开车去奥本戴尔找查尔斯拿我的树了。很高兴看到它和温室里其他哈姆林橙长得一样好，充满健康和活力。每根树枝的分枝上都有白色塑料标签，上面写着品种名。我能看出每根枝上的叶子形状都不尽相同。杂色尤力克柠檬的叶子有着奶油色的边缘，像裙摆下的丝带。查尔斯举起树放进我车里，最后给了我一点建议，还有祝福。我开车往南 2 小时，送"她"到迈尔斯堡。

我称"她"，是因为我想给我的树一个名字。我叫她多萝西——向多萝西·帕克*致敬，那是一个和我母亲很像的女人，喝点烈酒后

---

* 作家，被称为"美利坚最具智慧的女人"。

神奇的花园

可能会一脚把"百果树"踢出来。（帕克曾写道："我想要一杯马提尼*/最多两杯/三杯就倒在桌下/四杯就倒在主人怀中。"）帕克女士有个支离破碎的灵魂，曾三次试图自杀，事实上我觉得这充分预示了我的树的命运。

在邻居的帮助下，我把多萝西搬到我母亲装了纱窗的阳台上，插上"植物呼唤你"，帮我母亲申请了社交账号，用来接收多萝西的信息。

周一、周二和周三，多萝西表示"一切棒极了"。周四她提醒我母亲："感觉有点渴，要确保我们有汤力水和酸青柠。"周五的消息是："差不多5点了。我们有冰块吗？"周六，我回了我自己家，不过没过一会儿母亲就打电话给我，说多萝西建议她拿出玻璃杯把饼干泡一泡。周一，多萝西说："快渴死了。我需要双倍的水。"我母亲遵从系统指令，倒入整整两升水，直到水从花盆底下的洞溢出来。

多萝西回复说："干杯！"

两个月后，我再次回访，带着笔记本电脑和飞特蒂亚网线，因为我想下载一个新脚本。一切进展顺利，多萝西向我母亲报告，我母亲向我报告。（我母亲曾因把杂牌伏特加倒入苏联红牌伏特加的空瓶里而闻名，因此当多萝西警告"那些杂牌的货色"时她仍然有点恼火。）然而今年1月，我母亲汇报说，多萝西生病了。她确定不是因为酗酒，也不是营养不良，因为她增加了施肥次数。尽管如此，多萝西靠下的叶子开始变黄、脱落。

金橘的阴影再次出现。

---

* 由杜松子酒和味美思酒调配而成。

我让母亲检查叶子上的虫子。她说没有虫子，但是有些小而纤细的蜘蛛网。叶片诡异得像布满了灰尘。

　　我知道这种症状。多萝西遭受了螨害。叶螨（红蜘蛛）非常小，小到肉眼看上去像一粒纤细、略带红色的灰尘。虫害更严重时，小蜘蛛网会出现在茎叶交叉点上。和其他蛛形纲生物一样，叶螨结网不是为了捕猎，而是为了避免被捕食。像蚜虫一样，它们把口器伸入叶子——其实就是一个细胞——汲取蔗糖，这种行为最终会杀死寄主。在野外，叶螨受到昆虫天敌的控制，雨水也能将其冲走。在我母亲安装了纱窗的阳台中，它们就像生活在一个封闭式的、包罗一切的度假式酒店。

　　幸运的是，减少单株植物上的叶螨很容易，虽然清除有点难。我告诉母亲，她需要给叶子，尤其是背面喷园艺用油，每周一次，坚持三周。第一次喷洒会杀死活的虫害，接下来两次可以杀死已经产下的虫卵。我以为实施这个苦差事会有些阻力，万万没想到，她跃跃欲试。她更关注的是如何让新叶从脱叶的枝条上长出来。她说多萝西看起来有点灰头土脸。我答应想办法。至少我知道不能激进地把灰头土脸的叶子都修剪掉。令我惊讶的是，我发现，要解决多萝西的问题，可以从达尔文那里入手。

　　　　　　　　　　　　　　　　神奇的花园

28

步步高升

　　19 世纪 60 年代初，在达尔文观察兰花并思考演化如何塑造出它们非凡的多样性的同时，他开始着迷于长在家附近一片荒野边缘的茅膏菜。茅膏菜是一种生长在北美和欧洲北部湿地里的小植物。它们的叶子呈圆形或带状，边缘镶满细密而黏的腺毛，用来捕获不幸碰到它们的昆虫。接着叶片慢慢卷起受害者并将其溶解。达尔文着迷于这个过程并着手探索茅膏菜吃什么。他喂他的茅膏菜生牛肉、豌豆、橄榄油甚至眼镜蛇毒，这些它们都很乐意吞噬。当沙子、煤渣和玻璃出现在菜单里时，虽然它们的叶子会卷起这些"珍馐"，但马上就会重新打开。他总结道，茅膏菜需要的是氮，食肉是它们在缺氮的环境中演化出的适应性特征。我们现在知道，实际上，茅膏菜体内 50% 的氮来自于消化被捕获的昆虫。

　　1863 年，达尔文开始研究藤本植物，试图解释演化如何保证那些没有树干或者直立茎的植物能够参与植物大军朝着太阳的赛跑。达尔文在异域兰花和茅膏菜聚集的温室里，又移来了攀缘植物。柔弱的攀缘植物有三大策略来借助外部支撑弥补先天不足。其中有些植物，比如啤酒花，是通过茎围绕支撑物旋转以朝着太阳旅行的缠绕藤本。另外一些植物用突出的卷须（比如豌豆）或叶子（比如马铃薯）来抓握。但是植物的茎、蔓或叶的尖端如何能找到东西抓握？达尔文能看到植物的尖端移动，就像在寻找抓手，但是它们搜索的方法是什么？

通过定位这些茎尖在玻璃窗格的移动，达尔文能够跟踪它们一整天的移动轨迹。他发现它们的旋转模式是椭圆形的，每个物种都有自身的特征，他称之为回旋转头运动或者"圆圈状点头"。当茎尖遇到一个直立的物体，比如其他植物的茎或者篱柱时，它会逐渐旋转，环绕在这些坚实的构造上。尖端在回旋转头时是向上生长的，因此往往会螺旋形上升。达尔文之前已经注意到，当茎尖遇到平面上的缝隙时，它似乎有意识地试探，然后拒绝了这个位置，但现在他发现，茎的生长实际上由持续的旋转和上升运动推动的。在《攀缘植物的运动和习性》（1865）中，他的结论是，各种攀附策略可能是从某些远古的能力演化而来的。他写道，缠绕是遗传改良的另一个例子。

接下来，达尔文回到食虫植物，尤其是对捕蝇草的研究。他把北美本土的一种捕蝇草称作"世界上最奇妙的植物之一"。这种植物的叶柄末端有一对巨大的红色圆裂片（捕虫夹），中间相连，边缘是像针一样锐利的尖叉。当陷阱在大约十分之一秒的时间内突然关上时，尖叉互相锁住形成一个牢笼。

他意识到，捕蝇草和茅膏菜有着相同的食物偏好，但是捕蝇草演化出了更有效的狩猎手段。除了叶片表面的甘露和环绕叶缘的尖齿外，每个裂片的内表面还有三根对触碰敏感的毛，叫作感应丝。只要

神奇的花园

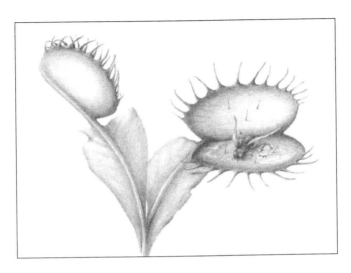

捕蝇草

累计有两根感应丝在 20 秒内被触碰到，陷阱就会关闭。捕蝇草的这种捕猎方式不同于茅膏菜，当煤渣或者雨滴掉进来时，很可能只碰到一根感应丝，捕蝇草就不会浪费能量关闭陷阱。此外，捕蝇草牢笼尖齿间的缝隙可以让最小的昆虫逃脱，因为其中的氮含量值不上消化它们所需的代谢成本。达尔文总结道，捕蝇草更精巧的机制是从简单的茅膏菜演化来的，他为这个理论提供了额外的证据。

在 19 世纪 70 年代中期，达尔文又回到植物运动的研究，他发现这些运动本身很有意思，于是着手去了解激活它们的物理和化学机制。实际上，在快 70 岁的时候，他决定拓展一个新的科学学科——植物生理学。不同于他以往的工作，植物生理学研究主要基于他精湛的观察能力——当然还有他强大的创造性思想；他的新学科涉及实验。他从识别他认为最基本的一种植物运动开始，攀缘植物的这种运动必定随着时间的推移而改变。他将这种运动归为向光性，即植物在一天中为了追寻在天空中移动的太阳而弯曲的能力。向光性（或者达尔文所说的趋日性）将是他的实验课题。

然而，1877 年他已经 68 岁，不确定自己有精力从事这项工作。在《物种起源》出版后 18 年间，他 6 次修改这部巨著，为了加入新增的证据，重写了 75% 的内容。同一时期，他在不同的领域进行研究并撰写文章和书，主题包括人类演化、花朵和受精、藤壶、兰花、攀缘植物以及食虫植物，还保持大量的国际书信往来。所有这些智力活动都在达尔文的家中进行，他工作的同时陪伴着他的妻子艾玛和 7 个幸存的孩子。此外，在他创造力爆发的这些年里，事实上，从"小猎犬号"回来后，他就在与不断发作的抑郁症以及原因不明的呕吐、眩晕、颤抖等其他症状抗争，这些病痛会打断他的工作，有时持续数月。此时，他的症状正在恶化。

更糟糕的是，达尔文的儿子弗朗西斯年轻的妻子因产褥热而去世，给悲痛欲绝的弗朗西斯留下一个新生儿，这是他的第一个孩子。弗朗西斯和他的妻子艾米的家，离达尔文和艾玛家不到 500 米。艾米的离去不仅是眼前的损失——达尔文对她评价很高，很喜欢她的生机勃勃、活泼外向（和达尔文自己的性格完全相反），待她像对自己的女儿一样——而且揭开了达尔文心中从未完全愈合的一道创伤：长女安妮的去世。

安妮也是性格温暖、易动感情的人，达尔文承认她是自己最宠爱的孩子。安妮 8 岁的时候，染上了猩红热，健康状况再也没有好转。两年后，达尔文带她去伦敦西北 150 公里外的马尔文水疗中心，他以前经常去那里养病。抵达水疗中心后不久，安妮就发高热离世了。当时达尔文在悼文中写道，他怀念安妮的"活泼快乐"，她的深情让她对父母的情绪极其敏感。达尔文也因此倍感愧疚。他担心自己不佳的健康状况遗传给了下一代，并且他逐渐明白了近亲结婚的危害，正是这一点让安妮更加脆弱。因为艾玛是他的表妹，他担心无意中宣判了他心爱的孩子的命运。

为了转移弗朗西斯的悲痛情绪，同时也为了分散自己的注意力，达尔文向儿子提议合作一个研究项目。他们打算一起寻找没有肌肉组织的茎是如何朝太阳弯曲的。

弗朗西斯同意了。他1870年在剑桥大学获得文学学士学位，1875年在伦敦大学获得医学学位，发表了三篇重要的动物生理学研究论文，看起来要走向医学研究的职业生涯。然而，当父亲提出让他做秘书的时候，他答应了，至少暂时如此。1876年艾米去世后，父子俩形成了专业合作关系。达尔文习惯在自己的温室创造可控条件并收集数据，但他不是实验室型的科学家。弗朗西斯刚刚接受过最新的实验技术和实验设计方面的训练。

弗朗西斯的经验在两人调查向光性的方法上显露出来。达尔文父子的实验对象是藨草和燕麦萌发的幼苗。幼苗在黑暗中萌发后，他们只从一侧提供光照。幼苗弯向光源。为了确认幼苗的哪个部分能"看见"，他们用不透明的布裹住除茎尖（胚芽鞘尖）部位之外的细茎。幼苗依然朝向光源弯曲。接下来，他们切除了幼苗的茎尖，发现茎被蒙蔽了，保持直立生长。茎没有弯曲，为了排除是因为幼苗被破坏而不是因为茎尖消失的可能性，他们用羽毛管做成小帽子，涂上黑墨水，把小黑帽戴在茎尖上。又一次，幼苗没有对光做出反应。当他们移除小黑帽时，幼苗再次向光弯曲。达尔文得出结论，茎尖里的一些化学物质发送"影响力"导致茎的弯曲。

这种让植物趋向光的作用力是什么？那个时代的科学家没有足够的工具或化学知识来解答。但是在1926年，荷兰植物学家弗里茨·温特（Frits Went）以最精妙的方式重做了达尔文的实验。温特切下幼苗的茎尖，放在明胶上，这样茎尖中的液体会流入明胶中。过一会儿，他把明胶切成小块，每个断茎顶端放一块，仅盖住二分之一的横切面。他发现被明胶覆盖的一半比没有覆盖的一半长得快，由此形成弯曲。此外，他在茎尖上放置的明胶数量越多，那部分茎就弯曲得越厉害。换句话说，这种神秘物质的浓度越大，它引起的弯曲度越大。温特提取出这种化学物质并把它命名为成长素（auxin，来自希腊语auxein），意思是生长或增加。

茎尖的分生组织制造生长素。当光线从一个方向刺激分生组织时，生长素为了避光而聚集在茎尖避光的一侧。多余的生长素导致茎尖避光侧的细胞拉长。结果就是茎朝着光形成了优雅的弧线。随着太阳在空中移动，不同的细胞中充满生长素，导致茎朝着光源移动。

生长素后来被定义为五种主要的化学信使，即植物制造的激素之一。植物激素控制基因表达、种子萌发、植株发育、开花结果、落叶、气孔开合、植株衰老等活动。不像动物激素在腺体中产生，植物激素在植物的细胞中产生。如果没有它们，植物会像一团黏糊糊的藻类。

在现代组培实验室中，技术人员用植物激素可以在几周内把亲本植物的几个细胞变成千万株相同的幼苗。通过运用几种合成激素，按照精确的时间间隔使用确切的量，技术人员完全可以控制细胞的增殖和根与芽的发育。幼苗经常刚长到 30 厘米就被卖给苗圃批发商，育苗者把它们装盆，添加激素让它们枝繁叶茂，接下来再添加更多激素让它们同时开花。我从园艺中心带回来的室内植物往往不能茁壮成长，原因之一就是我没有机会弄到合成植物激素。另一方面，如果我要在草坪上用韦尔多内这样的除草剂，其实就是在施用植物激素，确保不让某些阔叶杂草茁壮成长。这些含有合成生长素的除草剂会刺激蒲公英、繁缕和车轴草过快生长，以至于茎缠绕扭曲，最终死亡。

那么，达尔文的发现和多萝西的脱叶有什么关系？树木为了生存，在演化中让叶子长得比竞争者更高。为了集中力量长高，它们形成了一种"顶端优势"，这意味着茎、茎尖或叶尖比侧枝长得更快。顶端优势主要是生长素的作用。生长素能使根尖分生组织的细胞分裂和扩大，但同时也会影响植物其他的组织。具体而言，它沿着茎运动，依次对主干、柄、茎的分生组织起到**相反**的效果。生长素阻碍位于植物分生组织穿顶上的腋芽展开，并减缓侧枝的生长。

就一些针叶树种而言，顶端优势的影响十分显著。一棵杉树树干的顶端分生组织中产生的生长素，几乎全部扩散到最高层的枝条中，极大地抑制了枝条的生长。低处的树枝获得比顶层更少的生长素，从而长得比上层枝条稍长一些。生长素沿着树干从高到低递减，使树木形成典型的圣诞树形状。在另一方面，草莓植株的茎尖生长素不足，因此不能显示出顶端优势，很难长高。相反，它们沿地面铺展争夺阳光。我修剪我的金橘是对的，这样能消除枝梢的顶端分生组织以及起抑制作用的生长素。我的错误在于我对这条原理的极端应用。

泰德成功修剪的落叶乔木，比如紫薇，已经可以在寒冬腊月里存活了。冬天，树叶在短日照条件下通过光合作用转化来的能量，少于维持叶片细胞功能所需的能量。此外，当地下水结冰时，植物通过蒸腾损失的水量会超过根部吸收的水量。所以落叶乔木在秋季就开始为削剪损失做准备。首先，多亏激素信号，它们将树叶中的蔗糖输送至根和枝条进行储存。然后，它们用一种木栓质封闭树叶基部。没有水和养分，树叶细胞就会死亡。到了春天，树木把储存的糖分溶解在水中运送至木质部，以推动新的枝叶生长。新英格兰人拿来做糖浆的，正是糖枫树中上升的汁液。

另一方面，像金橘和多萝西这样的热带和亚热带常绿植物，已经适应了全年日照时间几乎不变、气温很少低于冰点的地区。这些树就不太需要在根部储存碳水化合物。在我给金橘理了个寸头之后，它没有足够的储备能量来长出新叶子，就死掉了。

佛罗里达州立大学柑橘研究和教育中心的蒂莫西·斯潘博士（Dr. Timothy Spann）告诉我应该如何照顾多萝西。他说有两种技术。我可以先修剪掉三分之一的枝条。然后，当这些枝上的腋芽打开、新叶完全长大时，我可以修剪另外三分之一的枝条。等到第二批新叶长成后，我就可以修剪最后三分之一。或者，还有一个捷径，我可以尝试欺骗我的树——我的词典里总是越快越好，所以我对快捷步骤做了笔记。

第一个步骤是抓住任何一根足够柔韧的枝条，把它弯成弧形，茎尖指向大地，并使腋芽成为弧形的最高点，然后把枝条固定在那个位置。（如果枝干太僵硬难以弯曲，我会从直径中间劈开——一种大家熟知的"截枝"技术——然后弯曲，系好。）因为生长素不能抗地心引力向上流动，因此无法到达腋芽，这意味着较低的芽能不受拘束、自由生长。与此同时，上下颠倒的叶片继续进行光合作用和蒸腾作用，提供能量并从土壤里吸收水和营养。在 3 月一个凉爽的早晨，我去迈尔斯堡探访时，我和母亲开始焦急地对多萝西进行试验。首先，就像对准备动手术的病人一样，我修剪掉了多萝西邪恶的刺。（帕克曾经说过："我早上起来第一件事就是刷牙和磨尖舌头。"）然后，我把一条柔枝折起来，把它放到合适的位置，我母亲用绿麻线绑好。我们从下往上拾掇这棵树。多萝西的大部分枝条都很柔软，足以对折过来，只有少数需要截枝术。没多久，多萝西看起来就像从头到尾扎紧的火鸡。我回家之后，留下母亲照顾她。

之后的三周时间，什么都没有发生。"患者"始终十分平静，护理者则日日担忧。一天早上，我母亲突然打电话来汇报，就像斯潘博士许诺的那样，拱形树枝上直立部分的腋芽展开了。她说，多萝西正长出新生的"小毛"。母亲发来了照片，一个月之后，我们一致认为是时候剪断绳子并修剪颠倒的枝丫末端了。到 8 月我再去探访的时候，多萝西已经恢复了全身的"羽毛"，甚至炫耀般地展示了一些紫色的花苞。

母亲继续定期给我发多萝西的照片——我像一个疼爱子女但离得远的外婆——树开花了，树结果了。在我的圣诞节之行，她骄傲地向我展示多萝西身上挂着的亮黄色中国柠檬和黄绿相间的尤力克柠檬、深绿色的酸橙、两个橙色的红肉脐橙和一个小柚橘。我想，即使柑橘管理规则发生变化，多萝西也已经找到了她永远的家。

29

之后

在 20 世纪下半叶，植物研究的重点逐步远离生理学，转向分子生物学，研究 DNA、蛋白质和其他分子对细胞功能的作用。现在我们正看到这两个学科的综合——由基因组学（鉴定与基因测序）和基因工程的研究进展来推动的综合。生物工程师能把基因转入和转出染色体以改变植物组织和器官功能，由此打开了植物学的新世界。我们是否应该说服自己基因改良植物是安全的？或者所有风险都会被收益所抵消，未来将会有拯救生命和拯救地球的机会？

举个例子，十多年前，两位植物学家伊戈尔·伯特利库斯（Igor Potrykus）和彼得·拜尔（Peter Beyer），一个在瑞士，一个在德国，分别把三个基因——两个来自水仙花，一个来自细菌——转入水稻的基因组。被加入的基因表达为一组分子，被人体摄入后会变成维生素 A。同时它们也使大米具有了黄颜色，因此俗称"黄金大米"。黄金大米或许有潜力改善维生素 A 缺失带来的健康问题，根据世界卫生组织的数据，这一问题每年危害发展中国家 2.5 亿学前儿童的健康，并导致高达 50 万人失明。这种大米的专利权在黄金大米人道主义委

　　　　　　　　　　　　　神奇的花园

员会手上，理论上来说，任何发展中国家的农民，只要年收入低于1万美元，就可以免费获得种子。不幸的是，为了满足管理所需的高额成本，并且担心发展中国家的消费者不接受非白色大米，黄金大米至今仍然只种在试验田里。

脱落酸（ABA）是一种植物激素，能帮助植物应对脱水的压力。当干旱来袭时，激素开启感应器让气孔关闭，使生长减缓甚至停止，因此植物需要的水分也会减少。2009 年，肖恩·卡特勒博士（Dr. Sean Cutler）和他的同事，在加州大学河滨分校成功改变拟南芥（植物学实验室的"小白鼠"）脱落酸的基因结构，使它们可以任意开启。他们的工作可以使农作物在已经因为干旱减产或者将要出现这种情况的地区更好地存活和收获。

世界 60% 的人口生活在亚洲，许多亚洲人依赖大米生存。根据国际水稻研究所（IRRI）的数据，亚洲每公顷耕地需要养活 27 个人；到 2050 年，人口的增长意味着每公顷将要养活 34 人。依靠水稻增产来弥补差额是不可行的。自 20 世纪 90 年代以来，随着高效的农场将日光水稻利用碳三形式的光合作用转化为糖的能力推向极限，水稻年产量增长率已经下降了一半。事实上，水稻的产出率可能会下降，是因为随着气候变暖，碳三路径变得不那么高效了。

为了提高水稻产量在理论上的极限，国际水稻研究所的科学家，由比尔和梅琳达·盖茨基金会资助部分资金，正致力于开发采用更高效的碳四路径的品种。结合传统育种技术，他们正试图激活水稻基因组中的碳四细胞结构和当前处于静态的酶。然而，不是每种性能都是有用的，因此他们可能需要从玉米和甘蔗这类物种中转移基因。国际水稻研究所预计，碳四水稻可能可以生产出相当于现在的品种 1.5 倍的碳水化合物。

真核藻类制造出油和糖用来生长和运作。一些藻类理论上能比向日葵和大豆等油籽作物生产出更多的油。这种油可以用作运输燃料。许多公司包括美国大型石油公司的合资企业，在制造藻油用于为人类提供能源方面取得了进展，一些航空公司和美国军方将藻油混合用于喷气燃料。与种植玉米来生产乙醇不同，种植藻油作物不占用原本用于种植粮食作物的耕地。（更好的是，种植玉米需要大量淡水，而许多藻类能在地球上并不稀缺的半咸水或咸水里茁壮成长。）然而，大规模制造这种燃料并赢利仍然是个挑战。单说从藻类中提取油，就惊人地困难且昂贵。

或许基因改造蓝藻更有可能实现这一目标。蓝藻的基因组，像其他原核生物一样，呈现为一个简单的闭环而不是螺旋结构，这意味着把外源 DNA 加入它们的基因组会相对简单。生物工程师改造蓝藻基因，使它们产生乙醇、丁醇、烷烃和其他燃料。更妙的是，蓝藻会分泌而不是储存这些产物，因此收集起来容易得多。还没有人证明蓝藻燃料的商机，但阿根诺生物燃料公司、焦耳无限公司和其他公司已经投入了数亿美元来赌这是可以做到的。

幸运的是，让植物科学在花园里发挥作用不需要那么先进的技术。我那两棵高大的龙血树，根像蛇一样从花盆排水孔蜿蜒而出，盘绕着浅碟。我了解了木质根对吸收养分和水分没什么帮助后，就把它们剪下来，然后移种到空气花瓶中。英国人发明的空气花瓶看起来好像是用黑色塑料蛋品包装盒做成的。花瓶里面是许多尖端指向内部的封闭圆锥体。当根触及任意一个圆锥体，它直接朝向最近的一个面朝外的圆锥生长。圆锥上有孔，当根尖伸出孔外遇到空气时，就变干、死亡。这种"空气修剪"杀死根尖的顶端分生组织，并以相似的方式修剪树枝末端，刺激新的侧根萌芽。更多侧根意味着有更多根尖吸收更多的水和养分。我把根部肥大的龙血树移植到空气花瓶中之后，它们停止脱叶，现在看起来健康多了。植物生理学带来更好的生活。

　　我最近订购了一种新的金橘——金弹（Meiwa，又称美华金柑），号称是最好种植、味道最甜的金橘。它从加利福尼亚来，根很稀疏，我把它种进 1.1 升的空气花瓶里。当然，我还在盆栽混合物中添入了菌根以及一种包含所有必需的宏量和微量营养成分的缓释肥料。酸碱度计能告诉我土壤中矿物质是否被膜转运体有效地传递到木质部。我不再等着把叶子枯萎作为浇水的信号。当春天很多豌豆大小的绿色金橘从树上掉落时，我并不担心：这只是树在平衡用于生产水果和其他代谢活动的能量。我随时准备修剪树枝（一次不超过 1/3）避免它长得太瘦长。我更是随时准备灭除叶螨，特别是在树被移到室内时，贪吃的螨虫可以安全地躲过天敌。我曾以为螨虫带来的麻烦只是让叶子不好看。但我现在明白了，它们无节制的劫掠，意味着树可用于修复受损细胞或建构新细胞的资源减少。感谢我这株新的金橘树，正好在去年冬天我的精神需要振奋时结出了几十个金橘。

　　开始研究植物学后，我成为一个更好的园丁，不再那么辣手摧花了。至少现在，我犯的错误更多是因为疏忽，少数是因为无知。最棒的是，我有幸经历了一段充满活力的思想之旅。我现在看到晚上盛开的茉莉会有新的视角：它高调的香味、白色的花朵，在传粉的夜蛾看来是合适的装束和香味儿。我明白了我为什么从未关注过栎树的花：没人来拜访时，为什么要把辛苦赚来的积蓄用在置办高级时装上呢？[*]我为知道花粉管如何钻透花的雌蕊而满足，为复杂的花色而惊奇，而不再为在黑天鹅绒矮牵牛绽开的花朵上发现黄色条纹而惊讶。但花园最伟大的奇迹，我认为是叶子。凝视一株草的叶片，你正目睹千万微小的绿色发动机，它们捕获光子，分解水，用从空气里抢来的碳制造糖。这些发动机创造了地球上 99% 的生物量，我们所有的有氧呼吸者只占其中的 1%。每天，在复杂得难以置信的光合作用过程中，叶绿体把成千上万吨的二氧化碳变成油、碳水化合物，并结合氮和硫转化为蛋白质。同时，它们释放氧气，供人类和其他动物、真菌和细菌呼吸。

谁不曾在抬头看夜空中的星星时，感觉到自身的渺小和微不足道而产生谦卑之心？但现在，当我俯瞰三楼办公室窗外的绿叶邻居时，我也会有这种感情。地球上有着比宇宙恒星还要多的叶绿体。叶绿体的产生归功于 16 亿年前吞噬了一份无法消化的蓝藻的某个真核生物。这种单一生物的后代把遍布岩石的大陆变成了我们这个树木葱茏的绿色世界，没有树木，我们谁也不能存活。我们的花园不仅仅是一个奇迹。花园的奇迹接近地球本身。

---

* 栎树自花传粉，雌雄蕊同时成熟，花粉易落在同一朵花的柱头上。

致谢

我在写这本书时受到了很多帮助。多谢我书中出现的所有人，跟我谈到他们的研究、他们的爱好和他们的生意，让我得益于他们的专业知识。此外，我要感谢帕姆·索尔蒂斯博士和洛伦·维斯博格博士的真知灼见。伊娃鲁尔制作了在我看来有魔法放松作用的插图。她和我住在同一条街上，但在灵巧的钟形曲线对面。我们有一段美好的时光，一起探讨植物的工作方式和它们的样子。我非常佩服她的工作和见解。我有幸和珍妮弗·布莱尔工作过两次，她对这本书的热情对我意义重大。我感激威廉莫罗出版社的艾米莉·克伦普与丽贝卡·卢卡时和汤姆的审稿。米歇尔·泰斯勒一直是我坚定的支持者和优秀的顾问。

我要感谢佛罗里达州立大学的托马斯·科洪博士担保这份书稿的科学性和艾伦·贝特对计算的帮助；然而无论什么错漏，依然是我的问题。肯尼思·格雷夫，我四十多年的导师，再次给我宝贵的写作经验。艾伦·罗伯茨传授给我高超熟练的编辑技巧。感谢我的母亲爱丽丝·古德非常大度地出现在书中。我的女儿安娜、奥斯汀和爱丽丝，是我漫长努力中的巨大支持。没有丹尼和罗斯·安德森的帮助，我也无法写出"植物呼唤你"的部分。如果没有泰德的鼓励，我肯定不会写这本书。

注释与来源

在植物生理学的历史这方面，莫顿（Morton）的《植物科学史》（*History of Botanical Science*）对我来说是至关重要的读物，它的前几章不需要任何的植物学知识就能读懂。后边的章节需要掌握植物学基础知识。莫顿的作品基于冯·萨克斯（Julius von Sachs）的两卷本《植物学史》，不过需要注意的是，萨克斯比较偏向于德国科学家。弗朗索瓦·德拉波尔（Francois Delaporte）的《自然的第二个王国》作为历史背景读物同样很有用，特别是它讲述了人们一直以来都是通过与动物类比的方式来理解植物的。

关于植物的基础科学，我参照的是琳达·R.伯格（Linda R. Berg）的《植物学导论》（*Introductory Botany*）、马丁·罗兰德（Martin Rowland）的《生物学》（*Biology*）以及彼得·司各特（Peter Scott）的《植物的生理与行为》（*Physiology and Behaviour of Plants*）。布莱恩·卡朋（Brian Capon）的《写给园丁的植物学》是一本十分有用的入门读物。另外我推荐 khanacademy.org 上关于光合作用的网络课程。

第一部分　走进植物内部

植物羊的源流

亨利·李（Henry Lee）的著作《鞑靼的植物羊羔：关于棉花的有趣谣传》（*The Vegetable Lamb of Tartary: A Curious Fable of the Cotton Plant*, 1887）收集了关于植物羊的故事。罗伯特·卡鲁巴（Robert Carrubba）的文章《恩格尔伯特·肯普费与斯基泰羊羔的神话》也非常有趣。

达尔文的祖父伊拉斯谟·达尔文（Erasmus Darwin）是一位诗人兼植物学家，他在诗作《植物园》（1791）中动人地描写了植物羊。这首诗分两部分，他希望可以借此"吸引有才干的人耕耘植物学领域"：

> 即便在极地的周围，爱之火也在炽燃，
> 冰封的怀抱感受到了这隐秘的烈焰。
> 白雪是摇篮，北极的空气是风扇，
> 温柔的植物羊，金发一闪一闪；
> 扎根于大地，分叉的脚一直向下探，
> 并绕着她柔软的脖颈转了一圈又一圈，
> 啃食着灰粉色的苔藓，还有苍白的百里香，
> 或用玫瑰色的舌头舔舐着融化的冰霜；
> 眼中带着无言的温柔，把远处的母亲遥望，

仿佛会发出咩咩的叫声————一只"植物羔羊"。

（E'en round the Pole the flames of love aspire,

And the icy bosoms feel the secret fire,

Cradled in snow, and fanned by Arctic air,

Shines, gentle Borametz, thy golden hair;

Rooted in earth, each cloven foot descends,

And round and round her flexile neck she bends,

Crops the grey coral moss, and hoary thyme,

Or laps with rosy tongue the melting rime;

Eyes with mute tenderness her distant dam,

And seems to bleat— a "vegetable lamb." ）

达尔文给这段诗文写了一段注释：

Polypodium barometz 这种蕨类原产中国，其根匍匐，长得
很肥厚，各处覆盖着极为柔软和茂密的羊毛，颜色浓黄……它奇
妙的主干有时候会被根下部的分叉横着顶出地面，因此与四腿站
立的羊羔颇有相似之处……其茸毛在印度可以入药，外用有止血
功效，叫作金苔。[*]

---

[*] *Polypodium barometz* 这种植物确实原产于我国南部，包括浙江、江西、福建、台湾、湖
南等地，俗名金毛狗脊、金毛狗、鲸口蕨、金狗毛蕨等等。其长着浓黄色茸毛的部位并不是根，
而是根状茎。中医认为其根茎可以入药，能治疗风湿骨痛、腰膝无力等症状。

虽然当时英国从印度进口了大量的棉花来作为纺织工业的原料，然而达尔文却没能把植物羊与棉属植物及其包裹在种子外边、帮助其传播的毛茸茸的纤维联系起来。

透过镜片，依然晦暗

虽然罗伯特·胡克对于探索植物的内部构造并没有什么兴趣，他对荨麻为什么会蜇人这种问题还是很好奇的。他看到了"尖锐的针"，通过"多次实验"，他发现它"从头到底都是中空的"。他把放大镜框起来并固定在眼镜脚上，这样就做出了一副"放大眼镜"，让他能腾出手来摆弄荨麻。他把一根荨麻刺扎进了自己的皮肤中，然后观察到，自己的行为使得针的底部挤出了一个小囊。这个小囊中流出了液体，这种液体从针中流过，最后注入了他的皮肤，于是，胡克正确地认识到，让人感觉被蜇的是这种液体，而不是被扎本身。我们现在知道，这种液体中含有多种神经递质，包括乙酰胆碱与组胺。

为了处理已经开展的工作，胡克用自己的身体做实验，来寻找能让脑子更清晰、更不易抑郁、更有想象力的东西。他几乎每天都会系统地服用一些物质，并在日记中记录这些物质的效果如何，但我们今天知道，它们中大部分都是有毒的。每天晚上他都会用一点啤酒或麦芽酒把含铁化合物、氯化铵、锑、苦艾酒（是用几种不同的蒿做的）和其他"药方"送入喉咙。意料之中，他经常呕吐、严重腹泻、视线模糊、头脑发晕、焦躁不安、四肢麻木，但是，他也经常写到自己在清晨觉得"神清气爽"或"怪异地神清气爽"。随着他的身体对毒物越来越习惯，他需要不停地加大药量才能达到那种昂扬亢奋的精神状态。

胡克开始和他的同行们争科学发现与新发明到底应该归功于谁。最有名的争论包括他与艾萨克·牛顿争是谁先总结出了宇宙中的重力理论和椭圆形轨道，还有与克里斯蒂安·惠更斯争是谁先发明了用弹簧调节的钟表。（关于胡克有不少讨论，但并没有定论。）他在中年的时候交际广泛，经常去拜访朋友和同行，并和他们在彼此的家中、咖啡馆和酒馆吃饭。他和自己的侄女还有好几个仆人有肉体关系，但终生未婚。在晚年，他同曾经的许多朋友和同行们疏远了，原因很可能就是莉莎·嘉汀（Lisa Jardine）在《罗伯特·胡克的奇妙生活：测量了伦敦的人》（*The Curious Life of Robert Hooke: The Man Who Measured London*）一书中所认为的那样，胡克对有毒的物质上瘾了，这些物质让他更焦虑、更易怒，而且更加害怕受人轻视。胡克在1703 年去世，毫无疑问，他在情感和身体上受到的折磨，还有他自己开的药方都加速了他的死亡。

《显微图谱》是非常值得一看的。不仅是因为图很漂亮，胡克的文字同样值得一读，它不仅通俗易懂，而且很能体现出他不断探索的精神。布拉德巴里（Bradbury）在《显微镜的演化》一书中向读者提供了显微镜的基本历史。他也引述了亨利·珀沃尔（Henry Power）1664 年的诗作《显微镜颂》，这首诗展现了早期启蒙哲学家的自我意识和他们对显微镜的惊叹：

> 它的地位超过其他一切发明

这就是高贵的佛罗伦萨屈光镜

在这世界经年的光照之处，

岂有更好、更合适的礼物。

我们的盲目如今拥有

一双崭新的人工明眸

凭借它把物体放大的力量，我们看到的

要比曾经全世界看到的更多。

（ Of all the Invention none there is Surpasses

The Noble Florentine's Dioptrick Glasses

For what a better, fitter guift Could be

In this World's Aged Luciosity.

To help our Blindnesse so as to devize

A paire of new & Artificial eyes

By whose augmenting power we now see more

Than all the world Has ever done Before. ）

　　马里安·福尼尔（Marian Fournier）的著作《生命的构造：十七世纪的显微术》（*The Fabric of Life: Microscopy in the Seventeenth Century*）探讨了每一位重要的显微学者的贡献：胡克、马尔比基、格鲁、列文虎克还有扬·斯旺麦丹（Jan Swammerdam，他的著名事迹是在昆虫解剖方面的开创性工作以及发现红细胞）。另一本著作《看不见的世界：早期现代哲学与显微镜的发明》探讨了这种仪器在启蒙运动中的重要性，令人大开眼界。

我很幸运能在圣母大学（University of Notre Dame）看到古董显微镜和复制品，菲利普·斯隆博士还教我用了很多早期显微镜的复制品。这次体验让我更加尊敬早期的显微镜学家了：它们的视野极其狭窄，图像扭曲严重，对焦的机制很成问题，整个设备很笨重，难以固定标本，而对我来说，最大的障碍是缺乏现代的照明。不过，如果南本德（South Bend）不在你的旅行计划之内的话，藏品图录中也会有这些实验用具的照片。

嘉汀的胡克传记是一部非常卓越的作品，特别是其对胡克人格的讨论。（我还是很信服她的观点的，胡克并不像其他的传记作家所写的那样令人讨厌。）斯蒂芬·因伍德（Stephen Inwood）在他的佳作《被遗忘的天才：罗伯特·胡克传》中，详细地介绍了胡克的科学研究那令人难以想象的广度和成就。艾伦·查普曼（Allan Chapman）的《英格兰的列奥纳多：罗伯特·胡克（1635—1703）以及复辟时代英格兰的实验艺术》一文提供了关于胡克的另一个角度，也就是作为科学家的他。

在这个章节以及下一个章节中，我参考了17世纪关于科学、宗教以及皇家学会的各种资料。关于科学革命的文献是十分丰富的。而对我而言，值得注意的著作有《建设新科学：皇家学会早期的经历》《剑桥大学：一部新的历史》《剑桥大学与英国革命，1625—1688》《彻底改变科学：欧洲的知识及其雄心，1500—1700》，还有《西欧科学的出现》（第四章）。玛乔里·霍普·尼科尔森（Marjorie Hope Nicolson）的著作《佩皮斯的日记与新科学》非常巧妙地让普通大众，至少是受过教育且对此好奇的非专业人士尝到了实验科学的味道。

遭到迫害的教授

关于马尔比基的生平信息，我最主要参考的是霍华德·B.阿德尔曼（Howard B. Adelmann）所编纂的权威的五卷版《马尔比基书信集》第一卷中的文章。阿德尔曼在博洛尼亚历史、医学和中世纪以及文艺复兴时期意大利的大学这些方面也提供了大量知识。此外，我还参考了多梅尼科·梅利（Domenico Meli）编著的《马尔比基：解剖学家与内科医师》，另外，我还发现梅利博士的《机制，实验，疾病》一书以及《马尔比基的医学化验中的机械病理学与疗法》（Mechanistic Pathology and Therapy in the Medical Assayer of Marcello Malpighi）一文对我格外有帮助。

乔万尼·费拉里（Giovanni Ferrari）在《公共解剖课与狂欢节：博洛尼亚的解剖剧》一文中指出，教授人体解剖学是 14 世纪初期在博洛尼亚起源的。虽然以我们现在的标准来看，马尔比基那个时代戴着面具参观解剖课实在是乱哄哄的，不过，这种场面比起之前几个世纪已经文雅得多、有规矩得多了。之前，学生们会挤在解剖台周围，彼此推推搡搡，争着摸一摸尸体。

马尔比基的生活在晚年得到了改善，他的名声遍及全欧洲，显微学的重要性也越来越为人所知了。（但悲哀的是，曾经的优秀学府博洛尼亚大学却因为与启蒙科学擦肩而过而一落千丈。）他继续解剖了他所遇到的每种生物，提供了关于数不胜数的物种的第一手认识。最终，医学博士学院（College of Doctors of Medicine）在 1690 年授予马尔比基高级职称。（斯巴拉格利亚教授没有参加这次典礼。）第二年，新上任的教皇英诺森十二世聘请马尔比基来担任他的私人内科医生，当时马尔比基虽然患有严重的肾病，还是前去履职了。三年之后，他因中风去世了，享年 66 岁。按照他本人的意愿，他的遗体也得到了解剖，动刀的人无疑是他生前的故交。

植物内部

与马尔比基不同的是，格鲁并没有写什么信，也没给传记作家留下几根"骨头"啃。在作为实验员的任期结束之后，他接替了奥尔登伯格的职位，成了学会的秘书——那位外交官在 1677 年过世了。在 1679 年 11 月，他谢绝继续担任这份工作（接替他的是胡克），然后回去行医了。根据威廉·R. 勒法努（William R. LeFanu）在《多才多艺的尼希米·格鲁》一文中的说法，格鲁和他同母异父的兄弟亨利·桑普森得到了外科医师学院（College of Physicians）的接纳，成为它的荣誉会员，这是个"新的头衔，设立的目的就在于让乡村医生和拥有外国文凭的人获得规范的地位"。格鲁继续向皇家学会提交论文，主题包括蒸馏海水、皮峭、新英格兰印第安人的人类学（基于问卷调查）、雪，还有蜂鸟。如果你在洗澡的时候用过泻盐来缓解肌肉酸痛的话，那么你应该想起格鲁：他在 1698 年获得过这种产品的专利。（泻盐其实就是硫酸镁，它在水中可以释放出镁离子，镁离子可以通过皮肤吸收来到大脑那里，然后干扰疼痛的感受器。）在晚年，格鲁发表了一本哲学著作，其主旨是证明接受基督教启示的重要性。1712 年 3 月 25 日，这个善良而温和的人，这位兢兢业业的医师，在巡诊的时候逝世了。

马尔比基的著作是用拉丁语和意大利语写成的，而格鲁则主要用英语。《植物解剖学》的影印本在 1965 年得到了重印，看这本书中的绘图是一种享受，它们生动地显示出了格鲁认为植物的组织是一种彼此交叉编结的材料。重印版中康威·基尔克（Conway Zirkle）撰写的导论很有帮助，另外还有珍妮·勃拉姆（Jeanne Bolam）和艾格尼斯·罗宾逊·阿博尔（Agnes Robertson Arber）所写的文章。

《17 世纪英格兰的流行药物》还有毕尔肯（Birken）在医学史方面的文章告诉了我们当初格鲁和其他不信国教的医生能选择的药物都有哪些。关于不信国教者能够拥有的教育机会（也可以说是教育机会的缺乏），见伊万斯（Evans）、特威格（Twigg）的著作，还有下文注释中提到的普利斯特利的传记。

第二部分　根

永不休息的根

关于使得树木笔直向上的机械力这方面的讨论，见罗兰德·恩诺斯（Roland Ennos）的文章《树木：壮丽的结构》，该文载于自然博物馆的网页（http://www.nhm.ac.uk/nature- online/life/plants- fungi/magnificent- trees/）以及罗伯特·寇里克（Robert Kourik）的《根的揭秘》第 9 章。

所有水的通道

关于"存在之链"的最好的资料是洛夫乔伊（Lovejoy）的《存在之链》以及威廉·拜努姆（William Bynum）的《评估：存在之链四十年》。关于黑尔斯，最有用的资料是阿兰（D. G. C. Allan）与罗伯特·斯科菲尔德（Robert Schofield）的《黑尔斯：科学家与慈善家》，它提到了克拉克－肯尼迪（Clark-Kennedy）的《神学博士兼皇家学会成员斯蒂芬·黑尔斯：一部 18 世纪传记》。

杀死一棵山胡桃

罗伯特·寇里克的《根的揭秘》不仅在根的形态学上提供了丰富的信息，而且对园丁很有指导意义。《植物的根：被藏起的另一半》是一部论文集，十分详尽，但可能过于专业了。要想完整地了解根，就必须完整地了解土壤。在这方面，我推荐布拉迪（Brady）与威尔（Weil）编写的广受欢迎的教科书《土壤的本质与性质》。

我们小小的真菌朋友

《根的揭秘》与《植物的根》，还有上面提到的教科书是本章的知识来源。詹姆斯·特拉佩（James Trappe）的文章《弗兰克与菌根：对于演化与生态理论的挑战》向我们提供了更多关于弗兰克卓越贡献的细节。

幼小的蕨类与砷

《华盛顿邮报》的文章叙述了"春谷"的污染和整治的始末。至于这个故事中科学的一面则可见鲁弗斯·钱尼等以及马奇英等的论文，还有美国农业部农业研究所以及环境保护局的更新报道。关于庭荠属植物，请见布鲁克及拉德福德的著作、《伊利诺伊谷每日观点》刊登的新闻文章，还有"矿物工程在线"的报告。教科书以及爱泼斯坦（Epstein）的文章则解释了矿物在根中的输送过程。

过去与未来的小麦

除了与大卫·凡·塔赛尔的对话之外，与英属哥伦比亚大学植物学教授兼印第安纳大学生物学特聘教授洛伦·雷斯伯格（Loren Reiseberg）的对话也让我了解了向日葵的历史。关于向日葵的演化，还可以参考小查尔斯·黑瑟尔（Charles Heiser Jr.）的《向日葵》。

第三部分　叶子

意义重大的薄荷

我参考的是两部关于约瑟夫·普利斯特利的传记：斯科菲尔德的《约瑟夫·普利斯特利的启蒙与启蒙的普利斯特利》，还有杰克逊那本可读性很强的《着火的世界》——这本著作讲述了普利斯特利、拉瓦锡的故事还有氧气的发现。普利斯特利从未接受拉瓦锡基于重量测量建立的"新化学"的主要部分。

实际上，普利斯特利归根到底是以神学家而不是科学家自居的。他在 1780 年带着家人搬到伯明翰后，虽然他依然在做实验，并捍卫燃素学说，但是他的大部分著作都是关于神学的了。他最热衷于阐述的理论是，早期的天主教会是腐败的，而宗教改革是不彻底的。当他似乎在号召人们推翻国教教会的时候，他遇上了大麻烦。他写道："我们（不从国教者）一直都在错误和迷信的旧大厦底下一粒一粒地埋着火药，因此一个小小的火花就足以把这些火药点燃，瞬间爆炸；这样一来，这座宏伟大厦也许就会崩塌。"因此，他也被人叫作"火药约瑟夫"。他表达出这种情绪的时候，法国大革命那恐怖的混乱和对法国王室、贵族还有神职人员的杀害还没过去多久呢，所以他的言行实在是显而易见的不智。在巴士底狱被攻陷的第三年——不从国教者对这件事大加庆贺——暴徒们袭击了两处当地不从国教者的教堂并把它们焚烧了。然后，他们又继续去焚烧不从国教者的住宅，其中包括普利斯特利的家。又过了一段时间，乔治三世派出了军队到伯明翰来镇压这场持续的骚乱，但毫无疑问的是，政府也把普利斯特利和他的同党视作威胁。

伯明翰对于普利斯特利而言已经不安全了，于是他又搬到了米德塞斯，直到 1794 年，他都在当地的一所不从国教者的学校讲学。他对于自己的信念越来越直言不讳——新千年意味着基督的第二次降临和如今的基督教会的毁灭。在他看来，法国大革命不过是个征兆罢了。他在英格兰的生活越来越难以维持：人们焚烧他的肖像，并把他的脸画进尖刻的政治讽刺漫画中。1794 年，普利斯特利一家又搬到了宾夕法尼亚州的诺森伯兰。宾夕法尼亚大学聘请他来教授化学，但他拒绝了。他协助创建了费城第一座上帝一位论派的教堂和一所学校，还和托马斯·杰斐逊结下了友谊；因为他与一位激进的法国出版商的书信出版了，普利斯特利再次掀起了政治上的轩然大波。1804 年，疾病以及他的儿子亨利和他挚爱的妻子的离世使他那激情澎湃的精神从此一蹶不振。他最终被埋葬在诺森伯兰。

吃空气的叶子

格尔德特·玛吉尔斯（Geerdt Magiels）的作品《从阳光到见解》尽管略显啰嗦，却是关于英格豪斯的最为详尽的资料，这本书还收入了他的很多实验对象的信件的译文。霍华德·里德（Howard Reed）的小册子《扬·英格豪斯，植物生理学家，以及光合作用的发现史》，也是值得一读的。

英格豪斯在 1779 年出版了《在植物身上进行的实验，对于它们在阳光下净化普通空气，并在阴影中和夜晚损害空气的发现》，此后他继续做实验，并与塞内比尔以及其他人就植物是否真的会在夜晚产生有害空气这个问题进行辩论。虽然他在这个问题上是正确的，但他依然相信小瓶中的"绿色物质"的本质是动物，因为它既没有种子也没有根。在植物"治疗"空气的发现上，他与普利斯特利、塞内比尔、斯帕兰扎尼还有其他人都争夺过优先权。

拜他的年金所赐，英格豪斯可以一直跟上科学界的最新发展，他

　　　　　　　　　　　　　　　　　神奇的花园

可以拜访列奥米尔（Réamur）、赫歇尔、富兰克林、库伦、吉约丹（他并不是断头台的发明人，而且他是反对死刑的），可以思考卡西尼和哈雷计算的太阳与地球的距离，可以用种子和土壤尝试最新的实验，还可以阅读拉瓦锡的实验报告。他在基于数据来评估自然现象这方面是一位先驱，并用测试的手段来驳斥当时一些奇特的新疗法。他的抨击对象之一是声称治好了不少病人而名噪一时的德国医师弗兰兹·安东·梅斯梅尔（Franz Anton Mesmer），此人相信人体内有能量流动，如果用磁石或他自己的"磁素（magnetic effluvium）"来操纵这些能量，就能够治愈疾病了。

在法国大革命之后，他大部分时间住在英格兰，在那里，他经常是贵族家庭豪宅的座上客。虽然他出身贫寒，他却用一种英国和奥地利贵族的亲密友人的视角来看待社会。在大革命两周年纪念日之后不久，他写信给他的朋友雅各布·凡·布列达（Jacob van Breda）说，在英格兰"不从国教者企图推翻教会和国家"。他还报告说，普利斯特利堪堪逃过一死，他所有的著作和实验器材都毁了，"这对每个人都是可怕的损失"。然而，英格豪斯还写道，"这么一位伟大的科学家竟然这般深陷于狂迷的魔障。"他之后又写道，普利斯特利这个人"充满了傲慢和对名誉的渴望"。

英格豪斯生命中的最后几年过得很艰难。在 1789 年革命爆发和拿破仑崛起之后，欧洲国家彼此征战不休。1794 年，奥地利失去了它在尼德兰的领土。奥地利政府因为战事的开支太大，就停掉了英格豪斯的年金。同时，政治的动荡还影响了经济，他在欧洲债券和各种企业上的投资也打了水漂。他饱受肾结石和其他疾病的折磨，又无法返回尼德兰或奥地利，最终，他在 1799 年 9 月离世，并葬在了英格兰的卡恩。

拉瓦锡的死亡还在他之前，其所继承的财富和为路易十六政府收税的工作在 1794 年的恐怖统治之中把他送上了断头台。

植物蛞蝓

很多书都讲了光合作用的机制，这是一个非常迷人的主题，而我只触及了它最简单的层面。我认为大卫·沃克（David Walker）的《能量、植物与人类》在文字的优美、科学的明晰和卡通画的机智上非常可爱地达成了平衡。关于地球上氧的历史以及光合作用的重要性，可以看看奥利佛·莫顿（Oliver Morton）的《吃掉太阳》以及尼克·莱恩（Nick Lane）的《氧》。

千万年难得一遇

毫不令人意外的是，地球的早期历史这个话题充满了猜测和争议。尼克·莱恩的《生命的上行》和安德鲁·诺尔（Andrew Knoll）的《年轻星球上的生命》都是非常值得一读的，莱恩的《氧》也可以再推荐一遍。关于侏罗纪植物的生命史，我依据的是泰勒（Taylor）等人的《古植物学》、肯里克（Kenrick）与戴维斯（Davis）的《化石植物》、威利斯（Willis）与迈克尔维恩（McElwain）的《植物的演化》、尼克拉斯（Niklas）的《植物的演化生物学》，还有法尔约恩（Farjon）的《针叶树的自然史》。另见克莱尔·汉佛雷斯（Claire

Humphreys）等人的文章《类似菌根的互利共生》。

树的韧性

我在英国很多报纸和期刊上发现了莱兰柏树引起争端的故事。关于这种杂交树木的历史，见英国皇家森林学会网站上的文章《莱兰柏树》。

关于世界上最老的树是哪一棵有很多不同的说法。我文中提到的瑞典云杉的说法来自美国国家地理学会。

关于树木的历史和生物学，塔治（Tudge）的《树木》和威尔逊（Wilson）的《生长的树》很有启发，而且读起来很轻松。

神奇的草

关于芒草的背景知识，我的资料包括以下这些：希顿（Heaton）等人的文章《用于产生可再生能源的芒草》、伊利诺伊大学的文章《芒草的利与弊》《大量种植芒草所造成的影响》、安德森（Anderson）等人的《生物量生产中 *Miscanthus × giganteus* 的生长与种植》，最后这篇文章附有非常优秀的参考书目。

关于碳四草本植物的演化史，见肯里克与戴维斯、威利斯与迈克尔维恩、尼克拉斯的著作，还有爱德华兹（Edwards）等人的文章。而整个过程还没有完全为人所理解，具体参见布朗大学的《生物学家解决了热带草本植物起源的一大谜题》一文，以及奥斯本（Osborne）与比尔林（Beerling）的《大自然的绿色革命：碳四植物在演化上的神奇崛起》一文。

根据亨特（Hunt）等人的文章《二氧化硅帮助草本植物抵御动物的食草行为的新机制》，芒草中的二氧化硅会让叶子变得难以咀嚼，而且会让它们变得不好消化，从而使得掠食者失去兴趣。

神奇的花园

译名对照表

Academy of Sciences, French 法国科学院

Academy of Sciences, Russian Imperial 俄罗斯皇家科学院

Agriculture, U.S. Department of 美国农业部

Agrobacterium bacteria 土壤农杆菌

Air-Pots 空气花瓶

Alcock, John 约翰·阿尔科克

Alyssum bertolonii 庭荠

Amborella trichopoda 无油樟

Amici, Giovanni Battista 乔瓦尼·巴蒂斯塔·阿米奇

ammonia 氨

amphibians 两栖动物

Anaxagoras 阿拉克萨哥拉

Angiosperms 被子植物

Animal and Plant Health Inspection Service (APHIS) 动植物卫生检验局（APHIS）

animalcules 微型动物

anthers 花药

anthocyanins 花青素

anthurium 花烛属

apical dominance 顶端优势

Apollo: myth about Daphne and 关于阿波罗和达芙妮的神话

archaea 古菌

Archaeopteris trees 古羊齿属

Aristotle 亚里士多德

Army Corps of Engineer 美国陆军工程兵团

Army, U.S., Chemical Warfare Service of 美国化学武器部队

Aroids 天南星科植物

artificial fertilization 人工授精

Atkins garden petunia 阿特金斯园艺矮牵牛

ATP (adenosine triphosphate) ATP（三磷酸腺苷）

Auxin 生长素

Ball Horticultural Company 鲍尔园艺公司

banyan trees 榕树

Barrow, Isaac 艾萨克·巴罗

Bassi, Laura 劳拉·巴斯

Bauhin, Johann 约翰·鲍欣

bay laurel trees 月桂树

Beyer, Peter 彼得·拜尔

Bhattacharya, Debashish 巴塔查亚

Biofuels 生物燃料，参见 *miscanthus*

biomass 生物质

Black, Joseph 约瑟夫·布莱克

black petunias 黑色矮牵牛

Boerhaave, Hermann 哈曼·波尔哈夫

Bonnet, Charles 查尔斯·邦尼特

Borametz 植物羊

Bosch, Carl 卡尔·博施

Boyle, Robert 罗伯特·玻意耳

brake fern 蜈蚣草

Brouncker, William 威廉·布龙克尔

brown hawk moth 非洲长喙天蛾

Brown, Robert 罗伯特·布朗

brown slugs 棕色蛞蝓

Buddha's Hand 佛手柑

Burdon, Llandis 兰迪斯·伯登

Busby, Richard 理查德·巴斯比

cambium layer 形成层

Camerer, Rudolf Jacob 卡梅拉里乌斯

Canada: Pyramind Farms in 加拿大的金字塔农场

Canary grass 虉草

Canton, John 约翰·坎顿

Cardano, Girolamo 吉罗拉莫·卡尔达诺

carnivorous plants 食虫植物

Cavendish, Henry 亨利·卡文迪什

Chaney, Rufus 鲁弗斯·钱尼

Chlorophyll 叶绿素

Chloroplasts 叶绿体

Chyle 乳糜

citrus cocktail tree 什锦柑橘树

Clark, Bill 比尔·克拉克

Clark, David 戴维·克拉克

climbing plants 攀缘植物

co-dominance 共显性

cocktail tree 什锦树

Coder, Kim 金·科德尔

collenchyma fibers 厚角组织纤维

conifers 针叶树

Connolly, Steve 斯蒂夫·康诺利

Cooksonia (tracheophyte) 库克逊蕨（维管植物）

Crabgrass 马唐草

crape myrtle 紫薇

Cutler, Sean 肖恩·卡特勒

cyanobacteria (blue-green algae) 蓝细菌（蓝绿藻）

cypress trees 柏树

cystic fibrosis 囊性纤维化

Darwin, Charles 查尔斯·达尔文

Darwin, Francis (son) 弗朗西斯·达尔文（子）

date palms 枣椰树

deciduous trees 落叶树

Descartes, René 笛卡尔

Dickson, James 詹姆斯·迪克森

Digby, Kenelm 凯尼姆·迪格比

dioecious plants 雌雄异株的植物

diploids: gymnosperms as 裸子植物作为二倍体

dodder plants 菟丝子

dog's mercury 山靛

Dorothy 多萝西

dracaena plants 龙血树

drip line 滴水线

Duret, Claude 克劳德·迪雷

Edenspace 伊甸空间

Elysia chlorotica 海蛞蝓

Environmental Protection Agency (EPA) 美国环境保护署

Ephron, Nora 诺拉·埃弗龙

epigenesis theory 表观遗传学理论

ethanol 乙醇

eukaryotes 真核生物

extreme gardening 极端园艺

Fagon, Guy-Crescent 法贡

Farmer, Charles 农夫查尔斯

Farmer, Susan 农夫苏珊

Forest Service, U.S. 美国林务署

Frank, Albert Bernhard 阿尔伯特·伯恩哈德·弗兰克

Franklin, Benjamin 富兰克林·本杰明

Friedman, William 威廉·弗里德曼

Galen 盖伦

Galileo 伽利略

Gärtner, Karl Friedrich von 卡尔·弗里德里希·冯·加特纳

Gates (Bill and Melinda) Foundation 比尔与梅琳达·盖茨基金会

Geiger, Peter 彼得·盖革

genetic engineering 基因工程

Gould, John 约翰·古尔德

Great Chain of Being 伟大的存在之链

Great Plains 大平原

green petunias 绿色矮牵牛

"greening" disease "青果病"

Grew, Nehemiah 尼希米·格鲁

Guericke, Otton von 奥托·冯·格里克

Gymnosperms 裸子植物

Haber, Fritz 弗里茨·哈伯

Hales, Stephen 斯蒂芬·黑尔斯

Hamlin orange trees 哈姆林甜橙树

Harrison, Joseph 约瑟夫·哈里森

Harvey, William 威廉·哈维

hawk moth 鹰蛾

Helianthus 向日葵

Heliotropism 向日葵，参见 phototropism

Henslow, John Stevens 约翰·史蒂文斯·亨斯洛

hermaphrodite plants 雌雄同株植物

hickory trees 山胡桃树

Hippocrates 希波克拉底

Hooke, Robert 罗伯特·胡克

horsetail (*Equisetum*) 木贼属

Hu, David 胡立德

Humboldt, Alexander von 亚历山大·洪堡

"humors" "体液说"

Huxley, Thomas 托马斯·赫胥黎

Huygens, Christiaan 克里斯蒂安·惠更斯

hyperaccumulators 超富集植物

Indonesia: nickel farming in 印度尼西亚镍种植业

Ingen-Housz, Jan 英格豪斯

inoculations, smallpox 接种天花疫苗

Institute of Zoology, Vienna 维也纳动物研究所

International Nickel Company 国际镍公司

International Rice Research Institute (IRRI) 国际水稻研究所（IRRI）

Invention Convention (science fair) 发明大会（科学博览会）

Jardin du Roi (Paris) 巴黎皇家花园

Jussieu, Antoine de 安东尼·裕苏

Kaesuk Yoon, Carol 卡罗尔·尤

Kassinger, Alice (daughter) 爱丽丝·卡辛格（女儿）

Kassinger, Anna (daughter) 安娜·卡辛格（女儿）

Kassinger, Austen (daughter) 奥斯汀·卡辛格（女儿）

Kassinger, Ruth 露丝·卡辛格

Kassinger, Ted 泰德·卡辛格

King, Edmund 埃德蒙·金

Kirin Brewing Company 日本麒麟啤酒公司

Kölreuter, Josef Gottlieb 约瑟夫·戈特利布·科尔勒特

Kourik, Robert 罗伯特·寇里克

Laënnec, René 勒内·雷奈克

Land Institute (Salina, Kansas) 堪萨斯沙利那的土地研究所，参见 Van Tassel, David

Langevin, Don 唐·郎之万

Lavoisier, Antoine 拉瓦锡

Leclerc, Georges-Louis, 乔治－路易·勒克莱尔（布丰的原名）

Leeuwenhoek, Antonie von 列文虎克

Leyland, Christopher 克里斯托弗·莱兰

Leyland cypress trees 莱兰柏树

Linnaeus, Carl 卡尔·林奈

Logee's Greenhouses (Danielson, Connecticut) 罗吉温室（康涅狄格州丹尼尔森）

Long, Stephen 斯蒂芬·朗

Lower, Richard 理查德·洛厄

Ma, Lena Q. 马奇英

Maine Maritime Museum 缅因州海事博物馆

Malpighi, Bartolommeo 巴尔托洛密欧·马尔比基

Malpighi, Marcello 马尔切洛·马尔比基

Maria Theresa (empress of Holy Roman Empire) 玛丽亚·特蕾莎（神圣罗马帝国皇后）

"Mary Garden" "玛利亚的花园"

Mendel, Gregor 孟德尔

meristem tissue 分生组织

Mini, Paolo 保罗·米尼

Mirkov, Erik 埃里克·迈瑞克

神奇的花园

miscanthus 奇岗

"Mitchell Diploid" petunias "米切尔二倍体" 矮牵牛

mixotrophs 混合营养体，又名兼养微生物

monoecious plants 雌雄同体植物

Moray, Robert 罗伯特·莫里

Morgan, Elroy 埃尔罗伊·摩根

Morland, Samuel 塞缪尔·莫兰

Morton, A. G. 莫顿

mycelia 菌丝体

mycorrhizae 菌根

NADPH 烟酰胺腺嘌呤二核苷酸磷酸

Nature Conservancy 大自然保护协会

Naylor, John 约翰·奈勒

Needham, John Turberville 约翰·尼达姆

New York Botanical Gardens: pumpkin at 纽约植物园的南瓜

Newton, Isaac 艾萨克·牛顿

Nicolaus of Damascus 大马士革的尼古劳斯

night-blooming plants 夜间开花植物

nitrogen-fixing bacteria 固氮细菌

nonwoody plants 非木本植物

Nootka cypress trees 黄扁柏

Norfolk Island pine 小叶南洋杉

Oldenburg, Henry 亨利·奥登伯格

On the Origin of Species(Darwin)《物种起源》（达尔文著）

Oregon: nickel farming in 俄勒冈州镍种植业

Oregon Department of Agriculture (ODA) 俄勒冈州农业部

"ovist" theory "卵源说"

Paltroni, Giovanni Carlo Lanzi 乔万尼·卡罗·兰齐·帕尔特洛尼

Paracelsus 帕拉塞尔苏斯

parenchyma tissue 薄壁组织

Parkinson, John 约翰·帕金森

parthenogenetical reproduction 单性生殖

Pasteur, Louis 巴斯德

Pavord, Anna 安娜·帕佛德

Pecquet, Jean 让·佩凯

Pepys, Samuel 塞缪尔·佩皮斯

Perrault, Claude 克劳德·佩罗

Petunia axillaris 腋花矮牵牛

Petunia hybrida 碧冬茄（撞羽朝颜）

Petunia integrifolia 紫花矮牵牛

petunias 矮牵牛

phloem 韧皮部

phlogiston principle 燃素原理

photosynthesis 光合作用

phototropism 向光性

phytohormones 植物激素

phytoremediation 植物修复

Pierce, Sidney 西德尼·皮尔斯

Pigweed 藜

Pinkham, Buzz 巴兹·平克海姆

plant-animals 植物性动物

Plato 柏拉图

"pleaching" "编织树篱"

Pliny the Elder 老普林尼

Pliny the Younger 小普林尼

pollinators 授粉者

polyploids 多倍体

Pope, Alexande 亚历山大·蒲柏

Portulaca flowers: Amici's study of 阿米奇关于马齿苋花的研究

Potrykus, Igor 伊戈尔·伯特利库斯

Priestley, Joseph 约翰·普利斯特利

Pringle, John 约翰·普林格

prokaryotes (bacteria) 原核生物（细菌）

pteridophytes 蕨类植物

Pyramid Farms (Leamington, Ontario) 安大略省利明顿的金字塔农场

Ray, John 约翰·雷

Redi, Francesco 雷迪

Reinvent the Wheel (Kassinger)《重新发明轮子》（卡辛格著）

Ren, Jianping 任建萍

rock garden, Good's 古德的岩石花园

Sampson, Henry 亨利·桑普森

Saussure, Horace-Benedict de 霍拉斯－本尼迪克特·索绪尔

Saussure, Nicolas-Théodore de 尼古拉斯－泰奥多尔·索绪尔

Sbaraglia, Giovanni 乔万尼·斯巴拉格利亚

Schleiden, Matthias 马蒂亚斯·施莱登

Schweppe, Jacob 史威士

sclerenchyma fibers 厚壁组织纤维

Senebier, Jean 塞内比尔

Serpentine barrens: *Alyssum bertolonii* 生长在"蛇纹石荒原"上的庭荠

Shadwell, Thomas 托马斯·沙德威尔

Sherard, William 威廉·谢拉德

Sloan, Phillip 菲利普·斯隆

Sloane, Hans 汉斯·斯隆

Spallanzani, Lazzaro 斯帕兰扎尼

Spann, Timothy 蒂莫西·斯潘

sperm/spermatozoa 精子 / 精子动物

spider mites 叶螨

spontaneous generation 自发生成

Sprengel, Christian Konrad 康拉德·施普伦格尔

Spring Valley neighborhood (Washington, D.C.) 华盛顿特区"春谷"小区

stomata 气孔

stroma/stromatolites 基质

suberin 木栓质

Swingle 施文格枳柚

Switchgrass 柳枝稷

symbiosis 共生

Syngenta 先正达

Taproots 主根

Thales of Miletus 米利都的泰勒斯

Theophrastus 塞奥弗拉斯特

Thylakoids 类囊体

Tiessman, Dean 迪安·提森

Tournefort, Joseph Pitton de 图内福尔

Tracheophytes 维管植物，参见 *Cooksonia*

transporters, membrane 膜转运蛋白

tree fern 树蕨，也叫桫椤

"tree wells" "树井"

Trinity College 三一学院

Truffles 松露

Twining, Thomas 托马斯·特文宁

University of Bologna 博洛尼亚大学

神奇的花园

University of California 加利福尼亚大学
University of Colorado 科罗拉多大学
University of Florida 佛罗里达大学
University of Illinois 伊利诺伊大学
University of Leiden 莱顿大学
University of Maryland 马里兰大学
University of Notre Dame 圣母大学

Vaillant, Sébastien 塞巴斯蒂安·瓦扬
Vale 淡水河谷公司
Van Helmont, Jan 赫尔蒙特
van Niel, C. B. 范尼尔
Van Tassel, David 大卫·凡·塔赛尔
vegetable-lamb plants 羊羔草，参见
　　borametz
Venus flytrap 捕蝇草
Vesalius 维萨留斯
Viridian Resources LLC 葳蕤点资源有
　　限公司（葳蕤点）
virions 病毒粒子
Voltziaceae conifers 伏脂杉科针叶树
von Baer, Karl Ernst 冯贝尔

Wallace, Alfred Russel 阿尔弗雷德·罗
　　素·华莱士

Wallace, Pap 帕普·华莱士
Wallace, Ron 罗恩·华莱士
Wallis, John 约翰·瓦利斯
Watson, William 威廉·沃森
wave petunias 波牵牛花
Went, Frits 弗里茨·温特
West Virginia Extension Service 西弗吉
　　尼亚农业技术推广中心
wheatgrass 偃麦草
White, Gilbert 吉尔伯特·怀特
Wilkins, John 约翰·威尔金斯
Willis, Thomas 托马斯·威利斯
Willoughby, Francis 弗朗西斯·威洛比
Woods Hole Marine Biological
　　Laboratory 伍兹霍尔海洋生物实验室
woody plants 木本植物
Wren, Christopher 克里斯托弗·雷恩

Xylem 木质部

yellow dragon disease 柑橘黄龙病，见
　　"the greening" disease

Zimbabwe: nickel farming in 津巴布韦
　　镍种植业

参考文献

Darwin, Charles. *The Movements and Habits of Climbing Plants.* 1865, printed from Web-based open source.

——. *The Power of Movement in Plants.* 1865, printed from Web-based open source.

Grew, Nehemiah. *Anatomy of Plants with An Idea of a Philosophical History of Plants and Several Other Lectures Read Before the Royal Society.* 1682; reprint, New York and London: Johnson Reprint, 1965.

Hales, Stephen. *Vegetable Staticks.* 1727; reprint, London: Macdonald; New York: American Elsevier, 1969.

Hooke, Robert. *Micrographia; or some physiological descriptions of minute bodies made by magnifying glasses with observations and inquiries thereupon.* 1665; reprint, Bruxelles: Culture et Civilisation, 1966.

Malpighi, Marcello. *The Correspondence of Marcello Malpighi 1628–1694.* Ed. Howard B. Adelmann. Ithaca, NY: Cornell University Press, 1975.

Pliny, the Elder. *Natural History.* Cambridge, MA: Harvard University Press, Loeb Classical Library, 1936.

神奇的花园

Spallanzani, Lazzaro. *Dissertations Relative to the Natural History of Animals and Vegetables.* Translated from the Italian of the Abbe Spallanzani, to which are added two letters from Mr. Bonnet to the author, 1784. Available through Eighteenth Century Collections Online.

Theophrastus. *Inquiry Into Plants* and *De Causis Plantarum.* Translated by Arthur Hort. Cambridge, MA: Harvard University Press, Loeb Classical Library, 1936.

二手资料

Abel, S. and Theologis, A. "The Odyssey of Auxin." *Cold Spring Harbor Perspectives in Biology* 2, no. 10 (October 2010, http://www.ncbi.nlm.nih.gov/pubmed/20739413.

Agely, Abid Al, et al. "Mycorrhizae Increase Uptake by the Hyperaccumulator Chines Brake Fern (*Pteris vittata* L.)." *Journal of Environmental Quality,* published online November 5, 2005, www.ncbi.nlm.nih.gov/pubmed/16275719.

Alcock, John. *Orchids: Sex and Deception in Plant Evolution.* Oxford: Oxford University Press, 2006.

Allan, D. G. C., and Robert E. Schofield. *Stephen Hales: Scientist and Philanthropist.* London: Scolar Press, 1980.

Anderson, Eric, et al. "Growth and Agronomy of Miscanthus x giganteus for Biomass Production." *Biofuels* 2, no. 2 (March 2011): 167–83.

Arber, Agnes Roberson. "Nehemiah Grew and Marcello Malpighi." *Proceedings of the Linnaean Society of London* 153, no. 2 (November 1941): 218–38.

———. "Nehemiah Grew (1641–1712) and Marcello Malpighi (1628–1694): An Essay in Comparison." *Isis* 34, no. 1 (1942–43): 7–16.

———. "Nehemiah Grew and the Study of Plant Anatomy." In *Science Progress in the Twentieth Century: A Quarterly Journal of Scientific Work & Thought,* vol. 1, 1906. Available as a Google e-book.

"Arsenic, Illnesses Worry D.C.; Unusual Ailments Near Tainted Sites." *Washington Post,* January 27, 2001.

Ayres, Peter. *The Aliveness of Plants: The Darwins at the Dawn of Plant Science.* London and Brookfield, VT: Pickering & Chatto, 2008.

Baroux, Célia, et al. "The Evolutionary Origins of the Endosperm in Flowering Plants." *Genome Biology* 3, no. 9 (2002): reviews1026.1–reviews1026.5.

Berg, Linda R. *Introductory Botany: Plants, People and the Environment.* Pacific Grove, CA: Brooks-Cole—Thomson Learning, 1997.

Birken, William. "The Dissenting Tradition in English Medicine of the Seventeenth and Eighteenth Centuries." *Medical History* 39 (1995): 197–218.

Bolam, Jeanne. "The Botanical Works of Nehemiah Grew, F.R.S. (1641–1712)." *Notes and Records of the Royal Society of London* 27 (1973): 219–31.

Bradbury, Savile. *The Evolution of the Microscope.* Oxford and New York: Pergamon Press, 1967.

Brady, Nyle, and Ray Wei. *The Nature and Properties of Soils.* Upper Saddle River, NJ: Pearson Education, 2008.

Brooks, R .R., and C. C. Radford. "Nickel Accumulation by European Species of the Genus Alyssum." *Proceedings of the Royal Society of London B* 200 (1978): 217–24.

Brown University. "Biologist Solves Mystery of Tropical Grasses' Origin." Press release, February 9, 2010, http://news.brown .edu/pressreleases/2010/02/grasses.

Buzgo, Matyas, P. Soltis, et al. "The Making of the Flower." *Biologist* 52, no. 3 (July 2005).

神奇的花园

Buzgo, Matyas, P. Soltis, and D. Soltis. "Floral Developmental Morphology of *Amborella Trichopoda* (Amborellaceae)." *International Journal of Plant Sciences* 165, no. 6 (November 2004): 925–47, http://www.jstor.org/stable/10.1086/424024.

Bynum, William. "The Great Chain of Being After Forty Years: An Appraisal." *History of Science* 13 (1975): 1–28.

Capon, Brian. *Botany for Gardeners.* Portland, OR: Timberland Press, 2005.

Carrubba, Robert. "Englebert Kaempfer and the Myth of the Scythian Lamb." *Classical World* 87 (1993): 417.

Chaney, R. L. "Plant Uptake of Inorganic Waste Constituents." In *Land Treatment of Hazardous Wastes,* ed. J. F. Parr, P. B. Marsh, and J. M. Kla. Park Ridge, NJ: Noyes Data, 1983, pp. 50–76.

Chaney, R. L., C. L. Broadhurst, and T. Centofanti. "Phytoremediation of Soil Trace Elements." In *Trace Elements in Soils,* ed. P. S. Hooda. Chichester, UK: John Wiley, 2010.Clark-Kennedy, A. E., *Stephen Hales D.D., F.R.S.: An Eighteenth Century Biography.* Ridgewood, NJ: Gregg Press, 1965.

Correia, Clara Pinto. *The Ovary of Eve: Egg and Sperm and Preformation.* Chicago: University of Chicago Press, 1997.

Crossland, Maurice, ed. *The Emergence of Science in Western Europe.* New York: Science History, 1976.

Dear, Peter. *Revolutionizing the Sciences: European Knowledge and Its Ambitions, 1500–1700.* Princeton: Princeton University Press, 2001.

de la Barrera, E., and P. S. Nobel. "Nectar: Properties, Floral Aspects, and Speculations on Origin." *Trends in Plant Science* 9, no. 2 (February 2004): 65–69, http://www.ncbi.nlm.nih.gov/pubmed/15102371.

Delaporte, François. *Nature's Second Kingdom: Explorations of Vegetality in the Eighteenth Century.* Trans. Arthur Goldhammer. Cambridge, MA: MIT Press, 1982.

参考文献

Dell'Olivo, A., et al. "Isolation Barriers between *Petunia Axillaris* and *Petunia Integrifolia* (Solanaceae)." *Evolution* 65, no. 7 (July 2011): 1979–91.

Desmond, Adrian, and James Moore. *Darwin: The Life of a Tormented Evolutionist.* New York: Norton, 1991.

Edwards, Gerald, et al. "What Does It Take to Be C4? Lessons from the Evolution of C4 Photosynthesis." *Plant Physiology* 125 (January 2001): 46–49, www.plantphysiol.org.

Encylopedia.com. "Spallanzani." www.encyclopedia.com/topic/Lazzaro_Spallanzani.aspx.

Environmental Protection Agency. Mid-Atlantic Superfund. "Washington, D.C. Army Chemical Munitions (Spring Valley) Current Site Information." http://www.epa.gov/reg3hwmd/npl/DCD983971136.htm, retrieved March 11, 2011.

Epstein, Emanuel. "Spaces, Barriers, and Ion Carriers: Ion Absorption by Plants." *American Journal of Botany* 47 (May 1960): 393–99.

Evans, R. G. *The University of Cambridge: A New History.* London and New York: I. B. Tauris; New York: Palgrave Macmillan, 2010.

Evenden, Doreen. *Popular Medicine in Seventeenth Century England.* Bowling Green, OH: Bowling Green State University Popular Press, 1988.

"The Evolution of Orchid and the Orchid Bee." *Smithsonian,* September 23, 2011, http://blogs.smithsonianmag.com/science/2011/09/the-evolution-of-the-orchid-and-the-orchid-bee.

"Excavation by Military Forces Some AU Closings; Buildings, Homes to Be Emptied for Dig; Neighbors Concerned." *Washington Post,* January 8, 2001.

Farjon, Aljos. *A Natural History of Conifers.* Portland, OR: Timber Press, 2008.

神奇的花园

Farley, John. *Gametes & Spores: Ideas about Sexual Reproduction 1750–1914*. Baltimore: Johns Hopkins University Press, 1982.

Ferrari, Giovanni. "Public Anatomy Lessons and the Carnival: The Anatomy Theatre of Bologna." *Past & Present*, no. 117 (November 1987): 50–106.

"Fir Extinguisher." *BBC News Magazine*, May 31, 2005.

Fournier, Marion. *The Fabric of Life: Microscopy in the Seventeenth Century*. Baltimore: Johns Hopkins University Press, 1996.

Frohlich, Michael, and Mark Chase. "After a Dozen Years of Progress the Origin of Angiosperms Is Still a Great Mystery." *Nature* 450, no. 27 (December 2007): 1184–89, http://www.nature.com/nature/journal/v450/n7173/abs/nature06393.html.

"Gardener Is Shot Dead in Hedge Feud." *Telegraph*, July 7, 2000.

Gerats, Tom, and Judy Strommer. *Petunia: Evolutionary, Developmental and Physiological Genetics*. New York and London: Springer, 2008.

Griesbach, R. J. and Jules Janick. *Plant Breeding Reviews*, vol. 25, "Chapter 4: Biochemistry and Genetics of Flower Color." Published online June 22, 2010.

Heaton, Emily, et al. "Miscanthus for Renewable Energy Generation: European Union Experience and Projections for Illinois." *Mitigation and Adaption Strategies for Global Change* 9, no. 4 (October 2004): 433–51.

Heiser, Charles. *The Sunflower*. Norman: University of Oklahoma Press, 1976.

Humphreys, Claire, et al. "Mutualistic Mycorrhiza-like Symbiosis in the Most Ancient Group of Land Plants." *Nature Communications* 1 (November 2010): 103.

Hunt, J. W., et al. "A Novel Mechanism by which Silica Defends Grasses Against Herbivory." *Annals of Botany* 102, no. 4 (October 2008): 653–56, published online August 11, 2008.

参考文献

Hunter, Michael C. W. *Establishing the New Science: The Experience of the Early Royal Society.* Woodbridge, UK, and Wolfeboro, NH: Boydell Press, 1989.

Illinois Valley Daily. "Durable Alyssum Spreads Beyond Welcome." March 1, 2001, http://www.ivdailyview .com/2011/03/01/durable-plant-spreads-beyond-welcome/, retrieved March 29, 2011.

Inwood, Stephen. *Forgotten Genius: The Biography of Robert Hooke.* San Francisco: MacAdam/Cage, 2003.

Jackson, Joe. *A World on Fire: A Heretic, an Aristocrat, and the Race to Discover Oxygen.* New York: Viking, 1977.

Jardine, Lisa. *The Curious Life of Robert Hooke: The Man Who Measured London.* New York: HarperCollins, 2004.

Kenrick, Paul, and Paul Davis. *Fossil Plants.* London: Natural History Museum, 2004.

Keynes, Randal. *Darwin, His Daughter and Human Evolution.* New York: Riverhead Books, 2001.

Knoll, Andrew H. *Life on a Young Planet: The First Three Billion Years of Evolution on Earth.* Princeton: Princeton University Press, 2005.

Kourik, Robert. *Roots Demystified.* Occidental, CA: Metamorphic Press, 2008.

Lane, Nick. *Life Ascending: The Ten Great Inventions of Evolution.* New York : Norton, 2009.

——. *Oxygen: The Molecule That Made the World.* Oxford: Oxford University Press, 2009.

Lee, Henry. *The Vegetable Lamb of Tartary; A Curious Fable of the Cotton Plant to which is Added a Sketch of the History of Cotton and the Cotton Trade.* London: Sampson Low, Marston, Searle, & Rivington, 1887.

LeFanu, William R. "The Versatile Nehemiah Grew." *Proceedings of the American Philosophical Society* 115, no. 6 (December 30, 1971): 502–506.

Letter from the Nature Conservancy to the Oregon State Weed Board, attn: Tim Butler, dated February 10, 2009, and summing up the "substantial threat to the native serpentine flora of the Illinois Valley."

"Leyland Cypress—X Cupressocyparis leylandii." Royal Forest Society, www.rfs.org.uk/learning/leyland-cypress.

"Leylandii dispute ends in light relief," *The Telegraph,* May 17, 2008.

Linkies, Ada, et al. "The Evolution of Seeds." *New Phytologist* 186, no. 4 (June 2010): 817–31, http://www.ncbi.nlm.nih.gov/pubmed/20406407.

Lloyd, David, and Spencer Barrett. *Floral Biology: Studies on Floral Evolution in Animal-Pollinated Plants.* New York: Chapman & Hall, 1996.

Lovejoy, Arthur O. *The Great Chain of Being: A Study of the History of an Idea.* New York: Harper & Row, 1936, 1960.

Ma, Lena Q, et al. "A Fern That Hyperaccumulates Arsenic." *Nature* 409 (February 2001).

Magiels, Geerdt. *From Sunlight to Insight: Jan IngenHousz, the Discovery of Photosynthesis and Science in the Light of Ecology.* Brussels: Uitgeverilj VUBPRESS, 2010.

Mayr, Ernst. "Joseph Gottlieb Kölreuter's Contributions to Biology." *Osiris,* 2nd series (1986): 135–76.

McCormick, J. B., and Gerard L'E. Turner. *The Atlas Catalogue of Replica Rara Ltd. Antique Microscopes (1675–1840).* Chicago and London: Replica Rara, 1975.

Meli, Domenico, ed. *Marcello Malpighi, Anatomist and Physician.* Firenze: Leo S. Olschki, 1997.

Meli, Domenico. *Mechanism, Experiment, Disease.* Baltimore: Johns Hopkins University Press, 2011.

———. "Mechanistic Pathology and Therapy in the Medical *Assayer* of Marcello Malpighi." *Medical History* 51, no. 2 (April 2007): 165–80.

Minerals Engineering International Online. "Green Nickel."
    November 22, 2002, http://www.min-eng.com/commodities/
    metallic/nickel/news/1.html, retrieved March 31, 2011.
Morton, A. G. *The History of Botanical Science: An Account
    of the Development of Botany from Ancient Times to the
    Present Day.* London and New York: Academic Press, 1981.
Morton, Oliver. *Eating the Sun: How Plants Power the Planet.*
    New York: Harper Perennial, 2009.
"Mother of All Trees That Sets Neighbours at War . . ." *Western
    Mail,* January 26, 2008.
National Geographic News. "Oldest Living Tree Found in
    Sweden." April 14, 2008, http://news.nationalgeographic.
    com/news/2008/04/080414-oldest-tree.html.
National Science Foundation. "What 'Pine' Cones Reveal About
    the Evolution of Flowers." *ScienceDaily,* Dec. 14, 2010, online
    Feb. 6, 2013.
Nicolson, Marjorie Hope. *Pepys' Diary and the New Science.*
    Charlottesville: University Press of Virginia, 1965.
Niklas, Karl J. *The Evolutionary Biology of Plants.* Chicago:
    Chicago University Press, 1997.
Northcoast Environmental Center. "Rare Habitat Threatened
    by Imported Weeds." February 2010, http://yournec.org/
    content/rare-habitat-threatened-imported-weeds, retrieved
    April 1, 2011.
Olby, Robert, *Origins of Mendelism.* New York, Schocken
    Books, 1967.
Oregon State Weed Board. Minutes, February 19-20, 2009, www
    .oregon.gov/ODA/PLANT/ . . . /minutes_salem_09.pdf.
Ornduff, Robert. "Darwin's Botany." *Taxon* 33, no. 1 (February
    1984): 39–47.
Osborne, Colin, and David Beerling. "Nature's Green
    Revolution: The Remarkable Evolutionary Rise of C$_4$ Plants."
    Philosophical Transactions of the Royal Society of London

神奇的花园

B, Biological Sciences 361, no. 1465 (January 2006): 173–94, published online Nov. 28, 2005.

Pirozynski, K. A., and D. W. Malloch. "The Origin of Land Plants: A Matter of Mycotrophism." *Biosystems* 6, no. 3 (March 1975): 153–64.

Pollan, Michael, "Love and Lies." *National Geographic,* September 9, 2009.

Reed, Howard, and Jan Ingenhousz. *Plant Physiologist, With a History of the Discovery of Photosynthesis.* Reprinted from the *Chronica Botanica* 11, no. 5/6. Waltham, MA: Chronica Botanica; New York: Stechert-Hafner, 1950, pp. 285–396.

Roberts, H. F. *Plant Hybridization Before Mendel.* 1929; reprint, New York: Hafner, 1965.

Rousseau, Jacques. "Sébastien Vaillant, an Outstanding 18th-Century Botanist," *Regnum vegetabile* 71 (1970): 195–228.

Sachs, Julius von. *History of Botany (1530–1860).* Trans. Henry E. F. Garnsey, rev. Isaac Bayley Balfour. 1890; reprint, New York: Russell & Russell, 1967.

Sacks, Oliver. "Darwin and the Meaning of Flowers." *New York Review of Books,* November 20, 2008.

Schiestl, F., and M. Ayasse. "Post-pollination Emission of a Repellent Compound in a Sexually Deceptive Orchid: A New Mechanism for Maximising Reproductive Success?" *Oecologia* 126, no. 4 (2001): 531–34.

Schofield, Robert E. *The Enlightened Joseph Priestley: A Study of His Life and Work 1773–1804.* University Park: Pennsylvania State University Press, 2004.

———. *The Enlightenment of Joseph Priestley: A Study of His Life and Work 1733–1773.* University Park: Pennsylvania State University Press, 1997.

Scott, Peter. *Physiology and Behaviour of Plants.* Chichester, UK, and Hoboken, NJ: John Wiley, 2008.

Scuola Normale Superiore. "Amici" entry, http://gbamici.sns.it/eng/osservazioni/osservazionibiologiche.htm.

Soltis, D., et al. "The Floral Genome: An Evolutionary History of Gene Duplication and Shifting Patterns of Gene Expression." *Trends in Plant Science* 12, no. (August 2007): 358–67, http://www.ncbi.nlm.nih.gov/pubmed/17658290.

Soltis, Douglas, et al. "The *Amborella* Genome: An Evolutionary Reference for Plant Biology," *Genome Biology* 9, no. 402 (2008), http://genomebiology.com/2008/9/3/402.

Theissen, Gunter, et al. "A Short History of MADS-box Genes in Plants." *Plant Molecular Biology* 42 (2000): 115–49, http://www.ncbi.nlm.nih.gov/pubmed/10688133.

Trappe, James. "A. B. Frank and Mycorrhizae: The Challenge to Evolutionary and Ecologic Theory." *Mycorrhiza* 15, no. 4 (June 2005): 277–81.

Tudge, Collin. *The Tree: A Natural History of What Trees Are, How They Live, and Why They Matter.* New York: Crown, 2006.

Twigg, John. *The University of Cambridge and the English Revolution, 1625–1688.* Woodbridge, UK, and Rochester, NY: Boydell Press; Cambridge: Cambridge University Library, 1990.

Unisci. "Age-old Question on Evolution of Flowers Answered." http://www.unisci.com/stories/20012/0615015.htm?iframe=true&width=100%&height=100%. June 15, 2001.

University of Illinois at Urbana-Champaign. "Study Rewrites the Evolutionary History of C4 Grasses." Press release, November 16, 2010, news.illinois.edu/news/10/1116paleoecology.html.

University of Illinois. "Pros and Cons of Miscanthus." Press release, September 14, 2010, http://web.extension.illinois.edu/state/newsdetail.cfm?NewsID=18968.

U.S. Department of Agriculture, Agricultural Research Service. "Using Plants to Clean Up Soils." January 29, 2007.

Waisel, Yoav, Amram Eshel, and Uzi Kafkafi, eds. *Plant Roots: The Hidden Half.* New York: Marcel Dekker, 1991.

神奇的花园

Walker, David. *Energy, Plants and Man*. East Sussex, UK: Oxygraphics, 1992.

Williams, Roger. *Botanophilia in Eighteenth-Century France: The Spirit of Enlightenment*. Dordrecht, Netherlands: Kluwer Academic, 2001.

Willis, K. J., and J. C. McElwain. *The Evolution of Plants*. New York: Oxford University Press, 2002.

Wilson, Brayton. *The Growing Tree*. Amherst: University of Massachusetts Press, 1970.

Wilson, Catherine. *The Invisible World: Early Modern Philosophy and the Invention of the Microscope*. Princeton: Princeton University Press, 1995.

"WWI Munitions Unearthed at D.C. Construction Site." *Washington Post*, January 6, 1993.

图书在版编目（CIP）数据

　　神奇的花园：探寻植物的食色及其他 /（美）露丝·卡辛格著；陈阳，侯畅译. —北京：商务印书馆，2020
　　（自然文库）
　　ISBN 978-7-100-18349-9

　　Ⅰ.①神⋯　Ⅱ.①露⋯②陈⋯③侯⋯　Ⅲ.①植物—普及读物　Ⅳ.① Q94-49

　　中国版本图书馆 CIP 数据核字（2020）第 068569 号

自然文库
神奇的花园
探寻植物的食色及其他
〔美〕露丝·卡辛格　著
陈阳　侯畅　译

商　务　印　书　馆　出　版
（北京王府井大街36号　邮政编码100710）
商　务　印　书　馆　发　行
北京新华印刷有限公司印刷
ISBN 978 - 7 - 100 - 18349 - 9

2020年8月第1版　　　　开本 710×1000　1/16
2020年8月北京第1次印刷　印张 22¼
定价：68.00 元